工业和信息化普通高等教育"十三五"规划教材立项项目
21世纪高等教育计算机规划教材

C语言程序设计实用教程

（第2版）

周虹 富春岩 于莉莉 ◎ 主编
张立铭 马传志 支援 ◎ 副主编 于占龙 ◎ 主审

高校系列

人民邮电出版社
北京

图书在版编目（CIP）数据

C语言程序设计实用教程 / 周虹，富春岩，于莉莉主编. -- 2版. -- 北京 : 人民邮电出版社，2021.3
21世纪高等教育计算机规划教材
ISBN 978-7-115-53904-5

Ⅰ. ①C… Ⅱ. ①周… ②富… ③于… Ⅲ. ①C语言－程序设计－高等学校－教材 Ⅳ. ①TP312.8

中国版本图书馆CIP数据核字(2020)第074739号

内容提要

本书内容全面，例题丰富，代码编写规范，注重程序设计技能的训练。全书共 10 章，主要内容包括程序设计及 C 语言概述、C 语言的数据类型及其运算、顺序结构程序设计、选择结构程序设计、循环结构程序设计、数组、函数、指针、结构体与共用体、文件等。

本书可作为高等院校非计算机专业“C 语言程序设计”课程的教材，也可作为程序设计爱好者学习 C 语言程序设计的参考书。

◆ 主　　编　周　虹　富春岩　于莉莉
　副 主 编　张立铭　马传志　支　援
　主　　审　于占龙
　责任编辑　许金霞
　责任印制　王　郁　马振武

◆ 人民邮电出版社出版发行　　北京市丰台区成寿寺路 11 号
　邮编　100164　　电子邮件　315@ptpress.com.cn
　网址　https://www.ptpress.com.cn
　三河市君旺印务有限公司印刷

◆ 开本：787×1092　1/16
　印张：18.5　　　　2021 年 3 月第 2 版
　字数：533 千字　　2025 年 1 月河北第 7 次印刷

定价：59.80 元

前　言

随着计算机的普及和社会信息化程度的提高，掌握一门计算机语言已经成为计算机用户必备的技能之一。目前，无论是从事计算机专业工作的人员，还是非计算机专业的人员，都将 C 语言作为学习程序设计的入门语言。C 语言功能丰富、表达能力强、使用灵活方便、应用面广、目标程序效率高、可移植性好，既具有高级语言的优点，又具有低级语言的许多特点。本书在编写过程中，力求做到概念准确、内容简洁、由浅入深、循序渐进、繁简适当、题型丰富，注重常用算法的介绍，有助于培养学生分析问题和设计程序的能力。书中全部实例均已上机调试通过。

本书共 10 章，主要内容包括程序设计及 C 语言概述、C 语言的数据类型及其运算、顺序结构程序设计、选择结构程序设计、循环结构程序设计、数组、函数、指针、结构体与共用体、文件等。其中第 1 章由李德恒编写，第 2 章由赵佳彬编写，第 3 章由马丹丹编写，第 4 章由支援编写，第 5 章由富春岩编写，第 6 章由于莉莉编写，第 7 章、第 8 章由张立铭、马传志、周虹编写，第 9 章由王晓娟编写，第 10 章由李微娜编写，最后由周虹统稿，于占龙担任主审。

C 语言程序设计是一门实践性很强的课程，不可能仅凭课堂上的理论学习就能掌握，应当重视动手编写程序和上机运行程序，上机实践多多益善。为了帮助读者学习本书，编者还编写了《C 语言程序设计实用实践教程》一书，提供与本书各章相配套的学习指导、实验、习题及参考答案。

本书在编写过程中得到了人民邮电出版社和佳木斯大学很多老师的帮助，于占龙审阅了全书，并提出了许多宝贵意见，在此对他们表示衷心的感谢；同时，对在编写过程中参考的大量文献资料的作者一并表示感谢。由于时间紧迫，加之编者水平有限，书中难免有疏漏和不足之处，恳请读者提出宝贵意见和建议。

编　者

2020 年 10 月

目 录

第 1 章 程序设计及 C 语言概述······1

1.1 算法及表示······1
1.1.1 算法的特性······1
1.1.2 算法的表示······2
1.2 程序设计及结构化程序设计方法······4
1.2.1 程序······4
1.2.2 程序设计的步骤······5
1.2.3 结构化程序设计······6
1.3 C 语言的发展及特点······7
1.3.1 C 语言出现的历史背景······7
1.3.2 C 语言的特点······8
1.4 C 语言程序的构成······9
1.5 程序的书写格式······11
1.6 C 语言的编程环境······11
本章小结······15
练习与提高······15

第 2 章 C 语言的数据类型及其运算······17

2.1 C 语言数据类型简介······17
2.2 字符集与标识符······18
2.2.1 字符集······18
2.2.2 标识符······18
2.2.3 标识符的分类······18
2.3 常量与变量······19
2.3.1 常量······19
2.3.2 符号常量······19
2.3.3 变量······19
2.3.4 变量的初始化······20
2.4 整型数据······20
2.4.1 整型数据在内存中的存储形式······20
2.4.2 整型常量······21
2.4.3 整型变量······21
2.5 实型数据······22
2.5.1 实型常量······22
2.5.2 实型变量······22
2.6 字符型数据······23
2.6.1 字符常量······23
2.6.2 字符串常量······24
2.6.3 字符变量······24
2.7 运算符和表达式······25
2.7.1 运算符简介······25
2.7.2 表达式的求值规则······26
2.7.3 混合运算中的类型转换······26
2.8 算术运算符和算术表达式······27
2.8.1 基本算术运算符······27
2.8.2 算术表达式和运算符的优先级与结合性······28
2.8.3 自增、自减运算符······28
2.9 赋值运算与赋值表达式······28
2.9.1 赋值运算符······28
2.9.2 类型转换······29
2.9.3 复合赋值运算符······29
2.9.4 赋值表达式······30
2.10 逗号运算符和逗号表达式······30
2.11 关系运算符和关系表达式······30
2.11.1 关系运算符及其优先级······30
2.11.2 关系表达式······31
2.12 逻辑运算符及逻辑表达式······32
2.12.1 逻辑运算符及其优先级······32
2.12.2 逻辑表达式······32
2.13 条件运算符与条件表达式······33
2.13.1 条件表达式······33
2.13.2 条件运算符的优先级与结合性······34
2.14 位运算符与位运算······34
2.14.1 按位与运算符&······35
2.14.2 按位或运算符|······35

2.14.3 按位异或运算符^ ······36
2.14.4 按位取反运算符 ~ ······37
2.14.5 左移运算符<< ······37
2.14.6 右移运算符>> ······37
2.14.7 复合赋值运算符 ······38
2.15 应用举例 ······38
本章小结 ······39
练习与提高 ······40

第 3 章 顺序结构程序设计 ······44

3.1 C 语句概述 ······44
3.2 赋值语句 ······46
3.3 字符的输入与输出函数 ······47
3.3.1 字符输出函数 putchar() ······47
3.3.2 字符输入函数 getchar() ······48
3.4 格式的输入与输出函数 ······49
3.4.1 格式输出函数 printf() ······49
3.4.2 格式输入函数 scanf() ······55
3.5 应用举例 ······59
本章小结 ······61
练习与提高 ······62

第 4 章 选择结构程序设计 ······64

4.1 if 语句 ······64
4.1.1 简单 if 语句 ······64
4.1.2 双分支 if 语句 ······65
4.1.3 多分支 if 语句 ······67
4.1.4 if 语句使用说明 ······69
4.2 if 语句的嵌套 ······70
4.3 switch 语句 ······73
4.4 应用举例 ······76
本章小结 ······81
练习与提高 ······81

第 5 章 循环结构程序设计 ······90

5.1 while 语句 ······90
5.2 do…while 语句 ······93
5.3 for 语句 ······95
5.4 几种循环的比较 ······100
5.5 循环嵌套 ······100
5.6 continue 语句 ······103
5.7 break 语句 ······104
5.8 应用举例 ······104
本章小结 ······112
练习与提高 ······112

第 6 章 数组 ······117

6.1 数组和数组元素 ······117
6.2 一维数组 ······118
6.2.1 一维数组的定义和使用 ······118
6.2.2 一维数组的初始化 ······119
6.2.3 一维数组应用举例 ······121
6.3 多维数组 ······127
6.3.1 二维数组的定义和引用 ······127
6.3.2 二维数组的初始化 ······128
6.3.3 二维数组程序举例 ······130
6.4 字符数组 ······132
6.4.1 字符数组的定义和使用 ······133
6.4.2 字符数组的初始化 ······133
6.4.3 字符串的输入和输出 ······133
6.4.4 用于字符处理的库函数 ······135
6.4.5 字符数组应用举例 ······137
6.5 应用举例 ······139
本章小结 ······142
练习与提高 ······142

第 7 章 函数 ······145

7.1 模块化程序设计 ······145
7.1.1 模块化程序设计 ······145
7.1.2 函数概述 ······146
7.2 函数的定义 ······149
7.2.1 函数的定义形式 ······149
7.2.2 空函数的定义 ······150
7.2.3 函数的返回值 ······150
7.3 函数的调用 ······151
7.3.1 函数调用的一般形式 ······151
7.3.2 函数的声明 ······152
7.4 函数的嵌套调用与递归调用 ······154
7.4.1 函数的嵌套调用 ······154
7.4.2 函数的递归调用 ······156

7.5　数组作函数参数……157
7.5.1　数组元素作函数实参……157
7.5.2　数组名作函数参数……158
7.5.3　多维数组名作函数参数……159
7.6　变量的作用域……159
7.6.1　局部变量……159
7.6.2　全局变量……161
7.7　变量的存储类型……163
7.7.1　变量的生存期……163
7.7.2　局部变量的存储类型……163
7.7.3　全局变量的存储类型……166
7.7.4　变量的存储类型小结……167
7.8　内部函数和外部函数……168
7.8.1　内部函数……168
7.8.2　外部函数……169
7.9　应用举例……169
本章小结……173
练习与提高……173

第 8 章　指针……180

8.1　相关概念……180
8.1.1　变量的地址……180
8.1.2　数据的访问方式……181
8.1.3　指针和指针变量……181
8.2　指针变量的定义和使用……182
8.2.1　指针变量的定义……182
8.2.2　指针变量的初始化和赋值……183
8.2.3　指针变量的引用……184
8.2.4　指针的运算……185
8.3　指针变量作函数参数……186
8.4　数组的指针和指向数组的指针变量……188
8.4.1　指向数组元素的指针……188
8.4.2　通过指针引用数组元素……189
8.4.3　数组名作函数参数……192
8.4.4　指向多维数组的指针与指针变量……198
8.5　字符串的指针和指向字符串的指针变量……202
8.5.1　字符串的表示形式……202
8.5.2　字符指针变量与字符数组的使用……203
8.5.3　字符指针作函数参数……205
8.6　函数的指针和指向函数的指针变量……207
8.6.1　通过函数的指针调用函数……208
8.6.2　指向函数的指针变量作函数参数……208
8.7　返回指针值的函数……209
8.8　指针数组和指向指针的指针……210
8.8.1　指针数组的概念……210
8.8.2　指向指针的指针……211
8.8.3　main()函数的命令行参数……212
8.9　应用举例……213
本章小结……218
练习与提高……219

第 9 章　结构体与共用体……221

9.1　结构体类型……221
9.1.1　结构体概述……221
9.1.2　结构体类型的定义……222
9.1.3　结构体变量的定义……223
9.2　结构体变量的初始化和引用……224
9.2.1　结构体变量的初始化……224
9.2.2　结构体变量的引用……225
9.3　结构体数组……226
9.3.1　定义结构体数组……226
9.3.2　结构体数组的初始化……226
9.3.3　结构体数组应用……227
9.4　指向结构体类型数据的指针……228
9.4.1　指向结构体变量的指针……228
9.4.2　指向结构体数组的指针……229
9.4.3　结构体变量和指向结构体的指针作函数参数……230
9.5　用指针处理链表……232
9.5.1　链表概述……232
9.5.2　处理动态链表所需的函数……233
9.5.3　链表的基本操作……234
9.6　共用体……239
9.6.1　共用体变量的引用方式……240

9.6.2 共用体类型数据的特点……240
9.7 枚举类型……241
9.8 用 typedef 定义类型……243
9.9 应用举例……245
本章小结……248
练习与提高……248

第 10 章 文件……252

10.1 文件的概念……252
10.2 文件的打开和关闭……253
10.2.1 文件类型指针……253
10.2.2 文件的打开……253
10.2.3 文件的关闭……255
10.3 文件的读写操作……255
10.3.1 读写字符函数 fgetc()、fputc()……255
10.3.2 读写字符串函数 fgets()、fputs()……257
10.3.3 读写数据块函数 fwrite()、fread()……259
10.3.4 格式化读写函数 fprintf()、fscanf()……262
10.4 文件的其他常用函数……263
10.4.1 文件定位相关函数……263
10.4.2 文件检测函数……265
10.5 应用举例……266
本章小结……268
练习与提高……268

附录……276

附录 A ASCII 码对照表……276
附录 B 运算符和结合性……277
附录 C C 语言常用语法提要……278
附录 D C 库函数……281

参考文献……287

第 1 章 程序设计及 C 语言概述

计算机是 20 世纪最伟大的发明，它的出现和飞速发展对社会的各个领域都产生了深远的影响，已广泛应用到各行各业。使用计算机语言开发应用程序，解决实际问题是科学技术人员应具备的能力。

为了有效地进行程序设计，编写质量高、易读的程序，程序设计人员至少应掌握以下 3 个方面的知识。

（1）掌握一门高级语言。

（2）掌握解题的方法和步骤（即算法设计），它是程序设计的核心。

（3）掌握结构化程序的设计方法。

本章将介绍算法的概念及流程图的画法、结构化程序设计及方法、C 语言的发展简史及 C 语言的特点，重点介绍 C 语言程序的构成及 C 语言编程环境——Visual C++ 6.0 的使用。

本章学习目标：

了解算法的概念和特性，掌握一种流程图的画法。

了解程序设计及结构化程序设计方法。

了解 C 语言的发展简史及 C 语言的特点。

掌握 C 语言程序的构成及书写风格，对 C 语言程序有初步了解。

熟悉 C 语言编程环境——Visual C++6.0 的使用。

1.1 算法及表示

为了解决一个问题而采取的方法和步骤称为算法。

一个程序应包括以下两个方面的内容。

（1）数据的描述。在程序中要指定数据的类型和数据的组织形式，即数据结构。

（2）对数据操作的描述，即操作步骤，也就是算法。

1.1.1 算法的特性

算法必须具备如下 5 个特性。

1. 有穷性

一个算法必须总是在执行有限个操作步骤和可以接受的时间内完成其执行过程。

2. 确定性

算法的每一步操作都必须有确切的含义，对于相同的输入数据，应有相同的输出结果。

3. 输入

算法可有零个或多个信息输入，即执行算法时，需要从外界取得要处理的信息。

4. 输出

算法可有一个或多个结果输出，即执行输出的结果。

5. 可行性

算法中的操作都是可以通过已经实现的基本运算进行有限次的执行来完成的。

1.1.2 算法的表示

算法可以使用各种不同的方法来描述。常见的算法表示方法有自然语言、传统流程图、N-S 流程图、伪码等。

1. 用自然语言表示算法

自然语言就是人们日常使用的语言，可以是中文、英文等。

在设计算法时，常用流程图表示算法。

2. 用传统流程图表示算法

传统流程图是用规定的一组图形符号、流程线和文字说明来表示各种操作的算法，如表 1-1 所示。

表 1-1　传统流程图常用符号

符号	符号名称	含义
	起止框	表示算法的开始和结束
	输入/输出框	表示输入/输出操作
	处理框	表示对框内的内容进行处理
	判断框	表示对框内的条件进行判断
	流程线	表示流程的方向
	连接点	表示两个具有同一标记的“连接点”应连接成一个点

用传统流程图表示算法直观形象，算法的逻辑流程一目了然，便于理解，但画起来比较麻烦，且允许使用流程线，而流程可以任意转移，因此造成阅读和修改上的困难。

【例 1-1】用传统流程图表示将两个数按从小到大的顺序输出的算法，如图 1-1 所示。

在结构化的程序设计方法中，流程图包括 3 种基本程序结构。

（1）顺序结构。顺序结构是结构化程序设计最简单的结构，它由若干条简单语句组成，完全按照语句排列顺序执行。顺序结构有一个入口和一个出口，中间可以包含若干个操作。顺序结构的流程图如图 1-2 所示，该图表示先执行处理 A，然后顺序执行处理 B。

（2）选择结构。选择结构又称分支结构，它由一个条件和两组语句组成，执行时，根据条件的真假来选择执行的分支。它有一个入口和两个出口。选择结构的流程图如图 1-3 所示。当判断条件成立时，执行处理 A，否则执行处理 B。

（3）循环结构。循环结构是根据一定的条件，重复执行某些语句的结构。被重复执行的部分称为循环体。循环结构由两部分组成，一是循环条件，二是循环体。是否执行循环体由循环条件决定。根据对循环条件判断位置的不同，循环结构又分为当型循环结构和直到型循环结构两种。

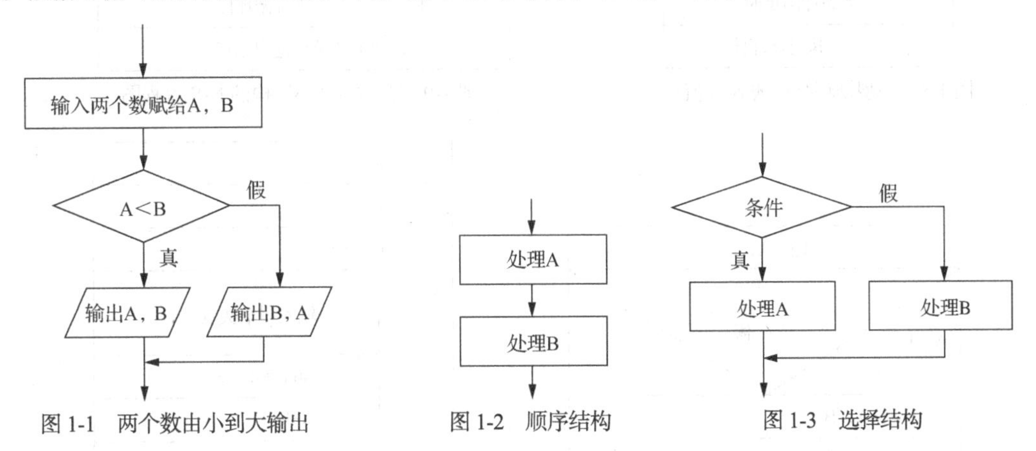

图 1-1　两个数由小到大输出　　图 1-2　顺序结构　　图 1-3　选择结构

① 当型循环。当型循环是先判断循环条件。如果条件满足，则执行一次循环体；如果条件不满足，则退出循环结构。在当型循环结构中，当判断条件成立时，反复执行处理 A（循环体），直到条件不成立时结束。当型循环结构的流程图如图 1-4 所示。

② 直到型循环。直到型循环是先执行一次循环体，再判断条件。如果条件不满足，则再执行一次循环体，直到条件满足，退出循环体。在直到型循环结构中，反复执行处理 A，直到判断条件成立时结束（即判断条件不成立时继续执行）。直到型循环结构的流程图如图 1-5 所示。

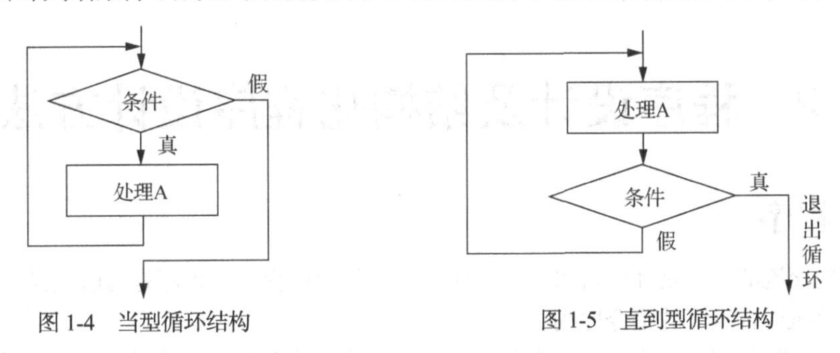

图 1-4　当型循环结构　　图 1-5　直到型循环结构

3. 用 N–S 流程图表示算法

N-S 流程图的主要特点是取消了流程线，不允许有随意的控制流，整个算法的流程写在一个矩形框内，该矩形框由 3 种基本结构复合而成。

N-S 流程图表示的 3 种基本结构如下。

（1）顺序结构。顺序结构的 N-S 流程图如图 1-6 所示。

（2）选择结构。选择结构的 N-S 流程图如图 1-7 所示。

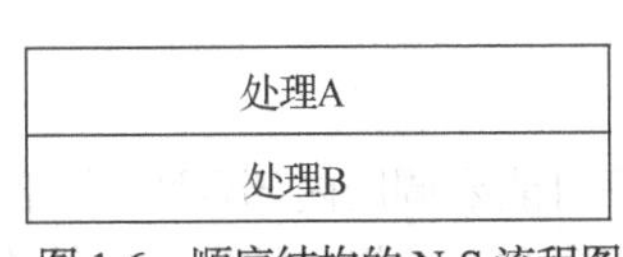

图 1-6　顺序结构的 N-S 流程图

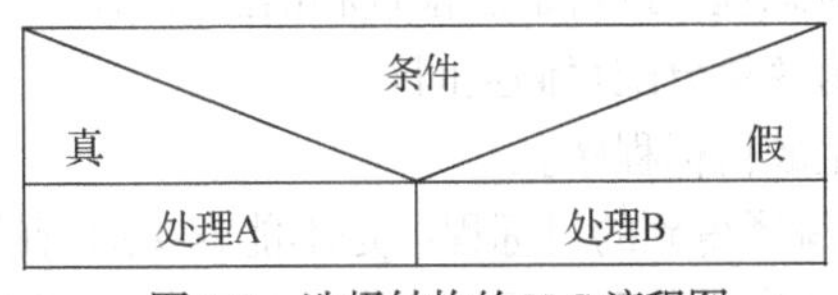

图 1-7　选择结构的 N-S 流程图

（3）循环结构。当型循环结构的 N-S 流程图如图 1-8 所示，直到型循环结构的 N-S 流程图如图 1-9 所示。

【例 1-2】用 N-S 流程图表示将 2 个数按从小到大排序的算法，如图 1-10 所示。

【例 1-3】用 N-S 流程图表示求 10 个数之和的算法，如图 1-11 所示。

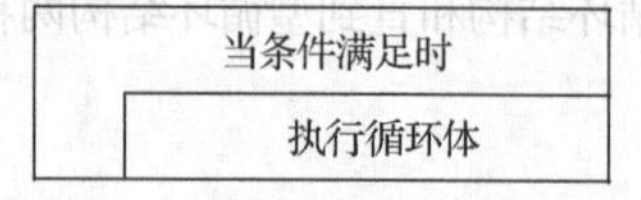

图 1-8　当型循环结构的 N-S 流程图

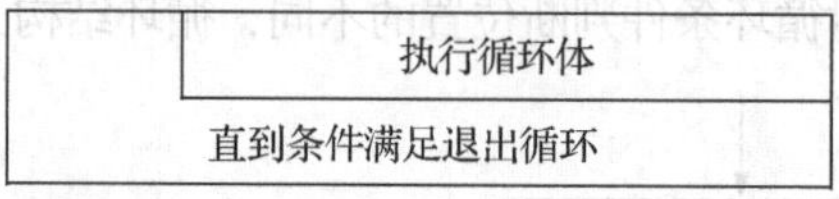

图 1-9　直到型循环结构的 N-S 流程图

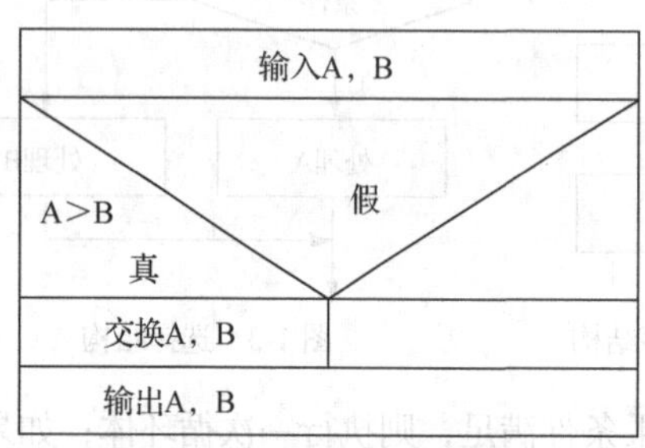

图 1-10　对 2 个数排序的算法

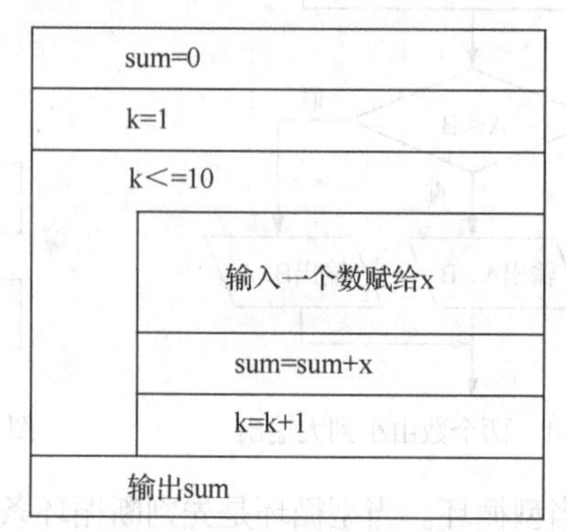

图 1-11　求 10 个数之和的算法

4. 用伪码表示算法

伪码是用一种介于自然语言和计算机语言之间的用来描述算法的文字和符号。伪码不能在计算机上实际执行，但是用伪码表示算法方便、友好，便于向计算机程序过渡，伪码的表现形式灵活自由、格式紧凑，没有严谨的语法格式。

1.2　程序设计及结构化程序设计方法

1.2.1　程序

人与计算机交流的工具是计算机语言，交流的方法是使用程序。程序是为解决某一个特定问题而用某一种计算机语言编写的指令序列。

用高级语言编写的程序称为高级语言源程序，它不能在计算机上直接运行。高级语言源程序必须经过编译、连接，形成一个完整的机器语言程序，然后执行。

编译是将高级语言源程序翻译成机器语言程序的过程，完成这个操作的程序称为编译程序，翻译成的机器语言程序称为目标程序。每种高级语言源程序都有各自的编译程序，编译程序的主要功能如下。

- 对源程序进行词法分析和检查。
- 对源程序进行语法检查和语法分析。
- 为变量分配存储空间。
- 生成目标程序。

经过编译得到的目标程序是不能直接运行的，因为目标程序可能要调用内部函数、外部函数或系统提供的库函数等。因此，在执行之前，还需要将所有目标程序和系统提供的库函数等连接在一起成为一个完整的机器语言程序。这个机器语言程序称为可执行程序。完成这个过程的程序称为连接程序。

计算机执行高级语言程序的过程如图 1-12 所示。

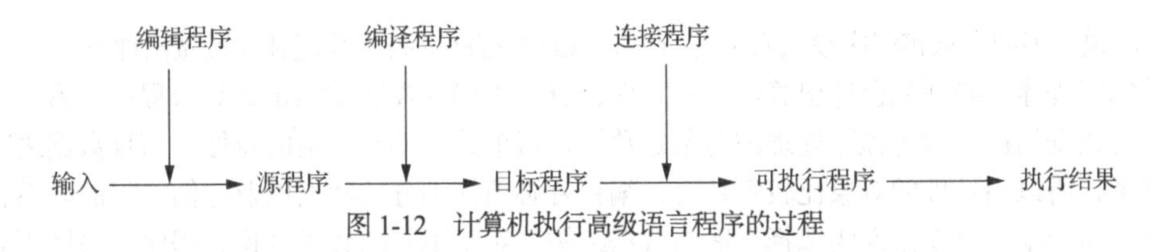

图 1-12　计算机执行高级语言程序的过程

1.2.2　程序设计的步骤

程序设计是指借助计算机、使用计算机语言准确地描述问题的算法，并正确进行计算的过程。程序设计的核心是“清晰”，程序的结构要清晰，算法的思路要清晰。

程序设计的过程可以分为若干个相互关联的阶段，针对问题的要求，从分析问题的需求出发，逐步深入，到最后编制能计算出正确结果的程序。

（1）分析问题，确定问题的需求。接受任务后，首先要对所要解决问题的处理对象进行深入了解，深刻掌握题意，分析问题要求。只有准确定义了问题的要求，才能找到正确答案。

（2）分析问题，建立数学模型。任何一个生产过程、科学计算或技术设计都可通过一系列分析和实验，找出它们运算操作和活动的规律，然后归纳，并做抽象的数学描述。这种用数学方法来描述实际问题的方法称为建立数学模型。只有明确所解问题的目标，给出问题的约束条件，在一定的输入和输出情况下，才能建立好数学模型。

（3）选择计算方法。对建立的数学模型，选择一种合适的计算方法。同一个数学模型，往往存在多种可供使用的计算方法，即可以通过多种不同的途径处理数学模型的计算操作问题。各种不同的算法虽然都能达到计算目的，但在计算速度、求值的精度要求、存储空间的占用上都存在差异。因此要针对选定的数学模型，在多种计算方法中选择一种合理有效的方法。

（4）设计算法，绘制流程图。在编写程序之前，应该先按选取的计算方法，整理好思路，设计好一步一步运算的步骤，即算法，然后用流程图描述出来。形象直观的流程图能清晰地反映算法的基本思想和操作步骤。流程图可以根据需要，把程序设计的具体结构和细节都表示出来。有了详细的流程图，程序的编写工作就显得简单有条理，有利于程序调试、修改和交流。

（5）编写程序。把流程图描述的算法用计算机程序设计语言恰当地描述，成为能交给计算机运行的源程序，这项工作就是编写程序。在编写程序的过程中，编程者要熟悉语言的语义和各种语法规则、规定，以求程序能准确地描述算法。

（6）调试程序。在程序编写中，尤其是在一些大型复杂的计算和处理过程中，由于对语言语法的忽视或书写上的问题，难免会出现一些错误，致使程序不能运行，这类错误称为语法错误。有时程序虽然能运行，但得不到正确的结果，这是程序描述上的错误或对算法的错误理解造成的。有时对特定的运算对象是正确的，而对大量的运算对象进行运算时会产生错误，造成这类错误主要是数学模型的原因。这类错误属于逻辑错误。为了使程序正确解决实际问题，在程序投入运行前，必须反复调试程序，仔细分析和修改程序中的每一处错误。对于语法错误，一般根据编译程序提供的语法错误信息逐个修改。逻辑错误的情况比较复杂，必须在调试的试运行中查看计算结果是否达到预期的要求，发现错误后，要认真分析，查出症结所在，然后修改。在查找错误时，可以采取分段调试、逐层分析等有效的调试手段。调试的目的是获得一个完整的、能正确投入运行的程序。

（7）整理资料和交付使用。程序编写、调试结束后，为了使用户能了解程序的具体功能和掌握程序的运行操作，有利于程序修改、阅读和交流，必须将程序设计各阶段形成的资料和有关说明加以整理，写成程序说明书。程序说明书内容包括程序名称、任务的具体要求、给定的原始数据、算法、程序流程图、程序清单、调试及运行结果、程序操作说明、程序的运行环境要求以及其他需要说明的资料。程序说明书作为程序设计的技术报告，在程序正式交付使用时，应随同程序一起交给用户。用户根据程序说明书的要求将程序投入实际运行，并以此对程序的技术性能和质量做出评价。

为了编写程序，必须先设计出算法。一方面，有了正确的算法才能正确编写程序。另一方面，要有合适的数据结构。因为程序处理的对象是数据，每个数据都有一定的特性，而且数据之间还有一定的联系，所以当处理的对象比较复杂时，编程者必须仔细分析数据以及它们之间的联系，把它们合理地组织起来，也就是说要选择合适的数据结构。对于不同的数据结构，程序要采用不同的方法处理。因此，程序不仅要描述算法，还应当描述数据结构。计算机科学家沃思（Wirth）说："程序就是在数据的某些特定的表示方式和结构的基础上，对抽象算法的具体描述。"他提出了以下公式来表达程序的实质。

算法+数据结构=程序

对同一个问题的求解，可以采用不同的数据结构和不同的算法，而不同的数据结构直接影响算法的复杂度和解题效果。

1.2.3 结构化程序设计

结构化程序设计方法只使用顺序、分支和循环 3 种基本结构来实现算法，编写的程序有结构清晰、可读性强、易查错等特点，使程序设计的效率和质量都得以提高。

模块化设计方法、自顶向下设计方法和逐步求精设计方法是结构化程序设计方法最典型、最具有代表性的方法。

1. 模块化设计方法

模块化设计方法是指将一个复杂的程序或算法分解成若干个功能单一、相对独立的模块，再按层次结构将其联系起来。

模块可以是一个程序或一组程序，由 3 种基本结构组成。模块化设计方法的核心是如何划分模块，产生模块结构图，它有一套设计策略和划分方法。简单地讲，模块划分要做到尽可能降低模块间的联系程度，提高模块本身的独立性。

2. 自顶向下设计方法

自顶向下设计方法是一种自顶向下逐层分解、逐步细化，直到最底一层达到最简单的功能模块为止的方法。采用自顶向下开发方法得到的程序结构性好，可读性好，可靠性也较高。

3. 逐步求精设计方法

逐步求精设计方法是将一个抽象的问题分解成若干个相对独立的小问题，并逐级由抽象到具体、由粗到细、由表及里地不断精细化的程序设计方法。每一步求精过程都将问题的算法或相应的操作进一步细化，直到算法精细化到可用 3 种基本结构实现为止。

上面介绍的 3 种结构化程序设计方法各有特点。逐步求精设计方法符合人们的逻辑推理和思维习惯，求精过程条理清楚，自然流畅，同时求精过程总是伴随正确性证明，即可以边求精边证明，求精过程十分严密。其缺点是当算法较复杂时，过程较烦琐冗长。模块化设计方法和自顶向下设计方法的主要特点是对问题进行分割采取的是化整为零、各个击破的方法。将问题分割成若干个子问题，再对子问题进行分割，这样将问题分割成一个模块层次结构。分割的实质是将问题局部化，使局部模块功能单一，其内部包含的信息不能被不需要此信息的模块访问，这就使模块具有相对的独立性。

3 种结构化程序设计方法各有不同的用途。模块化设计方法主要用于算法设计；自顶向下设计方法主要适用于较大型和较复杂问题的程序设计；逐步求精设计方法广泛用于算法的分析和程序设计工作中。3 种方法又是相互融合、密不可分的，在结构化设计方法中是综合使用的。模块化得到一个模块化层次结构，模块化的过程包含自顶向下的设计思想，模块化和自顶向下的逐级分解又以逐步求精为引导，可以看作是逐步求精方法的一种发展。

下面利用逐步求精设计方法设计一个算法。

【例 1-4】输入 3 个数，按由大到小的顺序输出。

首先可以把问题抽象为图 1-13（a）所示的 3 个子问题 s1、s2、s3，再分别细化 3 个子问题。若用 a、b、c 表示 3 个数，则可以把 s1、s3 描述为图 1-13（b）和图 1-13（c）。s2 可以分成 s2.1、s2.2、s2.3 三个子任务，如图 1-13（d）所示，进一步将 s2.1 细化分解成 s2.1.1 和 s2.1.2，如图 1-13（e）和图 1-13（f）所示，至此，最大的数已经产生并存入 a 中，把 s2.2、s2.3 合在一起完成中间的数放 b，最小的数放 c 的操作，如图 1-13（g）所示。对于交换 a 和 b 的操作可以选用另一个变量 t，利用以下 3 个操作完成：t=a;a=b;b=t;交换 a 和 c，交换 b 和 c 的操作类似。最后把图 1-13（b）、图 1-13（c）、图 1-13（e）、图 1-13（f）、图 1-13（g）合在一起构成完整的算法流程图，如图 1-13（h）所示。

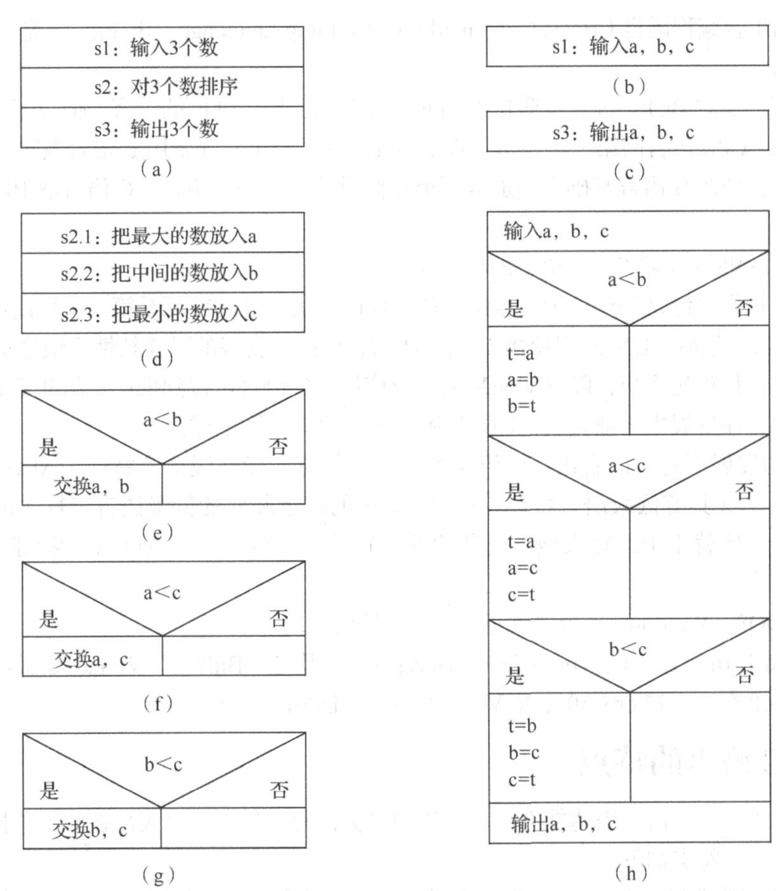

图 1-13　例 1-4 的 N-S 流程图

1.3　C 语言的发展及特点

1.3.1　C 语言出现的历史背景

C 语言于 20 世纪 70 年代初诞生于美国的贝尔实验室。在此之前，人们编写系统软件主要使用汇编语言。汇编语言编写的程序依赖于计算机硬件，其可读性和可移植性都比较差，而高级语言的可读性和可移植性虽然较汇编语言好，但一般高级语言又不具备低级语言能够直观地控制和操作硬件，程序执行速度相对较快的优点。在这种情况下，人们迫切需要一种既具有一般高级语言特性，又具有低级语言特性的语言，于是 C 语言应运而生了。

由于C语言既具有高级语言的特点，又具有低级语言的特点，因此迅速普及，成为当今最有发展前途的计算机高级语言之一。C 语言既可以用来编写系统软件，也可以用来编写应用软件。现在，C 语言广泛应用在机械、建筑和电子等行业，用来编写各类应用软件。

C 语言的发展历程如下。

（1）ALGOL60：一种面向问题的高级语言。ALGOL60 离硬件较远，不适合编写系统程序。

（2）组合编程语言（Combined Programming Language，CPL）：是在 ALGOL60 基础上更接近硬件的一种语言。CPL 规模大，实现困难。

（3）基本的组合编程语言（Basic Combined Programming Language，BCPL）：是对 CPL 进行简化后的一种语言。

（4）B 语言：是对 BCPL 进一步简化得到的一种精练、接近硬件的语言，但过于简单，数据无类型。B 语言取 BCPL 语言的第一个字母。B 语言诞生后，UNIX 开始用 B 语言改写。

（5）C 语言：是在 B 语言基础上增加数据类型而设计出的一种语言。C 语言取 BCPL 的第二个字母。

（6）标准 C.ANSI C.ISO C：C 语言的标准化。

最初 UNIX 操作系统是采用汇编语言编写的，B 语言版本的 UNIX 是第一个用高级语言编写的 UNIX。在 C 语言诞生后，UNIX 很快用 C 语言改写，C 语言良好的可移植性很快使 UNIX 从 PDP 计算机移植到其他计算机系统，随着 UNIX 的广泛应用，C 语言也得到推广。从此 C 语言和 UNIX 像一对孪生兄弟，在发展中相辅相成，UNIX 和 C 语言很快风靡全球。

从 C 语言的发展历程可以看出，C 语言是一种既具有一般高级语言特性（ALGOL60 带来的高级语言特性），又具有低级语言特性（BCPL 带来的接近硬件的低级语言特性）的程序设计语言。C语言从一开始就用于编写大型、复杂的系统软件，当然C语言也可以用来编写一般的应用程序。

IBM 微机 DOS、Windows 平台上常见的 C 语言版本如下。

（1）Borland 公司。Turbo C.Turbo C++、Borland C++及 C++Builder（Windows 版本）。

（2）Microsoft 公司。Microsoft C 及 Visual C++（Windows 版本）。

1.3.2　C 语言的特点

C 语言以其简洁、灵活、表达能力强、产生的目标代码质量高、可读性强和可移植性好为基本特点而著称于世。其特点如下。

（1）C 语言程序紧凑、简洁、规整，使用一些简单规则和方法就可以构成相当复杂的数据类型、语句和程序结构。

（2）C 语言的表达式简练、灵活、实用。C 语言有多种运算符、多种描述问题的途径和多种表达式求值的方法，这使程序设计者有较大的主动性，并能提高程序的可读性、编译效率以及目标代码的质量。

（3）C 语言具有与汇编语言很相近的功能和描述问题的方法。例如，地址计算、二进制数位运算、使用寄存器存放变量以及对硬件端口直接操作等，都充分利用了计算机系统资源（如 BIOS 软中断和 DOS 的系统功能调用等）。

（4）C 语言具有丰富的数据类型。在系统软件中，特别是操作系统中，对计算机的所有软件、硬件资源要实施管理和调度，这就要求有相应的数据结构作为操作基础。C 语言具有 5 种基本的数据类型：char 型（字符型）、int 型（整型）、float 型（浮点单精度型）、double 型（浮点双精度型）、void 型（无值型）和多种构造数据类型（数组、指针、结构体、共用体、枚举）。例如，指针使用十分灵活，用它可以构成链表、树、栈等。指针可以指向各种类型的简单变量、数组、结构体、共用体以及函数等。

（5）C 语言具有丰富的运算符。C 语言有多达 40 余种运算符。丰富的数据类型与众多的运算符相结合，使 C 语言具有表达灵活和效率高的优点。

（6）C 语言是一种结构化程序设计语言，特别适合大型程序的模块化设计。C 语言具有编写结构化程序必须的基本流程控制语句。C 语言程序是由函数集合构成的，函数各自独立作为模块化设计的基本单位。它包含的源文件可以分割成多个源程序，分别对其进行编译，然后连接起来构成可执行的目标文件。C 语言提供了丰富的库函数，包括图形函数等，可供用户调用。C 语言还允许用户根据需要自定义函数。C 语言还提供了多种存储属性，可以使数据按其需要在相应的作用域内起作用。

（7）C 语言为字符、字符串、集合和表的处理提供了良好的基础，它能够表示和识别各种可显示的以及起控制作用的字符，也能区分和处理单个字符和字符串。

（8）C 语言具有预处理程序和预处理语句，给大型程序的编写和调试提供了方便。

（9）C 语言程序具有较高的可移植性。在 C 语言的语句中，没有依赖于硬件的输入输出语句，程序的输入输出功能是通过调用输入输出函数实现的，而这些函数是由系统提供的独立于C语言的程序模块，从而便于在硬件结构不同的计算机之间实现程序移植。

（10）C 语言是处于汇编语言和高级语言之间的一种中间型的记述性程序设计语言。C 语言既具有面向硬件和系统，像汇编语言那样可以直接访问硬件的功能，又有高级语言面向用户，容易记忆、便于阅读和书写的优点。

综上所述，C 语言是一种功能很强的语言。但是，它也有一些不足之处：C 语言语法限制不严谨，虽然熟练的程序员编程灵活，但安全性低；运算符丰富，完成功能强，但难记、难掌握。因此，学习、使用C语言不妨先学基本部分，先用起来，用熟练后再学习语法规则，进而全面掌握C语言。

1.4　C 语言程序的构成

下面先介绍几个简单的 C 语言程序，然后从中分析 C 语言程序的构成。

【例 1-5】求两个数 a 和 b 的和。

```
#include <stdio.h>                    /*“文件包含”命令*/
main()                                /*求两个数的乘积*/
{  int a,b,c;                         /*定义变量*/
   a=2;b=3;c=a+b;                     /*3 个赋值语句*/
   printf("%d\n",c);                  /*输出 c 的值*/
}
```

程序的执行结果为 5。

本程序的功能是求两个数 a 和 b 的和 c。/*……*/是注释，int a,b,c; 是定义变量，C 语言要求程序中用到的变量都要定义。a=2;b=3;c=a+b;是 3 条赋值语句，使 a 和 b 的值分别为 2 和 3，c 的值为 a+b 的值，printf("%d\n",c);输出 c 的值，%d 是输入输出的“格式字符串”，表示以十进制整型数的格式输出。

【例 1-6】求两个数 a 和 b 的和。

```
#include <stdio.h>                   /*“文件包含”命令*/
main()                               /*主函数*/
{  int add(int a, int b);            /*函数声明*/
   int a,b,c;                        /*定义变量*/
   printf("input two number");       /*提示输入两个数*/
   scanf("%d,%d",&a,&b);             /*输入变量 a 和 b 的值*/
   c=add(a,b);                       /*调用函数 add，将得到的值赋予 c*/
   printf("product=%d\n",c);         /*输出和 c 的值*/
}
int add(int a, int b)                /*定义 add 函数，函数结果类型为整型，两个形参为整型*/
{  int c;                            /*add 函数中的声明部分，定义本函数中用到的变量 c*/
   c=a+b;                            /*a 加 b 的值赋予 c*/
   return c;                         /*将 c 的值返回，通过 add 带回调用处*/
}
```

这个程序同样是求两个数的和，但用了两个函数来实现，主函数和被调用函数 add()。add()函数的作用是将 a 和 b 的和值赋给变量 c，return 语句将 c 的值返回主调函数 main()。返回的值通过函数名 add 带回到 main 函数的调用处。

通过以上两个例子可以知道以下两点。

（1）C 语言程序是由函数构成的。一个 C 源程序至少包含一个 main()函数，也可以包含一个 main()函数和若干个其他函数。在 C 语言中，函数是程序的基本单位。被调用的函数可以是系统提供的库函数（如 scanf()和 printf()函数），也可以是用户自定义的函数（如例 1-6 中的 add()函数）。C 语言中的函数相当于其他语言中的子程序，编写 C 语言程序就是编写一个个函数，C 语言的库函数十分丰富，ANSI C 提供了 100 多个库函数。如果要调用库函数，则要用#include 命令把包含库函数的头文件包含在此程序中。

（2）一个函数由两部分组成。

① 函数首部，即函数的第一行，包括函数类型、函数名、函数的形参、形参类型以及函数属性等。例如，例 1-6 中 add()函数的首部为：

```
int       add  ( int      a,    int      b)
函数类型  函数名  形参类型  形参  形参类型  形参
```

函数名后是函数的参数表，必须用一对圆括号括起来，参数表中也可以没有参数，没有参数时也必须有括号，如 main()。

② 函数体，即函数首部下面大括号内的部分。如果一个函数内有多个大括号，则最外层的一对{ }为函数体。

函数体一般包括声明部分和执行部分。

声明部分：在这部分定义变量、对调用函数的声明等。

执行部分：由若干语句组成。

函数的一般格式如下。

```
数据类型  函数名(函数参数表)
{  声明部分
   执行部分
}
```

当然，在某些情况下可以没有声明部分，也可以没有执行部分。例如：

```
max(){ }
```

这是一个空函数，但是是合法的。

（3）不管 main ()函数在程序的什么位置，一个 C 语言程序总是从 main ()函数开始执行。

（4）C 语言程序的书写格式自由，一行内可以写多条语句，一条语句也可以写在多行上，C 语言程序没有行号。

（5）每一条语句和数据定义的最后都必须有一个分号，分号是语句必要的组成部分，允许有空语句，空语句只有分号没有其他内容。

（6）C 语言本身没有输入/输出语句，输入/输出由库函数来完成。

（7）可以用/*…*/对 C 语言程序进行注释。/和*之间不允许留空格，注释部分可以出现在程序的任何位置，注释可以为若干行。

（8）一个 C 语言程序可以由一个文件组成，也可以由若干个文件组成。一个文件可以包含一个函数，也可以包含多个函数。例 1-6 中包含两个函数，也可以将两个函数放在两个文件中（每个文件有一个文件名）分别进行编译，然后通过连接（link）把它们合成一个可执行文件，以供运行。

总之，C 语言程序可以由若干个源文件构成，每个源文件可以包含编译预处理命令和一个或多个函数，每个函数由函数首部和函数体构成。

1.5　程序的书写格式

程序的书写格式直接影响到程序的可读性，对程序设计具有关键作用。好的书写格式不但可以提高程序设计的质量，而且可以提高程序设计的效率。

（1）程序采用的算法要尽量简单，符合一般人的思维习惯。

（2）标识符的使用尽量采取“见名知义，常用从简”的原则。

（3）为了清晰地表现出程序的结构，最好采用锯齿形的程序格式。

（4）可以用/*…*/注释，以增加程序的可读性。

（5）最好在输入语句之前加一个输出语句对输入数据加以提示。

（6）函数首部的后面和编译预处理的后面不能加分号。

（7）C 语言程序的书写格式虽然自由，但为了清晰，一般在一行内写一条语句。

1.6　C 语言的编程环境

当在计算机中安装了 Visual C++ 6.0 后，在 Windows 的开始菜单中，单击开始→程序→Microsoft Visual Studio 6.0→Microsoft Visual C++ 6.0 即可启动系统。系统启动后，会自动弹出一个提示窗口，显示联机知识中的一条内容，每次启动都会给出一条帮助信息，如图 1-14 所示。单击该窗口的下一提示按钮可以获得更多的提示信息，或者单击结束按钮来关闭窗口。如果不希望每次启动后都显示这个窗口，可以在关闭之前，先取消选中“再启动时显示提示”复选框。关闭当时的提示窗口后，进入 Visual C++ 6.0 的开发环境。启动系统后，即可进入 Visual C++ 6.0 的主窗口，如图 1-15 所示。

下面简单介绍 C 程序在该编译系统下如何编辑、编译、连接和运行。关于更多的功能请参阅 Visual C++ 6.0 的操作说明书。如果读者不使用该版本的编译系统，则这部分内容可以不看。但需要阅读所选用的 C++编译程序使用说明书中的基本操作部分，学会编辑、编译和运行 C 源程序的方法。

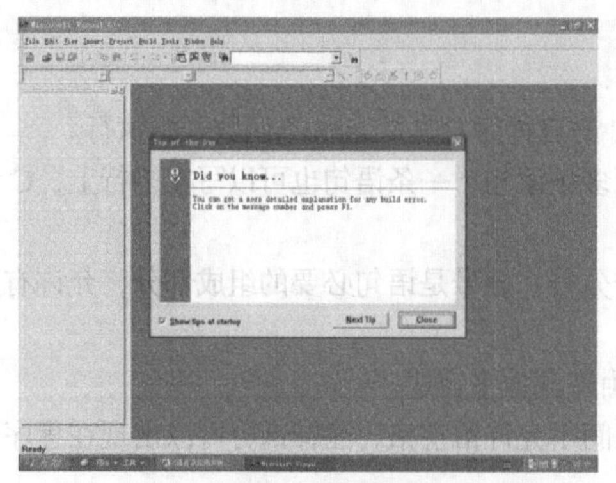

图 1-14　提示窗口

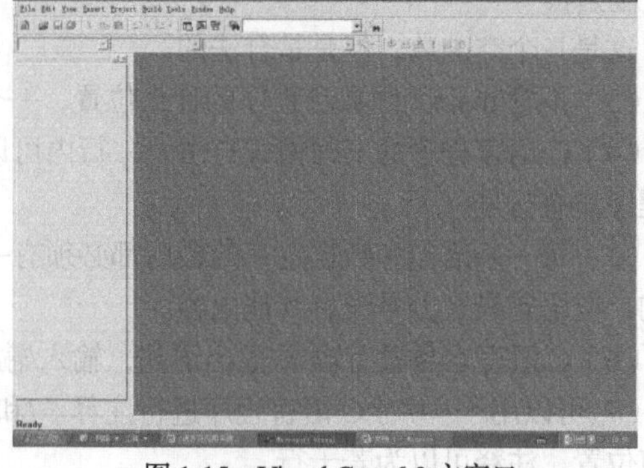

图 1-15　Visual C++ 6.0 主窗口

下面介绍如何使用 Visual C++ 6.0 编写、编译和运行 C 源程序以获得正确的结果。

（1）编写 C 源程序

启动 Visual C++ 6.0 后，选择 File→New，弹出 New 对话框，如图 1-16 所示。

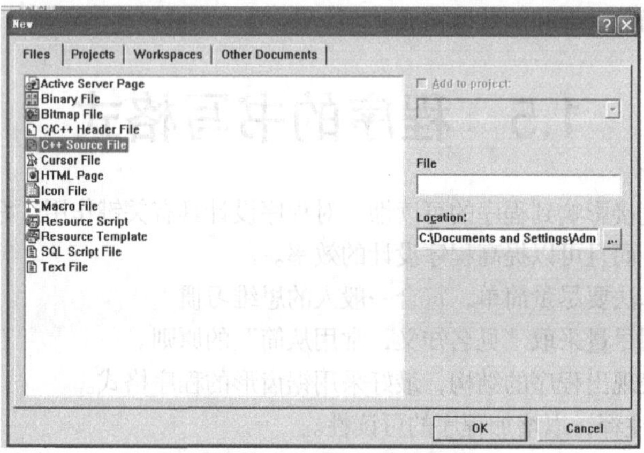

图 1-16　New（新建）对话框

对话框上面有 4 个选项卡，选中“File（文件）”选项卡，在列表框中列出可以新建文件的类型，单击 C++ Source File 选项，该选项用于建立 C 源文件，C 源文件的默认扩展名为.cpp，也可以用.c；在右侧的“文件”文本框中输入将要编写的文件的名称，在“目录”文本框中输入准备存放源文件的目录，或单击 ... 按钮选择存放文件的目录，如图 1-17 所示。

单击 OK 按钮后，即进入编辑主窗口，在主窗口的文档窗口中输入如下程序。

```
#include<stdio.h>
int add(int x,int y)
{  return x+y;    }
void main()
{  int a,b,c;
   a=2,b=5;
   c=add(a,b);
   printf("%d\n",c);
}
```

该程序由两个函数组成，一个是主函数 main()，另一个是 add()函数，它在程序中被主函数调用。这两个函数存放在同一个文件中。

在主函数 main()中，首先定义了两个整型变量 a 和 b，并赋值 2 和 5。接着定义了一个整型变量 c。调用函数 add()，并将其返回值赋给变量 c。函数 add()有两个整型参数 x 和 y，它的函数体内只有一条语句，即返回语句，函数的功能是将 x+y 的值返回给调用函数，该调用函数再将其返回值赋给变量 c。在主函数中还有一条输出语句，该语句输出变量 c 的值，即 a+b 的值。

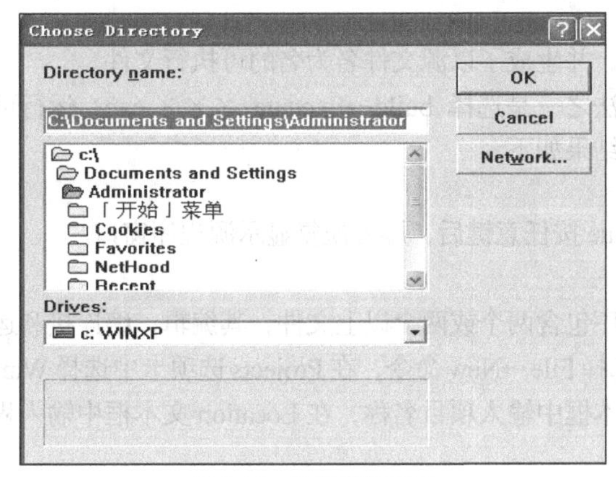

图 1-17　选择存放目录

检查程序有无错误，若无错误，则选择 File→Save 命令，将此源文件保存在磁盘上。

（2）编译连接和运行源程序

① 单文件程序。

单文件程序是指程序只有一个文件，如前面输入的程序。

选择“编译”→“编译×××.cpp”命令，系统弹出提示框，询问是否创建工程，如图 1-18 所示。

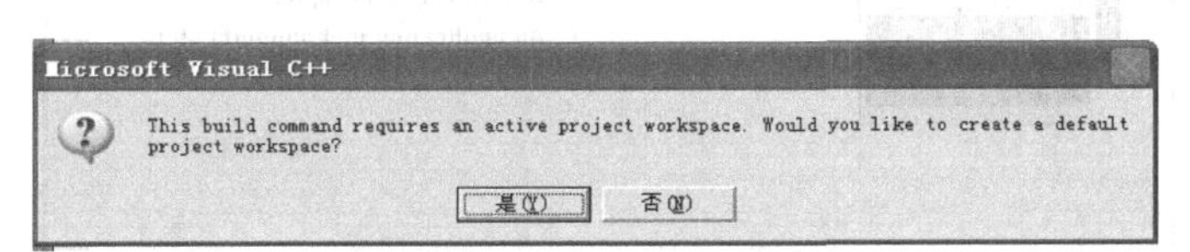

图 1-18　是否创建工程的提示框

单击“是”按钮，在主窗口左侧的项目工作区中添加与源文件同名的项目工程，如图 1-19 所示。之后系统开始编译。在编译过程中，系统将发现的错误显示在屏幕下面的输出窗口中。显示的错误信息指出该错误所在行的行号和错误性质，用户可根据这些信息修改。双击错误信息，光标将停在该错误信息对应的行上，并在该行前面用一个箭头提示。没有错误时，“输出”窗口将显示如下信息。

```
×××.obj-0 error(s), 0 warning(s)
```

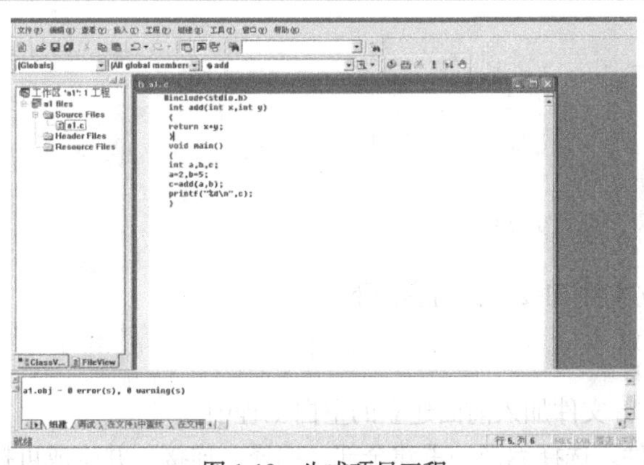

图 1-19　生成项目工程

编译无错误后，再连接。此时选择 build→build ×××.exe，根据输出窗口中的错误信息提示，修改出现的错误，直到没有连接错误为止。这时，在输出窗口中显示如下信息。×××.exe-0 error(s)，0 warning(s)

这说明编译连接成功，并生成了以源文件名为名的可执行文件。

执行可执行文件的方法之一是选择 build→Execute ×××.exe，运行可执行程序，并将结果显示在另一个窗口中，显示结果如下。

```
a+b=7
```

Press any key to continue 按任意键后，屏幕恢复显示源程序窗口。

② 多文件程序。

多文件程序是指该程序包含两个或两个以上文件，其编辑、编连接和运行的方法如下。

a. 创建项目文件。选择 File→New 命令，在 Projects 选项卡中选择 Win32 Console Application，并在对话框右侧的工程文本框中输入项目名称，在 Location 文本框中输入程序存放的路径，然后单击 OK 按钮。

系统弹出选择项目类型对话框，如图 1-20 所示。选择 An empty project 单选按钮，单击 Finish 按钮，建立一个新项目，并在存放程序的目录下建立一个以工程名为名的目录，即此工程中的所有文件都可以存放在此目录下。

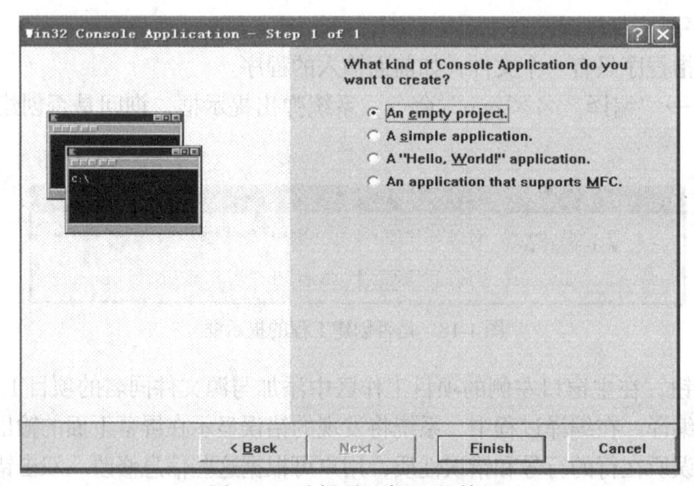

图 1-20 选择项目类型对话框

b. 向项目中添加文件。选择 Project→Add to Project →New，弹出新建对话框。选择“文件”选项卡，在左侧列表框中单击 C++ Source File 选项，然后在对话框右侧的文件“文本”框中输入文件名 filel，单击 OK 按钮。

文件 filel 的内容如下。

```
#include<stdio.h>
void main()
{int a=2,b=5, c;
c=add(a,b); printf("%d\n",c);
}
```

采用同样的方法建立文件 file2，其内容如下。

```
int add(int x,int y)
{    return x+y;   }
```

这样就将两个.cpp 或.c 文件加入前面建立的空白工程中。

c. 编译连接项目文件。选择编译→重建全部，编译、连接，并生成可执行文件。

d. 运行项目文件。选择编译→执行×××.exe 命令，结果如下。

```
a+b=7
Press any key to continue
```

（3）常用功能键

在 Visual C++ 6.0 中，调试程序常用的功能键如下。

F9 键：设置 / 取消断点。

F5 键：从当前语句开始执行，直到遇到断点或程序结束。

F4 键：在程序调试时，使程序运行到当前光标所在处。

F11 键：单步执行，可跟踪进入函数内部。

F10 键：单步执行，不能跟踪进入函数内部。

Shift+F5 组合键：终止程序的调试运行。

本章小结

本章介绍了算法的概念及流程图的画法、结构化程序设计及方法、C 语言的发展简史及 C 语言的特点、C 语言程序的构成及 C 语言编程环境——Turbo C 2.0 和 Visual C++ 6.0 的使用。

重点掌握 C 语言程序的上机操作方法，它是编辑、编译及调试程序的实验环境，包括新建文件，保存文件，打开文件，编译、运行程序，查看运行结果等。

本章给出了几个简单的C语言程序，初学者可以在实验课上将其输入，查看运行结果是否与例题中给出的结果相同。在输入程序时要特别注意程序的基本结构，一般初学者在输入程序时易犯错误，如缺少分号，遗漏大括号、小括号或者多加大括号等。通过几个例题重点掌握C语言程序的构成及程序的书写风格，从开始就养成良好的编程习惯。

练习与提高

一、单选题

1. 以下不正确的说法是（　　）。

   A. 一个 C 语言程序由一个或多个函数组成　B. 一个 C 语言程序必须包含一个 main()函数

   C. 在 C 语言程序中，可以只包括一条语句　D. C 语言程序的每一行可以写多条语句

2. 下面源程序的书写格式不正确的是（　　）。

   A. 一条语句可以写在几行上　B. 一行可以写几条语句

   C. 分号是语句的一部分　D. 函数的首部必须加分号

3. 在 C 语言程序中，（　　）。

   A. main()函数必须放在程序的开始位置　B. main()函数可以放在程序的任何位置

   C. main()函数必须放在程序的最后　D. main()函数只能出现在库函数之后

4. C 语言程序的开始执行点是（　　）。

   A. 程序中第一条可以执行的语句　B. 程序中的第一个函数

   C. 程序中的 main()函数　D. 包含文件中的第一个函数

二、填空题

1. 一个 C 语言程序由若干个函数构成，其中必须有一个____。

2. 一个函数由两个部分组成：____和____。
3. 注释部分以____开始，以____结束。
4. 在C语言中，构成程序的基本单位是____。
5. 一个C语言程序的开发过程包括编辑、____、连接和运行4个步骤。

三、分别用传统流程图和结构化流程图表示以下问题的算法

1. 输入两个数，交换以后输出。
2. 输入两个数，按大小输出。
3. 输入10个数，输出它们的乘积。

四、实验题

1. 学习如何进入VC环境。
2. 编辑调试程序。

```
#include<stdio.h>
#define PI 3.14
main()
{  int r;
   float s;
   s=PI*r*r;
   printf("s=%f\n",s);
}
```

（1）输入上述程序后，保存该文件，编译、运行，查看结果，退出VC环境，然后重新进入，调出刚存入的程序。

（2）在上述程序的float s;的下一行，新加一行scanf("%d",&r)，重新编译、运行，了解如何在运行时输入数据，并试一试应怎样提供数据。

（3）程序中的大小写用错了，如main()写成了Main()结果会怎样？

3. 输入下面程序并运行。

```
#include<stdio.h>
main()
{  printf("******\n");
   printf(" *****\n");
   printf("  ****\n");
   printf("   ***\n");
   printf("    **\n");
   printf("     *\n");
}
```

修改程序输出正方形、等边三角形。

4. 分析题。

首先分析下面程序的输出结果，再按原题编辑、编译并运行，验证是否正确。

```
#include<stdio.h>
main()
{     char x;
      printf("x=");
      scanf("%c",&x);  /*输入一个小写字母*/
      printf("x=%c\n",c-32);
}
```

第 2 章 C 语言的数据类型及其运算

数据是程序处理的对象。C 语言在程序处理数据之前，要求数据具有明确的数据类型。

本章将介绍 C 语言的标识符、基本数据类型、常量、变量、运算符、表达式及运算。

本章学习目标：

了解 C 语言标识符的分类及使用。

了解 C 语言的数据类型及基本类型数据的使用。

掌握 C 语言运算符的种类、运算优先级和结合性。

掌握 C 语言表达式类型（赋值表达式、算术表达式、关系表达式、逻辑表达式、条件表达式、逗号表达式）、求值规则及不同类型数据间的转换与运算等。

了解位运算符的含义及使用方法，能够进行简单的位运算。

2.1 C 语言数据类型简介

一个程序应包括以下两部分。

（1）对数据的描述，在程序中要指定数据的类型和数据的组织形式，即数据结构。

（2）对操作的描述，即操作步骤，也就是算法。

数据类型是数据结构的表示形式，体现的是数据的操作属性，对不同数据可进行不同的操作，不同的数据类型在数据表示形式、合法的取值范围、占用内存空间大小、可参与的运算种类等方面都有所不同。用户在程序设计过程中使用的每个数据都要根据不同用途选择不同的类型，每个数据都属于一个确定、具体的数据类型。C 语言的数据有常量、变量、函数值、函数参数、表达式等。C 语言的数据类型也十分丰富，如图 2-1 所示。

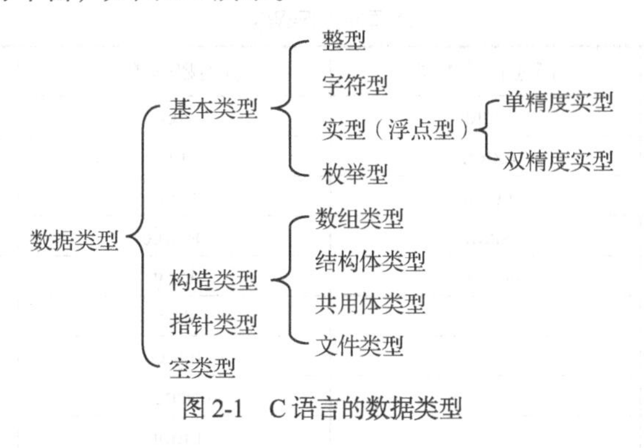

图 2-1 C 语言的数据类型

2.2 字符集与标识符

2.2.1 字符集

C 语言的字符集是指 C 语言程序中允许出现的字符，分为以下几类。

（1）英文字母（大小写）：A～Z、a～z。

（2）数字：0～9。

（3）特殊符号：+、-、*、/、%、=、_、!、(、)、#、$、^、&、[、]、\、'、"、{、}、|、.、>、<、?以及空格等。

若在程序中使用其他字符，则编译时会出现语法错误。

2.2.2 标识符

C 语言中处理对象的名称都要用标识符表示，如符号常量名、变量名、函数名、类型名、文件名等。C 语言中的标识符必须满足以下规则。

（1）C 语言标识符由字母、数字、下画线组成，并且第一个字符必须是字母或下画线。

（2）C 语言对标识符的长度没有统一规定，随系统而不同。

（3）大写字母和小写字母代表不同的标识符，如 SUM 和 sum 是两个不同的标识符。

（4）在使用标识符时，尽量采取"见名知义，常用从简"的原则。例如，用 max 代表最大值，这样增加标识符的可读性，使程序更加清晰。简单数学运算中的变量用 a、b、c、x、y、z 等简单符号表示。

下面是合法的标识符。

```
x、xy、_1、x1、x_1、min
```

下面是不合法的标识符。

```
11t 、$t、x.y、a>f 、_s#
```

2.2.3 标识符的分类

1. 关键字

关键字也称系统保留字，是一类特殊的标识符，在 C 语言中有特殊的含义，不允许作为用户标识符使用，不能用作常量名、变量名、函数名、类型名、文件名等。C 语言中的保留字共 32 个，保留字用小写字母表示。C 语言的保留字如表 2-1 所示。

表 2-1　　C 语言的保留字

描述数据类型定义	描述存储类型	描述数据类型	描述语句
typedef	aute	char	break
void	extern	int	case
	register	float	continue
	static	double	default
	volatile	long	if
		short	else
		signed	switch
		struct	for
		union	do

续表

描述数据类型定义	描述存储类型	描述数据类型	描述语句
		unsigned	while
		const	return
		enum	sizeof
			goto

2. 预定义标识符

预定义标识符也有特定的含义，如 C 语言提供的库函数的名称（如 printf、getchar、fabs 等）和编译预处理命令（如 define、include 等）。虽然 C 语言允许用户将这些标识符另作他用，改变原有的含义，但为了避免误解，建议不要将这些标识符另作他用。

3. 用户标识符

用户标识符是用户根据自己的需要定义的标识符，如对变量、常量、函数等的命名。

2.3 常量与变量

2.3.1 常量

常量是指在程序运行过程中其值不能改变的量。在C语言中，常用的常量有整型常量、实型常量、字符型常量和字符串常量，这些常量在程序中不需要预先声明就能直接使用。

2.3.2 符号常量

有时候，可以用一个标识符代表一个常量，如可以在文件的开始写一个命令行：

```
#define PI 3.14159
```

用#define 命令行定义 PI 代表 3.14159，此后凡是文件中出现的 PI 都代表 3.14159，可以和常量一样进行运算。这种用一个指定的名称代表的常量称为符号常量。

定义符号常量的一般形式：

```
#define 符号常量名 字符串
```

符号常量和变量不同，符号常量定义以后，其值是不能变的，即不能对符号常量赋值或用scanf()函数重新输入值。变量的值却是可以改变的。

定义符号常量的好处：需要改变程序中的某一常量时，不需要一一改变这个常量，只需要修改定义中的字符串即可。注意#define 不是 C 语言的语句，后面没有分号。

一般情况下，符号常量名用大写字母，其他标识符用小写字母。

2.3.3 变量

变量是指在程序运行过程中其值可以改变的量。程序中的变量由用户命名。实际上，变量是内存中的一个存储区，在存储区中存放该变量的值，每个变量都有一个名称，如 x、sum 和 max 等。

变量在使用前必须声明，其目的是为变量在内存中申请存放数据的内存空间。

在程序中，一个变量实质上代表某个存储单元。要注意变量的“名”和变量的“值”的区别，变量的“名”是指该变量代表的存储单元的标志，而变量的“值”是指存储单元中的内容。

大写字母和小写字母被认为是两个不同的字符，因此 max 和 MAX 是两个不同的变量名。习惯上，为增加可读性，变量名用小写字母表示。

2.3.4 变量的初始化

C 语言允许在定义变量的同时使变量初始化。例如：

```
int a=10;            /*指定 a 为整型变量，初值为 10*/
float  b=1.234;      /*指定 b 为实型变量，初值为 1.234*/
char c='a';          /*指定 c 为字符变量，初值为 a*/
```

也可以为定义的变量的一部分赋初值。例如：

```
int a,b,c=1;
```

表示指定 a、b、c 为整型变量，只对 c 初始化，c 的值为 1。

如果为几个变量赋予初值 1，应写成：

```
int a=1,b=1,c=1;
```

不能写成：

```
int a=b=c=1;
```

也不能写成

```
int a=1;b=1;c=1;
```

初始化不是在编译阶段完成的，而是在程序运行执行本函数时赋予初值的，相当于有一个赋值语句。

2.4 整型数据

2.4.1 整型数据在内存中的存储形式

整型数据在内存中是以二进制补码形式存放的。正数的补码就是它的二进制形式，负数的补码是将该数的绝对值的二进制按位取反再加 1。

下面分别求 14 和-14 的补码。

十进制数 14 用二进制数表示为 1110，即 14 的补码是 0000000000001110。图 2-2 是数据 14 在内存中的存放情况。

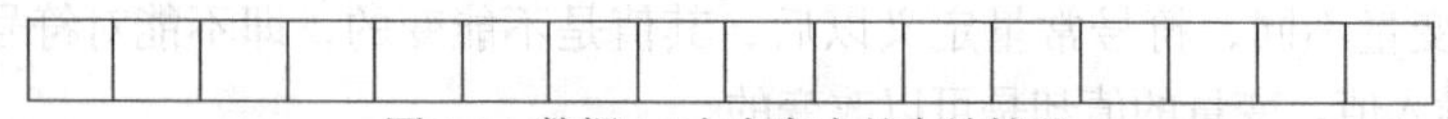

图 2-2 数据 14 在内存中的存放情况

下面求-14 的补码。

-14 的绝对值是 14，二进制是 0000000000001110。对 0000000000001110 取反得到 1111111111110001，再加 1 得 1111111111110010，即-14 的补码是 1111111111110010。

在整数的 16 位中，最左边的一位是符号位，该位为 0，表示正数，该位为 1，表示负数。

如果知道了一个数在内存中的存放情况，怎样得到它的值呢？

首先看它的最高位，如果为 0，则表示正数，它的值是存储的二进制数。例如，在内存中存储的是 0000000011001101，则它是一个正数，它的二进制值是 0000000011001101，十进制数是 205。如果最高位是 1，则表示此数是一个负数，求它的绝对值，同样还采用取反加 1 得到它的绝对值。例如，在前边介绍过，因为-14 的补码是 1111111111110010，最高位是 1，所以是个负数，然后求其绝对值，对 1111111111110010 取反为 0000000000001101，加 1 后为 0000000000001110，十进制数为 14，所以 1111111111110010 表示的十进制数是-14。

2.4.2　整型常量

整型常量简称整数，C 语言有 3 种形式的整型常量：十进制整型常量、八进制整型常量和十六进制整型常量。

（1）十进制整数。以我们通常习惯的十进制整数形式给出，如 123、-234、0。

（2）八进制整数。以数字 0 开始的数是八进制数，如 0123、-0234，后面只能是有效的八进制数 0～7，若写成 09 就错了。

（3）十六进制整数。以数字 0x 开始的数是十六进制数，后面只能是有效的十六进制数 0～9，a～f（A～F）表示十进制值 10～15，如 0x123、-0x234。

整型常量后面紧跟大写字母 L（或小写字母 l），表示此常量为长整型常量，如 12L、43l、0L 等，这往往用于函数调用中。如果函数的形参为长整型，则要求实参也为长整型。

2.4.3　整型变量

整型变量分为基本型、短整型、长整型、无符号型。例如：

```
int i;       /* 定义变量 i 为整型*/
long j,k ;  /* 定义变量 j 和 k 为长整型*/
unsigned u ;/*定义变量 u 为无符号整型*/
```

C 标准没有具体规定以上各类数据所占内存字节数，各种机器处理有所不同，一般以一个机器字存放一个 int 型数据，而 long 型数据的字节数应不小于 int 型，short 型不长于 int 型。常用的 Turbo C 对各类型数据的设定如表 2-2 所示。

表 2-2　Turbo C 对各类型数据的设定

类型	类型标识符	所占字节数	数值范围
基本类型	int	2	-32 768～32 767 即-2^{15}～$-(2^{15}-1)$
短整型	short [int]	2	-32 768～32 767 即-2^{15}～$-(2^{15}-1)$
长整型	long[int]	4	-2 147 483 648～2 147 483 647 即-231～- $(2^{31}-1)$
无符号整型	unsigned [int]	2	0～65 535 即 0～$2^{16}-1$
无符号短整型	unsigned short	2	0～65 535 即 0～$2^{16}-1$
无符号长整型	unsigned long	4	0～4 294 967 295 即 0～$2^{32}-1$

【例 2-1】整型数据的定义和使用。

```
#include <stdio.h>
main()
{int  a,b,c,d;
unsigned u;
a=10;b=5;
u=a+b;
c=a-b;
d=32767+1;
printf("c=%d\n",c);
printf("d=%d\n",d);
printf("u=%u\n",u);
}
```

程序的运行结果：

```
c=5
```

```
d=-32768
u=15
```

程序中定义了名为 a、b、c、d 的 4 个存储单元，它们在内存中各占 2 字节。a 和 b 代表的存储单元中存放 10 和 5，c 代表的存储单元中存放 a 和 b 的差值 5。d 中存放 32 767 与 1 的和，u 中存放 a 和 b 的和，由于受到 int 型变量取值范围的限制，d 中存放的值为-32 768，而不是 32 768。

读者可以自己分析输出的 d 的值为什么是-32 768 而不是 32 768。

2.5 实型数据

2.5.1 实型常量

实型常量有两种表示形式：十进制小数形式和指数形式。注意：在用指数形式表示实型数时，使用字母 E 和 e 都可以，指数部分必须是整数（为正整数时可以省略“+”号）。实型常量又称浮点常量，也称实数。在 C 语言中，实型常量只用十进制表示。例如，0.5、345.7、0.0、1.0e03 都是实型数。

（1）十进制小数形式，由数字、小数点和正负号组成。例如，0.123、-0.123、1.、.5 都是合法的实型数。其中 1.和.5 分别代表 1.0 和 0.5。

（2）指数形式，也称科学计数法，用 e 或 E 表示指数，一般形式为 ae ± b，表示 a× 10 ± b，其中 a 是十进制数，可以是整数或小数，b 必须是整数。例如：

```
345e+2      (相当于 345×102)
-3.2e+5     (相当于-3.2×105)
.5e-2       (相当于 0.5×10-2)
```

但下面都是不合法的实型常量。

```
e3  .e3  e 和 2.1e3.5
```

因为 e3、.e3 和 e 的 e 前没有数字，2.1e3.5 的 e 后面是实数，所以应该是整数。

2.5.2 实型变量

实型变量分为单精度和双精度两类，例如：

```
float a,b;      /*指定 a、b 为单精度实型变量*/
double c;       /*指定 c 为双精度实型变量*/
```

在 Turbo C 中，对实型数据的设定如表 2-3 所示。

表 2-3 Turbo C 对实型数据的设定

类型	类型标识符	所占字节数	有效数字	数值范围
单精度实型	float	4	6～7 位	10^{-37}～10^{38}
双精度实型	double	8	15～16 位	10^{-307}～10^{308}

【例 2-2】实型数据的定义和使用。

```
#include <stdio.h>
main()
    {  float x;
       double y;
       x=123456.1234;  y=123456.1234;
       printf("x=%f,y=%lf\n",x,y);
    }
```

程序的运行结果如下。

```
x=123456.125000, y=123456.123400
```

程序定义了两个名为 x 和 y 的存储单元，在内存中它们分别占 4 字节和 8 字节。虽然程序为两个变量都赋了相同的值，但两个变量能表示的有效数字的位数不同，输出结果也就不同。可以看出，用双精度型表示的数据，比用单精度型表示的数据精度更高。单精度实型数只能保证 6～7 位有效位，后面的几位是不准确的。应当避免将一个很大的数和一个很小的数直接相加或相减，否则会丢失小的数。

数据按整型存放是没有误差的，但取值范围一般较小，而按实型存放取值范围较大，但往往存在误差。编写程序时，应根据以上特点，选择变量的类型。

2.6　字符型数据

2.6.1　字符常量

C 语言的字符常量是用单引号（'）引起来的一个字符。例如，'a'、'1'、'D'、'?'、'$'等都是字符常量。字符常量中的字母区分大小写，例如，'a'和'A'是不同的字符常量。

C 语言还允许使用一种特殊形式的字符常量，就是以一个“\”开头的字符序列。表 2-4 列出的字符称为转义字符，意思是将反斜杠(\)后面的字符转换成另外的含义。例如，前面遇到过的 printf 函数中的'\n'不代表字母 n，而代表换行符。这是一种控制字符，在屏幕上不显示。

表 2-4　　转义字符及其含义

字符形式	含义	ASCII 代码
\n	换行，将当前位置移到下一行开头	10
\t	水平制表（跳到下一个 tab 位置）	9
\f	换页，将当前位置移到下页开头	12
\b	退格，将当前位置移到前一列	8
\r	回车，将当前位置移到本行开头	13
\\	反斜杠字符“\”	92
\'	单引号（撇号）字符	39
\"	双引号字符	34
\ddd	1～3 位八进制数代表的字符	
\xhh	1～2 位十六进制数代表的字符	

表 2-4 倒数第 2 行是用 ASCII（八进制数）表示一个字符，例如，'\101'代表字符 A。倒数第 1 行是用 ASCII（十六进制数）表示一个字符，例如，\012 代表换行符。用表 2-4 中的方法可以表示任何可输出的字母字符、专用字符、图形字符和控制字符。请注意\0 或\000 是代表 ASCII 为 0 的控制字符，即“空操作”字符，它将用在字符串中。

【例 2-3】转义字符的使用（□代表空格）。

```
#include <stdio.h>
main()
    {  printf("□12 □a\t□cd\rf\th\n");
```

```
    printf("g\ti\b\bk□a");
}
```

用printf()函数直接输出双引号内的各个字符。第一个printf()函数先在第一行左端开始输出□12□a，然后遇到\t，它的作用是“跳格”，即跳到下一个“制表位置”，在我们所用系统中，一个“制表区”占8位。下一个“制表位置”从第9列开始，故在第9列～第11列输出□cd。下面遇到\r，它表“回车”（不换行），返回到本行最左端（第1列），输出字符f，然后遇\t再使当前位置移到第 9 列，输出 h。下面是\n，作用是“使当前位置移到下一行的开头”。第二个 printf()函数先在第 1 列输出字符 g，后面的\t 使当前位置跳到第 9 列，输出字 i，然后当前位置应移到下一列（第 10 列）准备输出下一个字符。下面遇到两个\b，\b 的作用是“退一格”，因此\b\b 的作用是使当前位置回退到第 8 列，接着输字符 k□a。

程序运行时，在打印机上得到以下结果。

```
f12□a□□□hcd
g□□□□□□kia
```

注意在显示屏上最后看到的结果与上述打印结果不同，如下。

```
f□□□□□□□hcd
g□□□□□□k□a
```

这是由于\r 使当前位置回到本行开头，自此输出的字符（包括空格和跳格经过的位置）将取代原来屏幕上该位置显示的字符。所以原有的□12□a□□□□被新的字符 f□□□□□□□h 代替，其后的 cd 未被新字符取代。换行后先输出 g□□□□□□□i，然后光标位置移到 i 右面一列处，退两格后输出 k□d，k 后面的□将原有的字符 i 取而代之。因此屏幕上看不到 i。实际上，屏幕完全按程序要求输出全部字符，只是因为在输出前面的字符后，很快又输出后面的字符，在人们还未看清楚之前，新的字符已取代了旧的字符，所以误以为未输出应输出的字符。而在打印机输出时，不像显示屏那样会“抹掉”原字符，它能真正反映输出的过程和结果。

2.6.2 字符串常量

字符串常量是一对双引号引起来的字符序列。例如，"How are you ?""beijing ""a""1123.4"都是字符串常量。可以输出一个字符串，如 printf("How are you?")。

不要将字符常量与字符串常量混淆。'a'是字符常量，"a"是字符串常量，两者不同。C 语言规定：在每一个字符串的结尾加一个“字符串结束标志”，以便系统据此判断字符串是否结束。C 语言规定以字符\0 作为字符串结束标志。\0 是一个 ASCII 为 0 的字符，从 ASCII 表中可以看到 ASCII 为 0 的字符是“空操作字符”，即它不引起任何控制动作，也不显示。例如，字符串 Beijing，实际在内存中是 beijing\0，它的存储空间长度不是 7 个字符，而是 8 个字符，最后一个字符为\0。但在输出时不输出\0。例如，printf("How are you?"); 输出时是一个一个字符输出，直到遇到最后的\0 字符，停止输出。字符串"a"实际上在存储时包含 2 个字符：a 和\0。

2.6.3 字符变量

字符变量用来存放一个字符常量，字符变量用 char 定义。例如：

```
char  a,b;   / *指定 a、b 为字符型变量*/
```

可以把一个字符型常量或字符型变量的值赋给一个字符变量，不能将一个字符串常量赋给一个字符变量。例如：

```
a="O";b="K";
```

是错误的。因为字符变量 a 和 b 只能容纳一个字符，而 O 和 K 各需占 2 字节。

给字符变量赋值可以采用如下 3 种方法。

（1）直接赋予字符常量，如 char c='A';

（2）赋予“转义字符”，如 char c='\\';

```
printf("%c",c);
```

输出一个字符\。

（3）赋予一个字符的 ASCII。如字符“a”的 ASCII 为 97（见附录 A），则 char c=97。

应记住，字符数据与整型数据是通用的，可以互相赋值和运算。

【例 2-4】 字符变量的定义使用。

```
#include <stdio.h>
main()
{  int a='A',b;
   char c=97;
   b=c-32;
   printf("%d%c\n",b,b);
   printf("%d%c\n",a,a);
}
```

程序运行将输出：65 A

```
65A
```

因为“A”的 ASCII 为 65，c-32 的值为 65，即“A”的 ASCII。按不同的格式输出不同的形式。从例 2-4 中可以发现，c 是 a 的 ASCII，减 32 后成为 A 的 ASCII，反过来'A'+32，即为 a 的 ASCII，所以在 C 语言中，可以利用加或减 32 进行大小写转换。

【例 2-5】 将给定变量的值按大写形式输出。

```
#include <stdio.h>
main()
{  char a='z',b=97;
   printf("%c%c \n",a-32, b-32);
}
```

程序运行将输出：ZA

2.7　运算符和表达式

用于表示各种运算的符号称为运算符。表达式是由运算符、常量、变量、函数按照一定的规则构成的式子。C 语言中的任何一个表达式都有一个确定的值，该值称为表达式的值。

2.7.1　运算符简介

C 语言的运算符非常丰富，有以下几类。

（1）算术运算符：+、-、*、/、%。

（2）关系运算符：>、<、==、>=、<=、!=。

（3）逻辑运算符：!、&&、||。

（4）位运算符：<<、>>、~、|、^、&。

（5）赋值运算符：=及其扩展赋值运算符。

（6）条件运算符：?、:。

（7）逗号运算符：,。

（8）指针运算符：*和&。

（9）求字节数运算符：sizeof。

（10）强制类型转换：（运算符类型）。

（11）分量运算符：.、->。

（12）下标运算符：[]。

（13）其他，如函数调用运算符()。

2.7.2 表达式的求值规则

表达式可以包含不同类型的运算符，C 语言规定了运算符的优先级和结合性。在表达式求值时，先按运算符的优先级别高低次序执行。例如，先乘除后加减。如果运算对象两侧的运算符的优先级别相同，则按规定的结合方向处理。C 语言规定了各种运算符的结合方向（结合性）。算术运算符的结合方向为自左至右，即先左后右。自左至右的结合方向又称左结合性，即运算对象先与左边的运算符结合。有些运算符的结合方向为自右至左，即右结合性（如赋值运算符）。假设有如下赋值表达式：

```
a=b=c=1
```

先进行 c=1 的赋值运算，使 c 的值为 1，依次将 1 赋给变量 b 和 a。结合性的概念在其他一些高级语言中是没有的，是 C 语言的特点之一。附录 B 列出了所有运算符以及它们的优先级别和结合性。

2.7.3 混合运算中的类型转换

1. 自动类型转换

字符型数据可以与整型数据通用，因此，整型、字符型、实型（包括单精度、双精度）数据可以出现在一个表达式中进行混合运算。例如，已定义 i 为 int 型变量，f 为 float 型变量，d 为 double 型变量，l 为 long 型变量，有下面的式子：

```
100+'A'+i*f-d*l
```

是合法的。在运算时，不同类型的数据要先转换成同一类型，然后进行运算，转换的规则如图 2-3 所示。

图 2-3 中的横向箭头表示必定的转换，例如，字符数据必定先转换为整数，short 型转换为 int 型，float 型数据在运算时一律先转换成双精度型，以提高运算精度（即使是两个 float 型数据相加，也需要先转换成 double 型，然后再相加）。

纵向箭头表示当运算对象为不同类型时转换的方向。例如，int 型与 double 型数据进行运算，先将 int 型的数据转换成 double 型，然后进行两个同类型（double 型）数据间运算，结果为 double 型。注意，箭头方向只表示数据类型级别的高低，由低向高转换，不要理解为 int 型先转换成 unsigned 型，再转换成 long 型，再转换成 double 型。一个 int 型数据与一个 double 型数据运算是直接将 int 型转换成 double 型。同理，一个 int 型与一个 long 型数据运算，也是先将 int 型转换成 long 型。

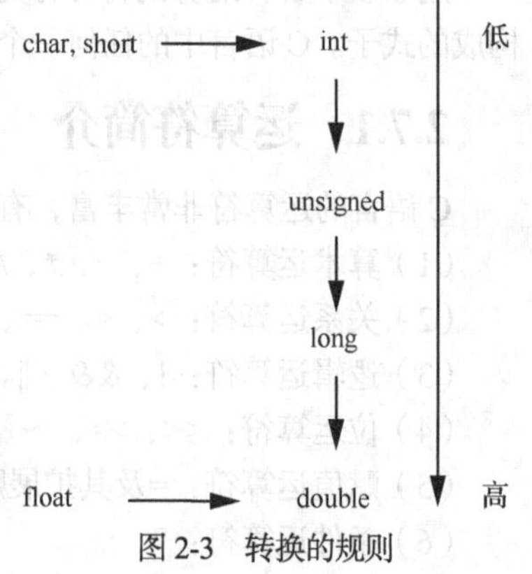

图 2-3 转换的规则

上式运算次序如下。

（1）进行 100+'A'的运算，先将 a 转换成整数 65，运算结果为 165。

（2）进行 i*f 的运算，先将 i 与 f 都转换成 double 型，运算结果为 double 型。

（3）整数 165 与 i*f 的积相加，先将整数 165 转换成双精度数（小数点后加若干个 0，即 165.000000），运算结果为 double 型。

（4）将变量 l 转换为 double 型，d*l 结果为 double 型。
（5）将 100+'A'+i*f 的结果与 d*l 的乘积相减，结果为 double 型。
上述类型转换是由系统自动进行的。

2. 强制类型转换运算符

可以利用强制类型转换运算符将一个表达式转换成所需类型。例如：

```
(double)k        将 k 转换成 double 类型。
(int)(a-b)       将 a-b 的值转换成整型。
(float)(c*d)     将 c*d 的值转换成 float 型。
```

其一般形式为：

```
(类型名)(表达式)
```

注意：表达式应该用括号括起来。如果写成

```
(int)a+b
```

则只将 a 转换成整型，然后与 b 相加。

（1）C 语言在强制类型转换时，括起来的是类型而不是需要转换的变量。例如：(int)a 不能写成 int(a)。
（2）在强制类型转换时，得到一个所需类型的中间变量，原来变量的类型未发生变化。

【例 2-6】 强制类型转换。

```
#include <stdio.h>
main()
{ float x;
  int  k;
  x=1.5;
  k=(int)x;
  printf("x=%f,k=%d",x,k);
}
```

运行结果为：

```
x=1.500000,k=1
```

x 类型仍为 float 型，值仍等于 1.5。

2.8　算术运算符和算术表达式

2.8.1　基本算术运算符

+：加法运算符，或正值运算符，如 1+2、+1。
-：减法运算符，或负值运算符，如 3-2、-1。
*：乘法运算符，如 4*3。
/：除法运算符，如 6/4。
%：模运算符，或称求余运算符，%两侧均应为整型数据，如 7%4 的值为 3。

需要说明的是，两个整数相除的结果为整数，例如，7/3 的结果为 2，舍去小数部分。但是，如果除数或被除数中有一个为负值，则舍入的方向是不固定的。例如，-7/3 在有的机器上得到结果-1，有的机器则得到结果-2。多数机器采取“向零取整”的方法，即-7/3=-2。

2.8.2 算术表达式和运算符的优先级与结合性

用算术运算符和括号将运算对象（也称操作数）连接起来的、符合C语法规则的式子，称C算术表达式。运算对象包括常量、变量、函数等。例如，下面是一个合法的C算术表达式。

```
a*b+c-1.5+'a'
```

算术运算符的结合方向为“自左至右”，即先左后右。“自左至右的结合方向”又称“左结合性”，即运算对象先与左边的运算符结合。如果运算符两侧的数据类型不同，则先自动进行类型转换，使两者的类型相同，然后进行运算。

2.8.3 自增、自减运算符

自增、自减运算符的作用是使变量的值增1或减1。例如：

```
++i,--i  /*在使用 i 之前，先使 i 的值加(减)1*/
i++,i-- /*在使用 i 之后，使 i 的值加(减)1*/
```

粗略地看，++i 和 i++的作用相当于 i=i+1。但++i 和 i++的不同之处在于，++i 是先执行 i=i+1后，再使用 i 的值；而 i++是先使用 i 的值后，再执行 i=i+1。如果 i 的原值等于 1，则执行下面的赋值语句。

```
j=++i;  /*i 的值先变成 2，再赋给 j，j 的值为 2*/
而 j=i++;  /*先将 i 的值 1 赋给 j，j 的值为 1，然后 i 变为 2*/
```

又如：

```
i=1;
printf("%d",++i);
```

输出“2”。

若改为：

```
printf("%d",i++);
```

则输出“1”。

注意

（1）自增运算符（++）和自减运算符（--）只能用于变量，而不能用于常量或表达式，例如，1++或(a+b)++都是不合法的。因为 1 是常量，常量的值不能改变。(a+b)++也不可能实现，自增后得到的值无变量可供存放。

（2）++和--的结合方向是“自右至左”。如果有-i++，则 i 的左边是负号运算符，右边是自加运算符，从附录B可知，负号运算符和“++”运算符优先级相同，而结合方向为“自右至左”（右结合性），即它相当于-(i++)，如果 i 的原值等于 1，执行 prinff("%d\t",-i++);，则先取出 i 的值 1，输出-i 的值-1，然后 i 增值为 2。注意：-(i++)是先用 i 的原值 1 加上负号输出-1，再对 i 加 1，不要认为先加完 1 后再加负号，输出-2，这是不对的。

自增（减）运算符常用于循环语句中，使循环变量自动加（减）1，也用于指针变量，使指针指向下一个地址。

2.9 赋值运算与赋值表达式

2.9.1 赋值运算符

赋值符号“=”就是赋值运算符，它的作用是将一个数据赋给一个变量。例如，“a=3”的作用是执行一次赋值操作（或称赋值运算），把常量 3 赋给变量 a，也可以将一个表达式的值赋给一个变量。

2.9.2　类型转换

如果赋值运算符两侧的类型不一致，但都是数值型或字符型时，在赋值时要进行类型转换。

（1）将实型数据（包括单精度、双精度）赋给整型变量时，舍弃实数的小数部分。例如，i 为整型变量，执行 i=1.23 的结果是使 i 的值为 1，在内存中以整数形式存储。

（2）将整型数据赋给单、双精度变量时，数值不变，但以浮点数形式存储到变量中。例如，将 12 赋给 float 型变量 f，即 f=12，先将 12 转换成 12.000000，再存储在 f 中。再如，将 12 赋给 double 型变量 d，即 d=12，则将 12 补足有效位数字为 12.00000000000000，然后以双精度浮点数形式存储到 d 中。

（3）将一个 double 型数据赋给 float 变量时，只保留前面 7 位有效数字，存放到 float 型变量的存储单元（32 位）中，但应注意数值范围不能溢出。例如：

```
float f;
double d=123.456789e100;
f=d;
```

就出现溢出的错误。

将一个 float 型数据赋给 double 型变量时，数值不变，有效位扩展到 16 位，在内存中以 64 位存储。

（4）字符型数据赋给整型变量时，由于字符只占 1 字节，而整型变量为 2 字节，因此将字符数据（8 位）放到整型变量低 8 位中，有以下两种情况。

① 如果所用系统将字符处理为无符号的变量或对 unsigned char 型变量赋值，则将字符的 8 位放到整型变量低 8 位，高 8 位补 0。

② 如果所用系统（如 Turbo C）将字符处理为带符号的（即 signed char），若字符最高位为 0，则整型变量高 8 位补 0；若字符最高位为 1，则高 8 位全补 1。

（5）将一个 int、short、long 型数据赋给一个 char 型变量时，只将其低 8 位原封不动地送到 char 型变量（即截断）。例如：

```
int k=321;
char c='a';
c=k;
```

c 的值为 65，如果用“%c”输出，将得到字符“A”（其 ASCII 为 65）。

（6）将带符号的 int 型数据赋给 long 型变量时，需要进行符号扩展，将整型数据的 16 位送到 long 型变量的低 16 位中，如果 int 型数据为正值（符号位为 0），则 long 型变量的高 16 位补 0；如果 int 型变量为负值（符号位为 1），则 long 型变量的高 16 位补 1，以保持数值不改变。反之，若将一个 long 型数据赋给一个 int 型变量，只需将 long 型数据中的低 16 位数据原封不动地传送给整型变量即可（即截断）。

以上赋值规则看起来比较复杂，其实，不同类型的整型数据间的赋值原则归根结底就是一条：按存储单元中的存储形式直接传送。

2.9.3　复合赋值运算符

在赋值符“=”之前加上其他运算符，可以构成复合运算符。如果在“=”前加一个“+”运算符，就成了复合运算符“+=”。例如：

```
a+=1    等价于  a=a+1
```

```
a*=b-k*3    等价于  a=a*(b-k*3)
a%=4       等价于  a=a%4
```

C 语言规定可使用 10 种复合赋值运算符。即：

```
+=、-=、*=、/=、%=、<<=、>>=、&=、^=、|=
```

后 5 种复合赋值运算符是有关位运算的，将在 2.14.7 小节介绍。

C 语言采用复合赋值运算符一是为了简化程序，使程序精炼；二是为了提高编译效率有利于编译，能产生质量较高的目标代码。

2.9.4 赋值表达式

由赋值运算符将一个变量和一个表达式连接起来的式子称为“赋值表达式”。

它的一般形式为：

```
<变量>=<表达式>
```

赋值表达式求解的过程为：将赋值运算符右侧“表达式”的值赋给左侧的变量。

上述一般形式的赋值表达式中的“表达式”也可以是一个赋值表达式。例如：

```
a=(b=1)
```

括号内的 b=1 是一个赋值表达式，它的值等于 1。a=(b=1)相当于 b=1 和 a=b 两个赋值表达式，因此 a 的值等于 1，整个赋值表达式的值也等于 1。从附录 B 可知，赋值运算符按照“自右至左”的结合顺序，因此，b=1 外面的括号可以不要，即 a=b=1 和 a=(b=1)等价，都是先求 b=1 的值（得 1），然后赋给 a，下面是赋值表达式的例子。

```
a=b=c=1           /*赋值表达式值为 1，a、b、c 值均为 1*/
a=1+(c=1)         /*表达式值为 2，a 值为 2，c 值为 1*/
a=(b=5)/(c=3)  /*表达式值为 1，a 等于 1，b 等于 5，c 等于 3*/
```

赋值表达式也可以包含复合赋值运算符。

2.10 逗号运算符和逗号表达式

在 C 语言中，逗号“,”也是一种运算符，称为逗号运算符。其功能是把两个表达式连接起来组成一个表达式，称为逗号表达式。逗号运算符是所有运算符中级别最低的。其一般形式为：

```
表达式 1,表达式 2,表达式 3,…,表达式 n
```

其求值过程是先求解表达式 1 的值，再求解表达式 2 的值，一直到求解表达式 n 的值，而整个逗号表达式的值是表达式 n 的值。

请注意，并不是任何地方出现的逗号都是逗号运算符。例如，函数参数也是用逗号来间隔的。

2.11 关系运算符和关系表达式

2.11.1 关系运算符及其优先级

C 语言提供 6 种关系运算符。

（1）<：小于。

（2）<=：小于或等于。

（3）>：大于。

（4）>=：大于或等于。

（5）==：等于。

（6）!=：不等于。

优先级如下。

（1）前 4 种关系运算符（<、<=、>、>=）的优先级相同，后两种也相同。前 4 种高于后两种。例如，>优先于==，而>与<的优先级相同。

（2）关系运算符的优先级低于算术运算符。

（3）关系运算符的优先级高于赋值运算符。

2.11.2 关系表达式

用关系运算符将两个表达式连接起来的式子称关系表达式。例如，a>b、a-k-b<b+c、(x=3)>(y=4)、'a'<'z'，(a>b)>(b<c)都是合法的关系表达式。

关系表达式的值是一个逻辑值，即“真”或“假”。例如，关系表达式 7==2 的值为“假”，7>=0 的值为“真”。在 C 语言中，以 1 代表“真”，以 0 代表“假”。

例如，a=3，b=2，c=1，则：

关系表达式 a>b 的值为“真”，表达式的值为 1。

关系表达式 b+c<a 的值为“假”，表达式的值为 0。

赋值表达式 d=a>b，d 的值为 1。

t=a>b>c，t 的值为 0（因为>运算符是自左至右的结合方向，所以先执行 a>b 得值为 1，再执行关系运算 1>c，得值 0，赋给 t）。

【例 2-7】分析下列程序。

```
#include <stdio.h>
main()
{      int a,b,c,x=17,y=16,z=13;
       a=x>y>z;
       b=--x-y>=z;
       c=x==y;
       printf("\nx=%d,y=%d,z=%d\n",x,y,z);
       printf("\na=%d, b=%d, c=%d\n",a,b,c);
}
```

程序的输出结果如下。

```
x=16, y=16, z=13
a=0, b=0, c=1
```

在赋值表达式 a=x>y>z 中，关系表达式 x>y>z 执行时，首先执行 x>y 的运算，结果为真，即整型值 1，再判断 1>z，这时结果为假，所以整个关系式的值为 0，那么为变量 a 赋值 0。

再看赋值表达式 b=--x-y>=z;，首先执行--x，x 的值减 1 变为 16，该自减式的值也是 16，再执行减法运算，得到算术表达式--x-y 的值为 0，再进行关系运算，得到 0>=z 的值为假，所以变量 b 被赋值为 0。

对于表达式 c=x==y，首先执行关系运算 x==y，得到运算的结果为 1，将其赋值给 c。

在实际应用中，经常会遇到 0<x<10 这样的算术式，这时不能直接写成 0<x<10，需要使用逻辑表达式实现。根据关系运算的左结合性，如果 x 的值是大于 0 的，则 0<x 为“真”，值为 1，如果 x 的值是小于等于 0 的，则 0<x 为“假”，值为 0，0 或 1 都小于 10，所以无论 x 的值是多少，0<x<10 都为“真”。

2.12 逻辑运算符及逻辑表达式

2.12.1 逻辑运算符及其优先级

C 语言提供 3 种逻辑运算符。

（1）&&：逻辑与。

（2）||：逻辑或。

（3）!：逻辑非。

“&&”和“||”是“双目(元)运算符”，它要求有两个运算量（操作数），如(a>b)&&(x>y)、(a>b)||(x>y)。“!”是“一目(元)运算符”，只要求有一个运算量，如!(a>b)。

表 2-5 为逻辑运算的真值表，表示当 *a* 和 *b* 的值为不同组合时，各种逻辑运算得到的值。

逻辑运算符的优先级如下。

（1）!(非)、&&(与)、||(或)，即“!”是最高的，其次是&&，最后是||。

（2）逻辑运算符中的“&&”和“||”的优先级低于关系运算符，“!”高于算术运算符，见附录 B。

表 2-5　　逻辑运算的真值表

a	*b*	!*b*	*a*&&*b*	*a*||*b*
真	真	假	真	真
真	假	真	假	真
假	真	假	假	真
假	假	真	假	假

从表 2-5 可以得到求值规则如下。

与（&&）：只有参与运算的两个量都为真时，结果才为真，否则为假。

或(||)：参与运算的两个量只要有一个为真，结果就为真，只有两个量都为假时，结果才为假。

非（!）：只有参与运算的量都为真时，结果才为假；参与运算的量都为假时，结果才为真。

2.12.2 逻辑表达式

C 语言编译系统在给出逻辑运算结果时，以数值 1 代表“真”，以 0 代表“假”，但在判断一个量是否为“真”时，0 代表“假”，以非 0 代表“真”，即将一个非零的数值认作“真”。

实际上，逻辑运算符两侧的运算对象不但可以是 0 和 1，或者是 0 和非 0 的整数，也可以是任何类型的数据。系统最终以 0 和非 0 来判定它们属于“真”或“假”。

在逻辑表达式的求解过程中，并不是所有的逻辑运算符都被执行。只有在必须执行下一逻辑运算符才能求出表达式的解时，才执行该运算符。

对于运算符“&&”来说，只有左边表达式的值为真时，才计算右边表达式的值。而对于运算符“||”来说，只有左边表达式的值为假时，才计算右边表达式的值。

例如，设 a、b、c 为 3 个表达式，那么：

（1）a&&b&&c，只有当 a 非 0 时，才计算 b 的值；只有当 a 和 b 的值都非 0 时，才计算 c 的值。因为当 a 为 0 时，不必判断 b、c 的值就可以确定整个逻辑表达式的值为 0；同样，若 a 为非 0，当 b 为 0 时，不必判断 c 的值就可以确定整个逻辑表达式的值为 0。

（2）a || b ||c，只有当 a 为 0 时，才计算 b 的值；只有当 a 和 b 的值都为 0 时，才计算 c 的值。

因为当 a 非 0 时，不必判断 b、c 的值就可以确定整个逻辑表达式的值为 1；同样，若 a 为 0，当 b 非 0 时，不必判断 c 的值就可以确定整个逻辑表达式的值为 1。

可以看出，在使用运算符&&的表达式中，把最可能为假的条件放在最左边；在使用运算符||的表达式中，把最可能为真的条件放在最左边，这样能减少程序的运行时间。

【例 2-8】表达式的应用。

```
#include <stdio.h>
main()
{   int x=1,y=2,z=3;
    int a,b;
    a=(x=8)&&(y=8)&&(z=8);
    printf("\nx=%d,y=%d,z=%d,a=%d",x,y,z,a);
    x=1;y=2;z=3;
    a=(x=0)&&(y=8)&&(z=8);
    printf("\nx=%d,y=%d,z=%d,a=%d",x,y,z,a);
    x=1;y=2;z=3;
    b=(x=0)||(y=0)||(z=6);
    printf("\nx=%d,y=%d,z=%d,b=%d",x,y,z,b);
    x=1;y=2;z=3;
    b=(x=6)||(y=6)||(z=6);
    printf("\nx=%d,y=%d,z=%d,b=%d",x,y,z,b);
}
```

程序的运行结果如下。

```
x=8,y=8,z=8,a=1
x=0,y=2,z=3,a=0
x=0,y=0,z=6,b=1
x=6,y=2,z=3,b=1
```

对于表达式(x=8)&&(y=8)&&(z=8)，逻辑与运算具有左结合性，因此首先执行赋值表达式 x=8，x 被赋值为 8，赋值表达式的值亦为 8，非 0；继续执行 y=8，y 被赋值为 8，表达式值非 0；因此继续执行 z=8，z 被赋值为 8，表达式非 0；这时得到逻辑表达式的值为 1，所以 a 被赋值为 1。

而对于表达式(x=0)&&(y=8)&&(z=8)，先执行 x=0，x 被赋值为 0，赋值表达式的值亦为 0，这时可以得到逻辑表达式的值为 0，编译系统不再判别其他的运算对象，y=8 和 z=8 并未执行，y、z 没有被修改，继续保持原值，所以 a 被赋值为 0。

对于表达式 (x=0)||(y=0)||(z=6)，先执行 x=0，x 被赋值为 0，赋值表达式的值为 0；继续执行 y=0，y 被赋值为 0，表达式的值亦为 0；再执行 z=6，z 被赋值为 6，表达式的值非 0；这时整个逻辑表达式的值为 1，b 被赋值为 1。

而对于表达式(x=6)||(y=6)||(z=6)，首先执行 x=6，x 被赋值为 6，赋值表达式的值为 6，非 0。这样就可以得到整个逻辑表达式的值为 1，编译系统不再判别其他的运算对象，y=6 和 z=6 并未执行，y、z 没有被修改，保持原值，所以 b 被赋值为 1。

2.13 条件运算符与条件表达式

2.13.1 条件表达式

条件运算符“? :”是 C 语言中唯一的三目运算符，它有 3 个运算对象。由条件运算符连接 3 个运算对象组成的表达式称为条件表达式。

条件表达式的一般形式为：

表达式 1?表达式 2:表达式 3

条件表达式的运算规则为：先求解表达式 1 的值，若其为真（非 0），则求解表达式 2 的值，且整个条件表达式的值等于表达式 2 的值；若表达式 1 为假（0），则求解表达式 3 的值，且整个条件表达式的值等于表达式 3 的值。

例如，求两个整数 x、y 的最小值 min，可用条件运算符表示为：

```
min=(x<y)?x:y;
```

需要注意，在条件表达式的一次执行中，表达式 2 与表达式 3 只会有其中一个执行：当表达式 1 非 0 时，执行表达式 2；否则，执行表达式 3。

【例 2-9】输出小写字母。

```
#include <stdio.h>
main()
    {  char c;
       printf("\ninput:");
       scanf("%c",&c);
       c=(c>='A'&&c<='Z')?(c+32):c;
       printf("output:%c",c);
    }
```

程序的功能是判断用户输入的一个字母，若是大写字母，则将其转换为相应小写字母，否则保持原样不变。这一功能是由条件表达式(c>='A'&&c<='z')?(c+32):c;实现的。

程序的运行结果如下。

```
input:A
output:a
```

条件运算的运算对象可以是任意合法的常量、变量或表达式，而且表达式 1、表达式 2、表达式 3 的类型可以不同。表达式 1 无论是什么类型，对于条件表达式的执行而言，只区分它的值为 0 或非 0。但一般情况下，表达式 1 表示某种条件，常常是关系表达式或逻辑表达式。

2.13.2 条件运算符的优先级与结合性

条件运算符的优先级高于赋值运算符，但低于算术运算符，自增、自减运算符，逻辑运算符和关系运算符。例如：

（1）y=x>0? x+1:x 相当于 y=(x>0?(x+1):x)。

其功能是：如果 x>0，则将表达式(x+1)的值赋给变量 y，否则将表达式 x 的值赋给变量 y。

（2）x<y?x++:y++相当于(x<y)?(x++):(y++)。

其功能是：如果 x<y，则变量 x 自增，否则变量 y 自增。

（3）条件运算符具有右结合性。例如，a=1,b=2, c=3,d=4，则 a>b?a:c>d?c:d 相当于 a>b?a:(c>d?c:d)。

先计算 c>d?c:d，因为 c>d 为假，所以值为 d 的值，即 4；再执行 a>b?a:d，a>b 为假，最终值为 4。

（4）在条件表达式中，表达式 1 的类型可以与表达式 2 和表达式 3 的类型不同，如 x?'a':'b'。x 是整型变量，如 x=0，则条件表达式的值为 b，表达式 2 和表达式 3 的类型也可以不同。

2.14 位运算符与位运算

位运算是指进行二进位的运算。在系统软件中，常要处理二进位的问题。例如，将一个存储单元中的各二进位左移或右移一位，两个数按位相加等。C 语言中的位运算符如表 2-6 所示。

表 2-6　　位运算符及含义

运算符	含义	运算符	含义
&	按位与	~	取反
|	按位或	<<	左移
^	按位异或	>>	右移

其中：

（1）位运算符中除～以外，均为二目（元）运算符，即要求两侧各有一个运算量。

（2）运算量只能是整型或字符型数据，不能为实型数据。

（3）逻辑运算的结果只能是 0 和 1，而位运算的结果可以是 0 和 1 以外的值。

2.14.1　按位与运算符&

参加运算的两个数据按二进位进行“与”运算。如果两个数据相应的二进位都为 1，则结果值为 1；否则为 0。具体规则如下。

0 &0=0　0&1=0　1&0=0　1&1=1。

例如，4&5 并不等于 1，应该是进行按位与运算。

```
          4:   00000100
   (&)    5:   00000101
   ------------------------
               00000100
```

因此，4&5 的值为 4。如果参加&运算的是负数（如-4&-5），则以补码形式表示为二进制数，然后按位进行“与”运算。

```
       -4:  11111111 11111100
   &   -5:  11111111 11111011
   ------------------------------
            11111111 11111000
```

结果为-8。

按位与有一些特殊的用途。

（1）清零。如果想将一个位清零，则使这个位和 0 进行&运算即可。

例如，原有数为 01101111，让它和 0 进行&运算。

```
          01101111
   (&)    00000000
   -------------------
          00000000
```

（2）保留某一位不变。如果想保留某一位，可使该位和 1 进行&运算。

例如，想要保留一个整数（2 字节）中的低字节，只需将 a 和 0xff 进行&运算即可。如果想取 2 字节中的高字节，只需进行 a&0xff00 运算。

2.14.2　按位或运算符|

参加运算的两个数据，按二进位进行“或”运算。两个数据相应的二进位中只要有一个为 1，该位的结果值就为 1。具体规则如下。

0|0 =0　0|1=1　1|0=1　1|1=1。

例如，060 | 017。

将八进制数60与八进制数17进行按位或运算。

```
        00110000
  (|)   00001111
----------------
        00111111
```

如果想将一个数a的低4位改为1，只需将a与017或0xf进行按位或运算即可。

按位或有一些特殊的用途。

（1）按位或运算常用来将一个数的某些位置1。如果想将一个数的某位置1，则将该位和1进行或运算即可。例如，原有数为01101111，让其和1进行或运算。

```
         01101111
  (|)    11111111
-----------------
         01101111
```

（2）保留某一位不变。想要保留某位不变，只需将该位和0进行或运算。

2.14.3 按位异或运算符^

异或运算符^也称XOR运算符。它的规则是若参加运算的两个数相应的二进位同号，则结果为0（假）；异号则为1（真），具体规则如下。

0^0=0,1^1=0,0^1=1,1^0=1。例如：

```
      00111001
  (^) 00101010
--------------
      00010011
```

“异或”的意思是判断两个相应的位值是否为“异”，为“异”（值不同）就取真（1）；否则为假（0）。

下面举例说明^运算符的应用。

（1）使特定位翻转：假设有01111010，想使其低4位翻转，即1变为0，0变为1，可以将其与00001111进行^运算，即：

```
        01111010
  (^)   00001111
----------------
        01110101
```

结果值的低4位正好是原数低4位的翻转。要使哪几位翻转，只要将与其进行^运算的这些位置为1即可。这是因为，原数中值为1的位与1进行^运算得0，原数中的位值为0与1进行^运算的结果为1。

（2）与0异或，保留原值。例如：

```
        012^00=012
        00001010
  (^)   00000000
----------------
        00001010
```

因为原数中的1与0进行^运算得1，0^0得0，故保留原数。

（3）交换两个值，不用临时变量。例如，a=1，b=2，若将a和b的值互换，可以用以下赋值语句实现。

```
a=a^b;
b=b^a;
a=a^b;
```

可以用下面的竖式说明。

```
       00000001    (a)
(^)    00000010    (b)
---------------------------
       00000011    (a)
(^)    00000010    (b)
---------------------------
       00000001    (b)
(^)    00000011    (a)
---------------------------
       00000010    (a)
```

等效于:

① b=b^(a^b)=b^a^b=a^b^b=a^0=a。

② 再执行 a=a^b=(a^b)^(b^a^b)=a^b^b^a^b=a^a^b^b^b=b。

2.14.4 按位取反运算符～

～是一个单目(元)运算符，用来对一个二进制数按位取反，即将 0 变 1，1 变 0。例如，～025 是对八进制数 25（即二进制数 00010101）按位求反。

```
(～)    0000000000010101
------------------------
  1111111111101010
```

即八进制数 177752。因此，～025 的值为八进制数 177752。

～运算符的优先级比算术运算符、关系运算符、逻辑运算符和其他位运算符高。例如，～a&b，先进行～a 运算，然后进行&运算。

2.14.5 左移运算符<<

<<用来将一个数的各二进位全部左移若干位。例如:

a=a<<2

将 a 的二进制数左移 2 位，右补 0，高位左移后溢出，不起作用舍弃。若 a=10，即二进制数 00001010，左移 2 位得 00101000，即十进制数 40。

左移 1 位相当于该数乘以 2，左移 2 位相当于该数乘以 2^2=4。上面举的例子 10<<2=40，即乘以 4。但此结论只适用于该数左移时，被溢出舍弃的高位中不包含 1 的情况。例如，假设以 1 字节（8 位）存一个整数，若 a 为无符号整型变量，则 a=64 时，左移一位时，溢出的是 0，而左移 2 位时，溢出的高位中包含 1。由表 2-7 可以看出，a=64 左移1位时相当于乘以 2，左移 2 位后，值等于 0。

表 2-7 左移运算举例

a 的值	a 的二进制形式	a<<1	a<<2
64	01000000	10000000	00000000
127	01111111	11111110	11111100

左移比乘法运算快得多，有些 C 编译程序自动将乘以 2 的运算用左移一位来实现，将乘以 2*n* 的幂运算处理为左移 *n* 位。

2.14.6 右移运算符>>

a>>2 表示将 a 的各二进位右移 2 位。移到右端的低位被舍弃，对于无符号数，高位补 0。例如，a=017 时，a>>1 为 00000111，a>>2 为 00000011。

右移一位相当于除以 2，右移 *n* 位相当于除以 2*n*。

右移时，需要注意符号位问题。对于无符号数，右移时，左边高位移入 0；对于有符号数，如果原来符号位为 0（该数为正），则左边也是移入 0；如果符号位原来为 1（即负数），则左边移入 0 还是 1，取决于所用的计算机系统。有的系统移入 0，有的移入 1。移入 0 的称为“逻辑右移”，即简单右移；移入1的称为“算术右移”。例如，a 的值为 0113755。

1001011111101101
0100101111110110（逻辑右移时）
1100101111110110（算术右移时）

在一些系统上，a>>1 为八进制数 045766，而在另一些系统上可能得到的是 145766。

Turbo C和其他一些C编译采用的是算术位移，即对有符号数右移时，如果符号位原来为1，则左面移入高位的是 1。

2.14.7　复合赋值运算符

位运算符与赋值运算符可以组成复合赋值运算符，如&=、|=、>>=、<<=、^=。

a&=b 相当于 a=a&b；a<<=2 相当于 a=a<<2。

2.15　应用举例

【例 2-10】下列程序的输出是（　　）。

```
#include<stdio.h>
main()
{printf("%d",null);}
```

A. 0　　B. 变量无定义　　C. -1　　D. 1

分析：回答本题的关键是要弄清以下两点。

（1）要把此处的 null 与 C 语言中的预定义标识符 NULL 区别开。NULL 是在头文件 stdio.h 中定义的标识符，它代表字符\0；而 null 是小写字母拼写，因此不能将它当作 NULL，而是一般的用户标识符。

（2）C 语言规定，程序中用到的所有变量必须在使用之前定义。而本题中的程序在对 null 做输出处理之前，未对它给出明确的变量定义。

所以答案应该是 B。

【例 2-11】若 a 为整型变量，则以下语句（　　）。

```
a=-2L;
printf("%d",a);
```

A. 赋值不合法　　B. 输出值为-2　　C. 输出为不确定值　　D. 输出值为 2

分析：本题的关键是要弄清楚C语言中常量的表示方法和有关的赋值规则。在一个整型常量后面加一个字母 l 或 L，则认为是 long int 型常量。如果一个整型常量的值在-32 768～+32 767 范围内，则可以将其赋给一个 int 型或 long int 型变量。但如果整型常量的值超出了上述范围，在-2 147 483 648～+2 147 483 647 范围内，则应将其赋给一个 long int 型变量。例 2-11 中的-2L 虽然为 long int 型变量，但是其值为-2，因此可以通过类型转换把长整型转换为整型，然后赋给 int 型变量 a，并按照%d 格式输出该值，即输出-2。

所以答案应该是 B。

【例 2-12】下列表达式中，（　　）不满足“当 x 的值为偶数时值为真，x 为奇数时值为假”要求。

A. x%2==0　　B. !x%2! =0　　C. (x/2*2-x)==0　　D. !(x%2)

分析：例 2-12 中因为%是取余运算，因此，若 x 为偶数，则表达式 x%2 的值必然为 0。可见选项 A 中，表达式 x%2==0 在 x 为偶数时为真，不是本题的正确答案。选项 B 中，表达式等于((!x)%2)!=0，由于!x 的值与 x 的奇偶性无关，所以此表达式满足题中要求，是本题的答案。选项 C 中的 x/2*2-x 恰好是计算 x 除以 2 所得的余数，与 x%2 含义相同，也不符合题意。注意因为表达式 x=0 与!x 的逻辑值相等，所以 D 也错误。

所以答案应该是 B。

【例 2-13】条件表达式(M)?(a++):(a--)中的表达式 M 等价于（　　）。

A. M==0　　B. M==1　　C. M!=0　　D. M!=1

分析：因为条件表达式 e1?e2:e3 的含义是 e1 为真时，其值等于表达式 e2 的值，否则为表达式 e3 的值。"为真"就是"不等于假"，因此 M 等价于 M!=0。只有选项 C 是正确的。其实在 C 语言中，x 与 x!=0、!x 与 x==0 总是逻辑等价的。选项 A 的含义是"M 为假"，不正确。选项 B 片面地理解了"逻辑真"，也是错误的。

所以答案应该是 C。

【例 2-14】下述程序的输出是____。

```
#include<stdio.h>
main()
{  int a=-1,b=4,k;
k=(a++<=0)&&(!(b--<=0));
printf("%d,%d,%d",k,a,b);
 }
```

分析：此题虽然涉及关系运算和逻辑运算，但重在对++和--的理解。首先，a++和 b--分别使 a 加 1，b 减 1，所以，最后 a 和 b 的值分别是 0 和 3，表达式 a++和 b--的值都是对应变量的原值，分别为-1，4，因此表达式 a++<=0 的值为真，表达式 b--<=0 的值为假，!(b--<=0)为真。于是 k 值为 1。

所以输出是 1,0,3。

【例 2-15】下述程序的输出结果是____。

```
#include<stdio. h>
main( )
{  int a=2;
   a%=3;
   printf("%d,",a);
   a+=a*=a-=a*=3;
   printf("%d",a);
 }
```

分析：a%=3 等价于 a=a%3=2%3=2。

尽管表达式 a+=a*=a-=a*=3 表面上很复杂，计算时只要注意到赋值表达式的值和变量值随时被更新，就很容易计算出正确的结果。根据赋值运算符自右至左的结合性，将其展开计算。开始时，a=2。表达式 a*=3 使得 a 值为 6，此表达式的值也为 6。于是，表达式 a-=a*=3 相当于 a-=6，使得 a=a-6=6-6=0。至此，后面的表达式已不必继续计算，最终 a=0。

所以输出 2,0。

本章小结

本章重点讲解 C 语言数据类型中的基本类型，它是学习构造类型、指针类型的基础。本章还介绍了以下内容。

（1）字符集和标识符的构成及标识符的分类。

（2）常量的概念以及符号常量的定义及使用。

（3）变量的概念以及变量的类型、定义和使用。

（4）C 语言的运算符和表达式，每个表达式都有一个值和类型。表达式求值按运算符的优先级和结合性规定的顺序进行。

（5）针对不同的数据类型，系统会实现自动转换，由少字节类型向多字节类型转换。不同类型的变量相互赋值时，也由系统自动进行转换，把赋值号右边的类型转换为左边的类型。在运算过程中要进行转换可以使用强制转换，由强制转换运算符完成转换。

（6）运算符优先级和结合性一般而言，单目运算符优先级较高，赋值运算符优先级较低。算术运算符优先级较高，关系运算符和逻辑运算符优先级较低。多数运算符具有左结合性，单目运算符、三目运算符、赋值运算符具有右结合性。

（7）位运算只适用于整型和字符型数据；位运算适合编写系统软件，特别是在计算机检测和控制等领域中。6 种运算符中，只有～是单目运算符，其余都是双目运算符。&可以用来保持原位，也可以使某位清零。| 可以用来保持原位，也可以使某位取 1。^可以使某位翻转，也可使某位不变。左移一位相当于乘以 2。右移分为逻辑右移和算术右移；算术右移 1 位相当于除以 2。在过程控制、参数检测和数据通信领域，控制信息往往只占一个或几个二进制位，常常在 1 字节中存放几个信息。

练习与提高

一、选择题

1. 下列 4 组数据类型中，C 语言支持的一组是（　　）。

   A. 整型、实型、逻辑型、双精度型　　B. 整型、实型、字符型、空类型
   C. 整型、双精度型、集合型、指针类型　　D. 整型、实型、复数型、构造类型

2. 在 C 语言中，不同数据类型的长度是（　　）。

   A. 相同的　　B. 由用户自己定义的
   C. 任意的　　D. 与机器字长有关的

3. C 语言中，int 类型数据占 2 字节，则 unsigned int 类型数据的取值范围是（　　）。

   A. 0～255　　B. 0～65 535　　C. −256～255　　D. −32 768～32 767

4. 下列数据中，合法的长整型数据是（　　）。

   A. 496857568　　B. 0.254785645　　C. 2.1596e10　　D. 0L

5. 以下数据中，不正确的数值或字符常量是（　　）。

   A. 0.0　　B. 5L　　C. 0xabcd　　D. 09861

6. 下列不属于字符型常量的是（　　）。

   A. 'a'　　B. "a"　　C. '\117'　　D. '\x86'

7. 下列 4 个字符串常量中，错误的是（　　）。

   A. "12.1"　　B. 'abc'　　C."a"　　D. " "

8. 下列 4 组八进制或十六进制整型常数中，正确的一组是（　　）。

   A. Oabc 017　　0xa　　B. 016　0xbf　018
   C. 010　−0x11　0x16　　D. 0A21 7FF　123

9. 下列 4 组转义字符中，合法的一组是（ ）。

A. '\t' '\\' '\n'　　B. '\' '\017' '\x'

C. '\019' '\f' 'xab'　　D. '\\0' '\101' 'xif'

10. 若 char c='\101';，则变量 c（ ）。

A. 包含一个字符　　B. 包含两个字符

C. 包含 3 个字符　　D. 不合法

11. C 语言中，运算对象必须是整型数的运算符是（ ）。

A. +　　B. %　　C. ++　　D. ()

12. 在以下运算符中，优先级最高的是（ ）。

A. +　　B. *　　C. ()　　D. ++

13. 定义 char a；int b；float c；后，表达式 x+y*z 的数据类型是（ ）。

A. int　　B. char　　C. float　　D. double

14. 定义 int a=7；float x=2.5，y=4.7；后，表达式 x+a%3*(int)(x+y)%2/4 的值是（ ）。

A. 2.500000　　B. 2.750000　　C. 3.500000　　D. 0.000000

15. 若 d 为 double 型，则表达式 d=1，d+5，d++的值是（ ）。

A. 0　　B. 6.0　　C. 2.0　　D. 1.0

16. 设 x 的值为 2，表达式 x%=x+=x=*x=x+2 的值是（ ）。

A. 0　　B. 1　　C. 2　　D. 3

17. 下列是合法的 C 语言标识符的是（ ）。

A. 56a　　B. for　　C. f*b　　D. sum

18. 下列是合法的 C 语言赋值语句的是（ ）。

A. a=b=c　　B. i++　　C. a=58，b=34　　D. k=(int)a*c;

19. 已知字母 A 的 ASCII 为 65，则表达式'A'+'B'-3 的值是（ ）。

A. 无确定值　　B. 131　　C. 127　　D. 128

20. 若 x=10010111，则表达式(3+(int)(x))&(～3)的运算结果是（ ）。

A. 10011000　　B. 10001100　　C. 10101000　　D. 10110000

21. 若有下面的语句，则输出结果为（ ）。

```
char a=9,b=020;
printf("%o\n",~a&b<<1);
```

A. 0377　　B. 040

C. 32　　D. 以上答案均不正确

22. 下面程序的输出结果是（ ）。

```
#include <stdio.h>
main()
{   unsigned int a=3,b=10;
   printf("%d\n",a<<2| b>>1);
}
```

A. 1　　B. 5　　C. 12　　D. 13

23. 已知字母 a 的 ASCII 为 97，字母 A 的 ASCII 为 65。以下程序的结果为（ ）。

```
main()
{  unsigned int a=32,b=66;
  printf("%c\n",a|b);
}
```

A. 66　　B. 98　　C. b　　D. B

24. 在执行以下 C 语句后，B 的值是（ ）。

```
char z='A';
int b;
b=((241&15)&&(z|'a'));
```

A. 0　　B. 1　　C. TRUE　　D. FALSE

25. 表达式 a<b||～c&d 的运算顺序是（ ）。

A. ～、&、<、||　　B. ～、&、||、<　　C. ～、||、&、<　　D. ～、<、&、||

26. 在位运算中，操作数每右移一位，其结果相当于（ ）。

A. 操作数乘以 2　　B. 操作数除以 2　　C. 操作数除以 4　　D. 操作数乘以 4

二、填空题

1. 若有变量 int x=3510;，则表达式 x/1000*1000 的值是________。

2. 有 double a=2.0,b=3.0,c=4.0;，则表达式(a+b+c)/2 的值是________，表达式 1/2*(a+b+c) 的值是________。

3. 若有 float x=123.4567, y;，要将 x 四舍五入保留小数点后 2 位，结果存入变量 y 中的表达式语句是：y=________________。

4. 有 int a=2,b=4,c=6,x,y;

执行 y=((x=a+b),(b+c));后，x 值为________，y 值为________。

执行 y=(x=a+b),(b+c);后，x 值为________，y 值为________。

5. 设二进制数 x 的值是 11001101，若想通过 x&y 运算使 x 中的低 4 位不变，高 4 位清零，则 y 的二进制数是________。

6. 若 x=0123，则表达式 5+(int)(x)&(～2)的值是________。

7. 设 x=10100011，通过 x^y 使 x 的高 4 位取反，低 4 位不变，则用二进制表示 y 是________。

8. 与表达式 a&=b 等价的另一书写形式是________。

9. 与表达式 x^=y-2 等价的另一书写形式是________。

10. a 为任意整数，能将变量 a 中的各二进制位均置成 1 的表达式是________。

11. a 为任意整数，能将变量 a 清零的表达式是________。

三、设 x=3.5,a=5.5,y=10,b=15，求下面表达式的值。

① x+y%4*(int)a+b/4%2*a

② (float)(y+b)/2+(int)%(int)x

③ b/=y+=b*=3+y

④ y+=y-=y*=y

⑤ y+=y-=y*y

四、改错题

1. 分析下面程序存在的错误，并改正。

```
main()
{  x=1;y=2;
   printf("%d",x-y);
}
```

2. 分析下面程序存在的错误，并改正。

```
main()
{   int x=1;y=2;
    printf("%d",x-y);
}
```

3. 分析下面程序存在的错误，并改正。

```
main()
```

```
{  int a=1 y=2;
   printf("%d",x-y);
}
```

4. 分析下面程序存在的错误，并改正。

```
main()
{  int  2x=1,y=2;
   printf("%d",2x-y);
}
```

5. 分析下面程序存在的错误，并改正。

```
main()
{  char  x=a;
   printf("%c",x);
}
```

6. 分析下面程序存在的错误，并改正。

```
#define  n  10
main()
{  float  a=10,b=5,c;
   c=int(a)%int(b)/n;
   printf("%d",c);
}
```

五、编程题

1. 输入一个十进制数，按八进制、十六进制输出。
2. 输入 5 个数，求它们的平均值。
3. 输入三角形的两边及其夹角，求三角形的面积。

第 3 章 顺序结构程序设计

C 语言的语句是用来向计算机系统发出操作指令的。一条语句经过编译后，可产生若干条机器指令，实现程序的功能。语句是向计算机发出指令的基本单位，表示程序的执行步骤。

C 程序的输入/输出功能是通过调用标准的 I/O 库函数实现的。C 语言提供了多种数据的输入/输出格式。

从程序结构的角度来看，程序可以分为 3 种基本结构，即顺序结构、选择结构、循环结构，这 3 种基本结构可以组成所有的各种复杂程序。本章介绍 C 语言中构成顺序结构的一些语句，使读者对 C 语言程序有初步的认识，为后面各章的学习打下基础。

顺序结构是 C 语言程序的基本结构，程序运行时，按照语句编写的顺序依次执行，语句的执行次序和它们的语句顺序一致。在顺序结构中，每个语句都被执行一次，而且只被执行一次。

本章学习目标：

掌握 C 语言基本语句的分类。

掌握字符数据输入与输出函数。

掌握格式化输入输出函数及其格式控制字符串。

能够设计简单的顺序结构程序。

3.1 C 语句概述

语句是语言的主要组成部分之一，不同语句完成不同功能。和其他高级语言一样，C 语言的语句用来向计算机系统发出操作指令。一个实际的程序应该包含若干语句。应当注意，C 语句可用于完成一定的操作任务，但声明部分的内容不应称为语句，如 int a; 不是 C 语言的一条语句，它不产生机器操作，而只是对变量的定义。

一个 C 程序可以由若干个源程序文件（分别进行编译的文件模块）组成，一个源程序文件可以由若干个函数、预处理命令和全局变量声明组成。函数包含声明部分和执行部分，执行部分即由语句组成。程序的功能也是由执行语句实现的。C 程序结构如图 3-1 所示。

C 语言的语句可以分为 5 类。

（1）控制语句，完成一定的控制功能。C 语言只有 9 种控制语句，分别如下。

① if…else：分支语句。

② switch：多分支语句。

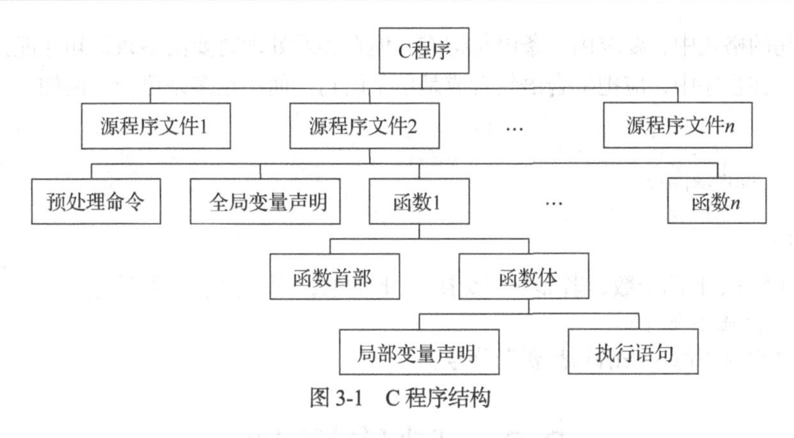

图 3-1　C 程序结构

③ while：当型循环语句。

④ do…while：do 循环语句。

⑤ for：for 循环语句。

⑥ break：跳出语句，终止执行 switch 或循环。

⑦ continue：结束本次循环语句。

⑧ goto：转向语句。

⑨ return：返回语句。

上面 9 种语句中的()表示条件，～表示一个内嵌语句。例如，“if()…else…”具体语句可以写成：

```
if(a>=b)max=a;else max=b;
```

（2）函数调用语句，由函数调用加一个分号构成一个语句。其一般形式为：

```
函数名(实际参数表);
```

执行函数语句就是调用函数体并把实际参数赋予函数定义中的形式参数，然后执行被调函数体中的语句，求取函数值 （在后面函数中再详细介绍）。例如：

```
printf("C Program");    /*调用库函数，输出字符串*/
scanf("%d",&a);         /*调用库函数，输入整型变量 a 值*/
```

（3）表达式语句，由一个表达式加一个分号构成。其一般形式为：

```
表达式;
```

执行表达式语句就是计算表达式的值。

例如：

```
x=y+z;     /*赋值语句*/
y+z;       /*加法运算语句，但计算结果不能保留，无实际意义*/
i++;       /*自增 1 语句，i 值增 1*/
```

例如，a=3 是一个赋值表达式，而 a=3;则为赋值语句。任何表达式加上一个分号都成为一个语句，i++;、a+b;等都是合法的语句，a+b;的作用是求 a+b 的和，但不把结果赋给一个变量，虽然没有实际意义，但是合法。

（4）空语句，只有一个分号的语句，即;。空语句是什么也不执行的语句。在有的循环中，循环体什么也不做，就用空语句来表示。例如：

```
while(getchar()!='\n');
```

本语句的功能是，只要从键盘输入的字符不是回车符，就重新输入。

这里的循环体为空语句。

（5）复合语句，用{}把多条语句括起来就成了复合语句。

在一些语句的格式中，要求由一条语句构成，但在实际处理时要由多条语句才能完成，这时可以用复合语句。在程序中，应把复合语句看成是单条语句，而不是多条语句。例如：

```
{ x=y+z;
  a=b+c;
  printf("%d%d",x,a);
 }
```

是一条复合语句。

再例如，比较a、b两个数，若a>b则交换a、b的值，用下面语句实现。

```
if(a>b){t=a;a=b;b=t;}
```

注意复合语句内的每一条语句都要有分号。

3.2 赋值语句

赋值语句是由赋值表达式再加上分号构成的表达式语句。其一般形式为：

```
变量=表达式;
```

例如：

```
a=2;
s+=a;
```

赋值语句的功能和特点都与赋值表达式相同。赋值语句是程序中使用最多的语句之一。

在赋值语句的使用中需要注意以下几点。

（1）赋值语句的功能。赋值语句有计算的功能和保存计算值的功能。赋值号的左边必须是变量，右边可以是常量、变量、表达式。赋值语句是先把右边表达式的值计算出来，然后赋给左边的变量保存起来。

（2）注意区别赋值语句和赋值表达式的使用场合，在需要表达式的地方不能使用语句，在需要语句的地方不能使用表达式。例如：

```
if(a>b)max=a;  else  max=b;
```

不能写成：

```
if(a>b) max=a else max=b
```

又如：

```
if((a=b)>c)c=a;
```

不能写成：

```
if((a=b;)>c)c=a;
```

（3）注意赋值语句和变量赋初值的区别。给变量赋初值是变量定义的一部分，赋初值后的变量与其他变量之间仍用逗号分隔，而赋值语句必须用分号结尾，例如，int a=1,b=2,c;是对a、b分别赋初值，而a=5;b=10;是赋值语句。在定义变量时，不允许连续给多个变量赋初值，而赋值语句允许连续赋值。例如，int a=b=c=5; 是错误的，应改为int a=5,b=5,c=5;，而在程序中，a=b=c=5;是正确的。

（4）赋值运算具有右结合性，程序执行时，从右向左执行。例如：

```
a=b=c=5;
```

由于赋值运算符=右边的表达式也可以又是一个赋值表达式，所以上述语句相当于a=(b=(c=5))。

因此，下述形式

```
变量=(变量=表达式);
```

是成立的，从而形成嵌套的情形。

其展开之后的一般形式为：

```
变量=变量=…=表达式;
```

3.3　字符的输入与输出函数

输入输出是以计算机主机为主体而言的。从计算机向外部输出设备（如显示器、打印机、磁盘等）输出数据称为“输出”，从输入设备（如键盘、磁盘、光盘、扫描仪等）向计算机输入数据称为“输入”。本章所述的输入输出设备主要是指键盘和显示器。

与其他高级语言不同，C 语言没有提供输入输出语句，数据输入输出是由函数来实现的，在调用输入输出函数之前，应使用下面的预编译命令说明头文件 stdio.h 包含的文件。

```
#include  <stdio.h>
```

或

```
#include  "stdio.h"
```

输入输出函数主要包括字符输入输出函数和格式化输入输出函数。本节介绍字符输入输出函数。

3.3.1　字符输出函数 putchar()

putchar() 函数是字符输出函数，其功能是在默认输出终端（一般为显示器）输出单个字符。其一般形式为：

```
putchar(ch);
```

putchar 是函数名，ch 是函数的参数，该参数必须是一个字符型变量或一个整型变量，ch 也可以代表一个字符常量或整型常量，还可以是一个转义字符。

例如：

```
putchar('A');              /*输出大写字母 A*/
putchar(x);                /*输出字符变量 x 的值*/
putchar('\101');           /*也是输出字符 A*/
putchar('\n');             /*换行*/
```

对控制字符则执行控制功能，不在屏幕上显示。

【例 3-1】输出字符 A、a（变量为字符型）。

```
#include <stdio.h>
main()
{
  char  c;
  c='A';
  putchar(c);
  putchar('\n');
  putchar('a');
}
```

输出结果：

```
A
a
```

程序运行时，先输出字符型变量 c 的值 A，之后输出一个换行符，又输出一个字符常量 a。

【例 3-2】输出字符 A（变量为数值型）。

```
#include <stdio.h>
main()
{
  int c;
  c=65;
  putchar(c);
  putchar('\n');
  putchar(97);
}
```

输出结果为：

```
A
a
```

整型变量 c 的 ASCII 值 65 对应的是字符 A。程序运行时，执行一次 putchar()输出一个字符，先输出字符 A，输出一个换行符后，输出一个字符 a（a 的 ASCII 是 97）。

【例 3-3】输出转义字符。

```
#include <stdio.h>
main()
{
  putchar('\101');
  putchar('\n');
  putchar('\x61');
}
```

输出结果如下。

```
A
a
```

\101 是用八进制表示的 A，\n 表示换行，\x61 是用十六进制表示的 a。

3.3.2 字符输入函数 getchar()

getchar()函数是字符输入函数，其功能是从系统默认的输入终端（一般为键盘）输入一个字符，输入的字符可以是字母字符、数字字符和其他字符等。其一般形式为：

```
getchar();
```

说明

（1）getchar 是函数名，函数本身没有参数，其函数值就是从输入设备得到的字符，注意 getchar 后的括号不能省略。

（2）程序运行时需要输入一个字符，然后必须按回车键确认，程序才能执行下一条语句。需要注意的是，回车前，输入的全部字符都会显示在屏幕上，但只有第一个字符作为函数的返回值。

【例 3-4】输入一个字符，然后输出。

```
#include <stdio.h>
main()
{  char c;
   c=getchar();
   putchar(c);
}
```

运行时输入：

```
A
```

输出结果为：

```
A
```

此程序也可以改为：

```
#include <stdio.h>
main()
{
  putchar(getchar());
}
```

程序的结果不变。

使用 getchar()函数还应注意以下几个问题。

（1）getchar()函数只能接受单个字符，输入数字也按字符处理。输入多于一个字符时，只接收第一个字符。函数得到的字符可以赋给一个字符变量或整型变量，也可以作为表达式的一部分。

（2）使用本函数前，必须包含文件 stdio.h。

（3）在运行包含 getchar()函数的程序时，将进入用户屏幕等待用户输入。输入完毕再返回运行环境。

3.4　格式的输入与输出函数

3.3 节介绍的 putchar()和 getchar()函数每次只能输出或输入一个字符，而 printf()和 scanf()函数一次可以输出或输入若干个任意类型的数据。虽然它们也是库函数，但考虑到 printf()和 scanf()函数使用频繁，系统允许在使用这两个函数时，不加预编译编命令#include<stdio.h >或#include "stdio.h"。

3.4.1　格式输出函数 printf()

printf()函数称为格式输出函数，其关键字最末一个字母 f 即为“格式"（format）之意。在 C 语言中，向终端或指定的输出设备输出任意数据且有一定格式时，需要使用 printf()函数。其作用是按照指定的格式向终端设备输出数据。在前面的例题中，已多次使用过这个函数。

1. printf()函数的调用形式

printf()函数调用的一般形式为：

```
printf("格式控制字符串",输出表列);
```

功能：在格式控制字符串的控制下，将各参数转换成指定格式，在标准输出设备上显示或打印。

括号内包含两部分内容。

（1）格式控制字符串

格式控制字符串可包含两类内容：普通字符和格式说明。

普通字符只被简单地输出在屏幕上，所有字符（包括空格）一律按照自左至右的顺序原样输出，在显示中起提示作用。

格式说明以%开头，在%后面有各种格式字符，以说明输出数据的类型、形式、长度、小数位数等。例如：

%d 表示按十进制整型输出；

%ld 表示按十进制长整型输出；

%c 表示按字符型输出等。

（2）输出表列

输出表列中给出了各个输出项，输出项可以是合法的常量、变量和表达式，输出表列中的各项之间要用逗号隔开。

要求格式字符串和各输出项在数量和类型上一一对应。例如：

```
printf("China");
```

输出结果：

```
China
```

例如：

```
printf("a=%d,b=%d",a,b);
```

上面双引号中的字符除了%d 和%d 以外，还有非格式说明的普通字符 a=、b=按原样输出。如果 a、b 的值分别为 7、9，则输出结果为：

```
a=7,b=9
```

由于 printf 是函数，因此，“格式控制”字符串和“输出表列”实际上都是函数的参数。所以 printf()函数的一般形式也可以表示为：

```
printf(参数 1,参数 2,参数 3,…,参数 n)
```

printf()函数的功能是将参数 2～参数 *n* 按参数 1 给定的格式输出。

2. printf()常用输出格式

在 Turbo C 中，printf()函数的格式字符串的一般形式为：

```
%[标志][输出最小宽度][.精度][长度]格式字符
```

其中，方括号[ ]中的项为可选项。

对不同类型的数据用不同的格式字符。常用的格式字符有以下几种。

（1）d 格式符。用来输出十进制整数，有以下几种用法。

① %d：按整型数据的实际长度输出。

② %md：*m* 为指定的输出字段的宽度。如果数据的位数小于 *m*，则左端补以空格，若大于 *m*，则按实际位数输出。例如：

```
printf("%4d,%4d\n",a,b);
```

若 a=123，b=12345，则输出结果为 a=□123,b=12345（□代表空格）

③ %ld，输出长整型数据。例如：

```
long a=123450;
printf("%ld\n",a);
```

如果用%d 输出，就会发生错误，因为整型数据的范围为-32 768～32 767。对 long 型数据应当用%ld 格式输出。对长整型数据也可以指定字段宽度，例如，将上面 printf()函数中的%ld 改为%71d，则输出为：

```
□123450
```

一个 int 型数据可以用%d 或%ld 格式输出。

（2）o 格式符，以八进制数形式输出整数。由于是将内存单元中各位的值（0 或 1）按八进制形式输出，因此输出的数值不带符号，即将符号位也一起作为八进制数的一部分输出。例如：

```
int k=-1;
printf("%d,%o",k,k);
```

-1 在内存单元中的存放形式（以补码形式存放）为 1111111111111111。

输出结果为：

```
-1,177777
```

不会输出带负号的八进制整数。对长整数（long 型）可以用%lo 格式输出。同样可以指定字段宽度，如 printf("%8o",k)；输出为□□177777。

（3）x 格式符，以十六进制数形式输出整数。同样不能出现负的十六进制数。例如：

```
int a=-1;
printf("%x,%o,%d",k,k,k);
```

输出结果为：

```
ffff,177777,-1
```

同样可以用%lx 输出长整型数，也可以指定输出字段的宽度（如%12x）。

（4）u 格式符，用来输出 unsigned 型数据，即无符号数，以十进制形式输出。

按相互赋值的规则处理，一个有符号整数（int 型）可以用%u 格式输出；一个 unsigned 型数据可以用%d 格式输出；一个 unsigned 型数据也可用%o 或%x 格式输出。

【例 3-5】无符号数据的输出。

```
#include  <stdio.h>
main()
{  unsigned int a=65535;
   int b=-1;
   printf("a=%d,%o,%x,%u\n",a,a,a,a);
   printf("b=%d,%o,%x,%u\n",b,b,b,b);
}
```

输出结果为：

```
a=-1,177777,ffff,65535
b=-1,177777,fiff,65535
```

大家看到 a、b 的类型、值不同，但由于在内存中的存储形式相同，用的格式也相同，所以输出的数据相同，同一数据用不同的格式，输出的数据形式也不同。

（5）c 格式符，用来输出一个字符。例如：

```
char c='a';
printf("%c",c);
```

输出结果为：

```
a
```

%c 中的 c 是格式符，逗号右边的 c 是变量名。

一个整数，只要它的值在 0～255 范围内，就可以用字符形式输出，在输出前，系统会将该整数作为 ASCII 转换成相应的字符；反之，一个字符数据也可以用整数形式输出。

【例 3-6】字符数据的输出。

```
#include  <stdio.h>
main()
{
    char ch='a'; int  k=97;
    printf("1:%c%d\n",ch,ch);
    printf("2:%c%d\n",k,k);
}
```

输出结果为：

```
1:a97
2:a97
```

也可以指定输出字数宽度，例如：

```
ch='a';
printf("%2c",ch);
```

则输出结果为：

```
□a
```

即 ch 变量输出占 2 列，前面补一个空格。

（6）s 格式符，用来输出一个字符串，有以下几种用法。

① %s，例如：

```
printf("%s","welcome");
```

输出结果为：

```
welcome
```

② %ms，输出的字符串占 *m* 列，如字符串本身长度大于 *m*，则突破 *m* 的限制，将字符串全部输出。若串长小于 *m*，则左补空格。例如：

```
printf("%6s,%9s","welcome","welcome");
```

输出结果为：

```
welcome,□□welcome
```

③ %-ms，如果串长小于 *m*，则在 *m* 列范围内，字符串左对齐，右补空格。例如：

```
printf("%-8s,%-5s","welcome","welcome");
```

输出结果为：

```
welcome□,welcome
```

④ %m.ns，输出占 *m* 列，但只取字符串左端的 *n* 个字符。这 *n* 个字符输出在 *m* 列的范围内，右对齐，左边补空格。例如：

```
printf("%6.3s,%8s","welcome","welcome");
```

输出结果为：

```
□□□wel,□welcome
```

⑤ %-m.ns，其中 *m*、*n* 的含义同上，*n* 个字符输出在 *m* 列范围内，左对齐，右补空格。如果 *n*>*m*，则 *m* 自动取 *n* 值，即保证 *n* 个字符正常输出。例如：

```
printf("%-6.3s,%2.3s","welcome","welcome");
```

输出结果为：

```
wel□□□,wel
```

⑥ %.ns 或%-.ns，其中-、*n* 的含义同上，*n* 个字符输出在 *n* 列。例如：

```
printf("%-.4s,%.4s","welcome","welcome");
```

输出结果为：

```
wel,wel
```

【例 3-7】字符串的输出。

```
#include  <stdio.h>
main()
{  printf("%3s,%-7.3s,%.3s,%7.3s\n","welcome", "welcome","welcome","welcome");}
```

输出结果为：

```
welcome,wel□□□□,wel,□□□□wel
```

（7）f 格式符，用来输出实数（包括单、双精度），以小数形式输出，有以下几种用法。

① %f 不指定字段宽度，由系统自动指定，使整数部分全部输出，并输出 6 位小数。值得注意的是，并非全部数字都是有效数字。单精度实数的有效位一般为 7 位。显然，只有前 7 位数字是有效数字。千万不要以为凡是打印出来的数字都是准确的。

双精度数也可用%f 格式输出，它的有效位一般为 16 位，也给出 6 位小数。

【例 3-8】单精度数和双精度数输出时的有效位数。

```
#include  <stdio.h>
main()
{ float x;
  double y;
  x=11111.111111;y=22222.222222;
```

```
    printf("x=%f,y=%lf\n",x,y);
  }
```

输出结果为:

```
x=11111.118125,y=22222.222222
```

可以看到单精度数的最后 4 位小数（超过 7 位）是无意义的，而双精度数在 16 位之内都是有效的。

② %m.nf指定输出的数据共占 *m* 列，其中有 *n* 位小数。如果数值长度小于 *m*，则数据右对齐，左端补空格。

③ %-m.nf 与%m.nf 基本相同，只是使输出的数值左对齐，右端补空格。

【例 3-9】 输出实数时，指定小数位数。

```
#include  <stdio.h>
main()
{  float x=1234.567;
   printf("%f□□%9f□□%9.2f□□%.2f□□%-9.2f\n",x,x,x,x,x);
}
```

输出结果为:

```
1234.567001□□1234.567001□□□□1234.57□□1234.56□□1234.57□□
```

f 的值应为 1234.567，但输出为 1234.567001，这是实数在内存中的存储误差引起的。

（8）e 格式符，以指数形式输出实数，可用以下形式。

① %e 不指定输出数据所占的宽度和数字部分的小数位数，有的 C 编译系统指定给出 6 位小数，指数部分占 5 位（如 e+002），其中 e 占 1 位，指数符号占 1 位，指数占 3 位。数值按规范化指数形式输出（即小数点前必须有且只有 1 位非零数字）。

```
printf("%e",1234.56);
```

输出结果为:

```
1.234560e+003
```

输出的实数共占 13 列宽度。

不同系统的规定略有不同。

② %m.ne 和%-m.ne。m、n 和 “-” 字符的含义与前面相同。此处 *n* 为输出数据小数部分（又称尾数）的小数位数。若 x= 1234.56，则:

```
printf("%e□□%9e□□%9.1e□□%.1e□□%-9.1e\n",x,x,x,x,x);
```

输出结果为:

```
1.234560e+003□□1.234560e+003□□□1.2e+003□□1.2e+003□□1.2e+003□
```

第 2 个输出项按%9e 输出，即只指定了 *m*=9，未指定 *n*，凡未指定 *n*，都自动使 *n*=6，整个数据长 13 列，超过给定的 9 列，突破 9 列的限制，按实际长度输出。第 3 个数据共占 9 列，小数部分占 1 列。第 4 个数据按%.1e 格式输出，只指定 *n*=1，未指定 *m*，自动使 *m* 等于数据应占的长度，应为 8 列。第 5 个数据应占 9 列，数值只有 9 列，由于是%- 9.1e，数值左对齐，右补一个空格。

（9）g 格式符，用来输出实数，它根据数值的大小，自动选 f%格式或 e%格式输出（选择输出时占宽度较小的一种），且不输出无意义的零。例如，若 x=123.456，则:

```
printf("%f□□%e□□%g",x,x,x);
```

输出结果为:

```
123.456000□□1.234560e+002□□123.456
```

用%f 格式输出占 10 列，用%e 格式输出占 13 列，用%g 格式输出时，自动从上面两种格式中选择短者（以%f 格式为短），故占 10 列，且按%f 格式用小数形式输出，最后 3 个小数位“0”为无意义的 0，不输出，因此输出 123.456，然后右补 3 个空格。%g 格式用得较少。以上 9 种格式字符使用的归纳总结如表 3-1 所示。

表 3-1　　格式字符表

格式字符	说明
d	以有符号十进制的形式输出整数（正数不输出符号）
o	以八进制无符号形式输出整数（不输出前导符 0）
x,X	以十六进制无符号形式输出整数（不输出前导符 0x），用 x 输出十六进制数中的字母时，用小写字母 a～f，用 X 输出十六进制数中的字母时，用大写字母 A～F
u	以无符号十进制形式输出整数
c	以字符形式输出，只输出一个字符
s	输出字符串
f	以小数形式输出单、双精度数，隐含输出 6 位小数
e, E	以标准指数形式输出单、双精度数，数字部分小数位数为 6 位。用 e 时，指数用 e 表示，用 E 时，指数用 E 表示
g ,G	选用%f 或%e 格式中输出宽度较短的一种格式，不输出无意义的 0，用 G 时，指数用 E 表示

在格式字符串中，%和格式字符之间可以插入以下几种附加符号（又称修饰符）。

（1）标志字符：标志字符有 0、-、+、#、空格 5 种，其含义如表 3-2 所示。

表 3-2　　printf()的附加格式标志字符

字符	说明
l	表示输出的是长整型整数，可加在 d、o、x、u 前
m	表示输出数据的最小宽度
.n	对实数，表示输出 *n* 位小数；对字符串，表示截取 *n* 个字符；对整数，表示至少占 *n* 位，不足用前置 0 占位
0	表示左边补 0
-	输出结果左对齐，右边填空格；缺省则输出结果右对齐，左边填空格
+	输出符号（正号或负号）
空格	输出值为正时，冠以空格；输出值为负时，冠以负号
#	对 c、s、d、u 类无影响；对于 o 类，在输出时加前缀 0；对于 x 类，在输出时加前缀 0x

（2）输出最小宽度：即表 3-2 中的 m 字符，用来指定输出数据项的最小字段宽度，通常用十进制表示。省略宽度指示符时，按实际位数输出；若实际位数大于定义的宽度，则也按实际位数输出；若实际位数小于定义的宽度，则数据右对齐，左边补以空格。

（3）精度指示符：精度指示符以“.”开头，后跟十进制整数。精度指示符通常与宽度指示符结合使用，格式为“m.n”，其中“m”表示输出数据所占的总宽度，“n”表示输出数据的精度。

对于浮点数，“n”表示输出数据的小数的位数，当输出数据的小数位数大于“n”时，截去右边多余的小数，并对截去的第一位小数进行四舍五入；当输出数据的小数位数小于“n”时，在小数的最右边添 0。

也可以省略 m.n 中的“m”，用“.n”表示小数的位数，并对截去的第一位小数进行四舍五入，这时输出数据的宽度由系统决定。若指定%.0f，则不输出小数部分，但要对第一位小数进行四舍五入。

对于 g 或 G，“.n”表示输出的有效数字，并对截去的第一位进行四舍五入，整数部分并不丢失，隐含的输出有效数字为 6 位有效数字。

对于字符串，“.n”则表示要输出的字符数；如果实际位数大于定义的精度，则截去超过的部分。

（4）长度：长度格式符有 h、l 两种，%hd 表示按短整型输出，%ld 表示按长整型输出，%lf 表示按双精度输出。

3. 调用 printf()函数的注意事项

（1）在使用函数输出时，格式控制字符串后的输出项必须与格式说明对应的数据按照从左到右的顺序一一匹配。

（2）格式字符必须用小写字母。例如，%d 不能写成%D。

（3）在控制字符串中，可以增加提示修饰符和转义字符。

（4）如果想输出字符%，则应该在格式控制字符串中用连续的两个百分号表示，例如：

```
printf("%f%%",.5);
```

输出结果是：

```
0.500000%。
```

（5）当格式说明数少于输出项时，多余的输出项不能输出。格式说明多于输出项时，各个系统的处理不同，例如，Turbo C 对于缺少的项输出不定值；VAX C 则输出 0 值。

（6）用户可以根据需要指定输出项的字段宽度（域宽），对于实型数据，还可以指定小数位数，当指定的域宽大于输出项的宽度时，输出采取右对齐方式，左边填空格。

3.4.2　格式输入函数 scanf()

在 C 语言中，scanf()函数的作用是把终端（如键盘）输入的数据传送给对应的变量，从输入设备输入任意类型的数据时，使用 scanf()函数。

1. scanf()函数的调用形式

scanf()函数的一般调用形式为：

```
scanf("格式控制字符串",地址表列);
```

功能：读入各种类型的数据，接收从输入设备按输入格式输入的数据并存入指定的变量地址中。

格式控制字符的含义同 printf()函数；输入项地址表由若干个地址组成，代表每一个变量在内存中的地址。例如：

```
scanf("%d%d",&a,&b);
```

其中“%d%d”为格式控制字符串；&a，&b 组成地址表列，表示两个输入项。

（1）格式控制字符串的作用是指定输入数据的格式，由%符号开始，其后是格式描述符。

（2）各输入项只能是合法的地址表达式，而不是变量名。&是 C 语言中的求地址运算符，在变量名前加上地址运算符&就表示此变量的地址。例如：

```
&a, &b
```

分别表示变量 a 和变量 b 的地址。

这个地址就是编译系统在内存中给 a、b 变量分配的地址。

C 语言使用了地址这个概念，这是与其他语言不同的。应该把变量的值和变量的地址这两个不同的概念区别开来。变量的地址是 C 编译系统分配的，用户不必关心具体的地址是多少。

变量的地址和变量值的关系如下。

在赋值表达式中给变量赋值，例如：

```
a=567;
```

a为变量名，567是变量的值，&a是变量a的地址。

但赋值号左边是变量名，不能写地址，而scanf()函数在本质上也是给变量赋值，但要求写变量的地址，如&a。这两者在形式上是不同的。&是一个取地址运算符，&a是一个表达式，其功能是求变量的地址。例如：

```
scanf("%d",x);
```

是不合法的，应将x改为&x。

2. scanf()函数常用的格式说明

scanf()函数中的每个格式控制字符串都必须以%开头，以一个“格式字符”结束。其一般形式如下。

```
%[*][输入数据宽度][长度]格式字符
```

与printf()函数类似，scanf()函数的格式控制字符串中也可以有多个格式说明，表3-3列出了scanf()函数用到的格式字符，表3-4列出了附加格式说明字符。

（1）格式字符：表示输入数据的类型。

（2）“*”符：表示该输入项读入后不赋予相应的变量，即跳过该输入值。例如：

```
scanf("%d%*d%d",&a,&b);
```

当输入为10□25□30时，把10赋予a，25被跳过，30赋予b。

（3）宽度：用十进制整数指定输入的宽度，即读取输入数据中相应位数赋给相应的变量，舍弃多余部分。例如：

```
scanf("%5d",&a);
```

输入12345678时，只把12345赋予变量a，其余部分被截去。又如：

```
scanf("%4d%4d",&a,&b);
```

输入12345678时，把1234赋予a，而把5678赋予b。

（4）长度：长度格式符为l和h，l表示输入长整型数据（如%ld）和double型数据（如%lf）。h表示输入短整型数据（如%hd）。

表3-3　scanf()函数的格式字符

格式字符	说明
d	输入有符号的十进制整数
o	输入无符号的八进制整数
x	输入无符号的十六进制整数
c	输入单个字符
s	输入字符串。以非空字符开始，以第一个空格结束
u	输入无符号的十进制整数
f、e、g、E、G	以小数形式或指数形式输入单、双精度数

表3-4　scanf()函数的附加格式说明字符

字符	说明
l	表示输入的是长整型数据或双精度型数据，可加在d、o、x、f、e前面
h	表示输入短整型数据（可用于d、o、x）
m	表示输入数据的最小宽度（列数）
*	表示本输入项在读入后不赋予相应的变量

3. 调用 scanf()函数时的注意事项

（1）scanf()函数的格式说明符数必须与输入项数相等，数据类型必须从左至右一一对应，否则虽然编译能够通过，但结果将不正确。

【例 3-10】程序示例 。

```
#include <stdio.h>
main()
  {long i;
  scanf("%d",&i);
  printf("%ld",i);
}
```

运行时输入：

```
1111111111
```

输出结果为：

```
4208071
```

程序中，变量 i 为长整型，但输入格式描述符为%d（int 型），而输入的数据已超过 int 型数据的范围，同时输出语句的格式说明为长整型，因此输出结果和输入数据不符，将输入数据改为长整型后，即将 scanf("%d",&i）改为 scanf("%ld",&i），就可得到正确结果。

（2）输入时不能规定精度，例如，scanf("%6.2f",&x）;是不合法的。但对整型数可以用%md 的形式截取数据。例如，scanf("%3d%3d",&a,&b）;，输入数据 123456789 回车后，a 按 3 位截取数据得到 a 的值为 123，b 也按 3 位截取数据得到 b 的值为 456。

（3）注意输入数据的格式。

① 如果在格式控制字符串中每个格式说明之间不加其他符号，例如：

```
scanf("%d%d",&a,&b);
```

则在执行时，输入的两数据之间以一个或多个空格（空格用□表示）间隔，或用回车键、跳格键分隔。

② 如果在格式控制字符串中格式说明间用逗号分隔，例如：

```
scanf("%d,%d",&a,&b);
```

则执行时，输入的两数据间以逗号间隔。

```
123,456<回车>
```

③ 如果格式控制字符串中除了格式说明符之外，还包含其他字符，则输入数据时，在与之对应的位置上也必须原样输入相同的字符，例如：

```
scanf("a=%d,b=%d",&a,&b);
```

输入数据时，应按格式控制字符串输入 a=3,b=2。

```
scanf ("%c %c %c",&a,&b,&c);
```

则输入时，各数据之间可加空格。

④ 在使用%c 格式时，输入的数据之间不需要分隔标志，空格、回车符和转义字符都将作为有效字符读入，例如：

```
scanf("%c%c%c ",&c1,&c2,&c3);
□a\t <回车>
```

则字符□变量赋给 c1，a 赋给变量 c2，字符\t 赋给变量 c3。

```
scanf("%c%c ",&c1,&c2);
```

若想为 c1 赋值 a，c2 赋值 b，正确的输入方法如下。

```
ab <回车>
```

ab 的中间不能有任何字符，包括空格，例如：

```
scanf("%c%c ",&c1,&c2);
```

输入 a□b，则 c1 取 a，c2 取□。

输入 a<回车>b，则 c1 取 a，c2 取<回车>。

（4）在输入数据（常量）遇到以下情况时，认为该数据输入结束。

① 遇空格回车或 Tab 键。

② 遇宽度，例如：

```
scanf("%3d",&x);
```

只取 3 列。

③ 遇非法输入，例如：

```
scanf("%d%c%d",&m,&j,&k);
```

运行时输入：123c12o1

输入 123 之后遇字母 c，则认为第一个数据到此结束，把 123 赋给变量 m，字符 c 赋给变量 j，因为 j 只要求输入一个字符，c 后面的数值应赋给变量 k，如果由于疏忽把 1201 打成了 12o1，则认为数值到字母 o 结束，将 12 赋给 k。

（5）scanf()函数也有一个返回值，这个返回值就是成功输入的项数。

【例 3-11】程序示例。

```
#include <stdio.h>
main()
{ int x,y;
  printf("%d\n",scanf("%d%d",&x,&y));
}
```

运行时输入：45□54

输出结果为：

```
2
```

（6）格式说明%*表示跳过对应的输入数据项不予读入。例如：

```
scanf("%3d%*3d%3d ",&x,&y);
```

输入数据 1234567890，先取 3 位（123）赋给 x，即 x 的值为 123，再取 3 位（456），由于格式中有*，因此这次取得的数据不赋给任何变量，最后再取 3 位（789）赋给 y，即 y 的值为 789。

（7）当输入的数据数小于输入项数时，程序等待输入，直到满足要求为止。当输入的数据数大于输入项数时，多余的数据并不消失，而是作为下一个输入操作时的输入数据。

【例 3-12】赋值程序示例。

```
#include <stdio.h>
main()
{ int a,b,c,d;
  scanf("%d%d",&a,&b);
  printf("a=%d,b=%d\n", a,b);
  scanf("%d%d",&c,&d);
  printf("c=%d,d=%d",c,d);
}
```

运行时输入：45□54□23□89

输出结果为：

```
a=45,b=54
c=23,d=89
```

当程序运行到第一个 scanf()函数时，要求输入两个整数，但这里输入了 4 个整数，输入的数据数大于输入项数，这时只将 45 赋给了 a，54 赋给了 b，23 和 89 并没有消失，当运行到第二个 scanf()函数时，23 和 89 作为该输入操作的输入数据。

【例 3-13】输入格式举例。

```
#include <stdio.h>
```

```
main()
{ char ch;
  int k,m;
  float  x;
  scanf("c=%ck=%d,%d%f",&ch,&k,&m,&x);
  printf("%c,%d,%d,%f\n",ch,k,m,x);
}
```

运行时输入：

```
c=w k=123, 123□0.456
```

输出结果为：

```
w,123,123,0.456000
```

输入格式中有 c=、k=，在输入时必须给出，两个 d 格式之间的逗号，输入数据时也必须给出，其他格式之间没有分隔符，输入时用空格分隔即可。

3.5　应用举例

【例 3-14】编写求圆的周长的程序。

方法如下。

（1）确定求圆的周长为本程序的目标。确定解决此问题时，用户应该输入圆的半径。

（2）确定方法：用公式 $l=2\pi r$ 计算。确定步骤：①输入半径；②用公式求周长；③输出周长值。

（3）确定用到的变量及类型：l（周长）、r（半径）都应说明为实型。

（4）将下列步骤转换成 C 语句。

① 输入半径，scanf("%f",&r);。

② 用公式求周长，l=2*3.14*r;。

③ 输出周长值，printf("周长 l=%.2f",l);。

程序如下。

```
#include <stdio.h>
 main()
 {
    float r,l;    /*定义两个实型变量*/
    scanf("%f",&r);   /*输入半径*/
    l=2*3.14*r;    /*求周长*/
    printf("周长 l=%.2f",l);   /*输出周长*/
 }
```

运行时输入：

```
3.5
```

输出结果为：

```
周长 l=21.98
```

程序分析：程序共有 3 条语句，程序是按照这 3 条语句的书写顺序，从第一条执行到第三条，这就是顺序结构程序的执行方法。

【例 3-15】从键盘输入一个大写字母，输出其对应的小写字母。

既可以使用 getchar()函数，也可以使用 scanf()函数输入数据，在 C 语言中，大小写字母的转换比较容易，直接对操作对象加或减 32 即可（大写转小写加 32，小写转大写减 32），输出可以用 putchar()或 printf()函数。

在C语言中，所有用到的变量都要先定义再使用。

```
#include <stdio.h>
main()
{  char c1,c2;
   c1=getchar();
   c2=c1+32;
   putchar(c1);
   putchar(c2);
}
```

运行时输入：

```
A
```

输出结果为：

```
Aa
```

【例 3-16】从键盘输入 a~z 的某个字母，要求输出它的下一个字母的大写字母，例如，输入 z，输出 A。

```
#include <stdio.h>
main()
{  char c1,c2;
   scanf("%c",&c1);
   c2=c1+1-32;
   printf("%c",c1);
   printf("%c",c2);
}
```

运行时输入：

```
t
```

输出结果为：

```
tU
```

【例 3-17】输入三角形的三边，利用海伦公式求其面积。

公式：$p=\frac{1}{2}(a+b+c)$，$s=\sqrt{p(p-a)(p-b)(p-c)}$。

```
#include <stdio.h>
#include <math.h>
main()
{  float a,b,c,p,s;
   scanf("%f,%f,%f",&a ,&b,&c);
   p=(a+b+c)/2;
   s=sqrt(p*(p-a)*(p-b)*(p-c));
   printf("a=%4.2f,b=%4.2f,c=%4.2f,area=%6.2f\n",a,b,c,s);
}
```

运行时输入：

```
3,4,6
```

输出结果为：

```
a=3.00,b=4.00,c=6.00,area=5.33
```

注意表达式的正确书写，p=(a+b+c)/2 不能写成 p=1/2*(a+b+c)，否则无论输入的数据是什么，结果都为 0。

【例 3-18】下面程序的输出结果是（　）。

```
#include <stdio.h>
```

```
main()
{ int a=012,b;
  printf("a=%d,b=%%d",a,b);
}
```

A. a12,b=3　　B. a12,b=%d　　C. a=10,b=%d　　D. a=10,b=3

本题有 2 个知识点，一是整型数的表示，二是 printf()函数的正确使用。012 是八进制整数，相当于十进制的 10，由于在 printf()中用的是十进制 d 格式，故应输出 a 的值为 10，在后面的格式字符串中，b=%%d，两个%%代表一个%，而后面的 d 成为普通字符输出，变量 b 没有对应的格式，就没有输出 b 的值。因此本题应该选择 C。

【例 3-19】下面程序的输出结果是（　　）。

```
#include <stdio.h>
main()
{
  int a=2;
  a%=4-1;
  printf("%d,",a);
  a+=a*=a-=a*=3;
  printf("%d",a);
}
```

A. 2,0　　B. 1,0　　C. −1,12　　D. 2,12

本题有 2 个知识点，一是复合赋值运算，二是输出函数 printf()的使用。复合赋值运算的优先级、结合性都与赋值运算相同，都是右结合性。因为%=的优先级低于−，所以 a%=4−1 的结果应为 2，故 B、C 是错误的。a+=a*=a−=a*3;表面上看起来很复杂，计算时只要注意到每一时刻赋值表达式和变量的值，就很容易计算出结果。根据右结合性计算，开始时，a=2,a*=3，使得 a 的值为 6，表达式的值也是 6，表达式 a−=a*3 相当于 a−=6，使得 a=a−a=0，后面的表达式都为 0，故应该选 A。

本章小结

C 语言没有提供专门的输入输出语句，所有的输入输出都是调用标准库函数中的输入输出函数来实现的。本章重点讲解赋值语句、字符输入输出函数、格式输入输出函数以及顺序结构程序设计的方法。通过本章的学习，读者应该能够独立完成简单的顺序结构程序设计。编写一个简单的程序要考虑多方面因素，包括定义几个变量，变量是什么类型的，在输入语句中，格式控制字符串与变量的数量、类型应一一对应。数据的操作包括先执行哪些操作、用什么语句来实现等。

（1）C 语言的语句主要包括简单语句和复合语句。简单语句主要有表达式语句、函数调用语句、控制语句、空语句等，复合语句是把多个语句用大括号{}括起来组成的一个语句。

（2）赋值语句的功能一是计算，二是赋值。

（3）字符输出函数 putchar（ch）是向终端输出单个字符。其中参数 ch 通常为字符型变量、整型常量、字符常量，也可以输出控制字符，例如，putchar('\n')表示输出一个换行符。

（4）字符输入函数 getchar()没有参数，作用是从终端输入一个字符。

（5）格式输出函数 printf("格式控制字符串",输出表列)的作用是向终端输出若干任意类型的数据。其中“格式控制字符串”是用双引号引起来的字符串，规定了“输出表列”中各项的输出形式。“输出表列”是需要输出的一个数据或一批数据，可以是变量或表达式表列，输出参数的数量必须与控制参数中的格式转换控制符数量相同。学习该函数应将重点放在格式控制符上。

（6）格式输入函数 scanf("格式控制字符串",地址表列)的功能是输入任何类型的多个数据。其中

“格式控制字符串”的含义与printf()的控制参数的含义相同，“地址表列”是由若干个地址组成的表列。

（7）顺序结构是C语言程序的基本结构之一，顺序结构的程序按照书写顺序逐条执行。

练习与提高

一、选择题

1. putchar 函数可以向终端输出一个（　　）。

A. 整型变量表达式值　　B. 实型变量值

C. 字符串　　D. 字符或字符型变量值

2. 根据下面的输出结果，正确的输出语句是（　　）。

```
x=2.23000,y=4.35000
```

A. printf("x=%7.2f,y=%7.2f",x,y);　　B. printf("x=%f,y=%f\n",x,y);

C. printf("x=%7.2f,y=%7.2f",&x,&y);　　D. printf("x=%7.5f,y=%7.5f\n",x,y);

3. 有如下定义和输入语句，若要求 x、y、z、d 的值分别为 20、40、M、N，则正确的输入应该是（　　）。

```
(<CR>表示回车符)
int x,y;
char z,d;
scanf("%d%d",&x,&y);
scanf("%c%c",&z,&d);
```

A. 2040MN<CR>　　B. 20 40MN<CR>　　C. 20 40<CR>　　D. 20 40 MN<CR>

4. 输出语句 printf("*%10.2f*\n",57.666);的输出结果是（　　）。

A. *0000057.66*　　B. *□□□□□57.66*

C. *0000057.67*　　D. *□□□□□57.67*

5. 使用 scanf（"a=%d,b=%d",&a,&b）要使 a、b 均为 50，正确的输入是（　　）。

A. a=50 b=50(空格分开)　　B. a=50,b=50

C. 50 50(空格分开)　　D. 50,50

6. 有如下定义和输入语句，若要求 a1、a2、c1、c2 的值分别为 10、20、A 和 B，当从第一列开始输入数据时，正确的输入方式是（　　）。

```
int a1,a2;char c1,c2;
scanf("%d%c%d%c",&a1,&c1,&a2,&c2);
```

A. 10A□20B↙　　B. 10□A□20□B↙　　C. 10A20B↙　　D. 10A20□B↙

7. 程序段和输入数据的形式如下，程序中输入语句的正确形式为（　　）。

```
#include <stdio.h>
main()
{ int a;
  float f;
  printf("Input number:");
输入语句:
 printf("\nf=%f,a=%d\n",f,a);
}
input number:4.5□2↙
```

A. scanf("%d,%f",&a,&f);　　B. scanf("%f,%d",&f,&a);

C. scanf("%d%f",&a,&f);　　D. scanf("%f%d",&f,&d);

8. 阅读以下程序，当输入数据的形式为 25，13，10↙时，程序的输出结果为（　　）。

```
#include <stdio.h>
main()
{ int x,y,z;
  scanf("%d%d%d",&x,&y,&z);
  printf("x+y+z=%d\n",x+y+z);
}
```

A. x+y+z=48　　B. x+y+z=35　　C. x+z=35　　D. 不确定值

9. 运行以下程序，输入 9876543210↙，程序的运行结果是（　　）。

```
#include <stdio.h>
main()
{ int a;
  float b,c;
  scanf("%2d%3f%4f",&a,&b,&c);
  printf("a=%d,b=%f,c=%f\n",a,b,c);
}
```

A. a=98,b=765,c=4321　　B. a=10,b=432,c=8765

C. a=98,b=765.000000,c=4321.000000　　D. a=98,b=765.0,c=4321.0

二、填空题

1. 有以下程序，假如运行时从键盘输入大写字母 A，则程序运行后输出________。

```
#include<stdio.h>
main()
{ char c;
  putchar(getchar()+32);
}
```

2. 有定义 int a;float b,c;char c1,c2;，为使 a=1,b=1.5,c=12.3，c1=A,c2=a，正确的 scanf()函数调用语句是__________________，输入数据的方式为 __________________。

3. 执行以下程序时，若从第一列开始输入数据，为使变量 a=3, b=7, x=8.5, y=71.82, c1=A, c2=a，正确的数据输入形式是____________。

```
main ()
{  int a,b; float x,y; char c1,c2;
   scanf("a=%d b=%d",&a,&b);
   scanf("x=%f y=%f",&x,&y);
   scanf("c1=%c c2=%c",&c1,&c2);
   printf("a=%d,b=%d,x=%f,y=%f,c1=%c,c2=%c",a,b,x,y,c1,c2);
}
```

4. 输入球体的半径，求球体的体积。

```
main()
{  double r,v;
   printf("input  r:");
   scanf("______",&r);
   v=______*PI*______;
   printf("=%.2lf\n",v);
}
```

问题：第 3 条横线处填写 4/3 是否合理，为什么?

三、编程题

1. 编写程序，输入两个值 x、y，交换它们的值并输出。

2. 编写程序，输入一个华氏温度 F，要求输出摄氏温度 C。公式为：

$$C=\frac{5}{9}(F-32)$$

输出要有文字说明，保留 2 位小数。

第4章 选择结构程序设计

选择结构也叫分支结构，是程序设计的一种基本结构，它的作用是根据是否满足指定的条件，决定从给定的操作中选择其一。在C语言中，为实现选择结构程序，引入了if语句和switch多分支语句。本章介绍如何用C语言实现选择结构。

本章学习目标：

掌握if语句的执行和使用，能够用if语句实现选择结构。

掌握switch语句的执行和使用，能够用switch语句实现多分支选择结构。

掌握选择结构嵌套的执行过程。

能够进行选择结构程序设计。

4.1 if语句

用if语句可以构成分支结构。它根据给定的条件进行判断，以决定执行某个分支程序段。C语言提供了3种形式的if语句。

4.1.1 简单if语句

if语句的简单形式有时也称单分支结构，它的形式如下。

```
if(表达式)语句
```

例如：

```
if(x>y) printf("%d",x);
```

if语句用来判断给定的条件是否满足，根据结果（真或假）选择执行相应的语句。它的执行过程为：如果表达式为真（非0），则执行其后的语句，否则不执行该语句。这里的语句可以是一条语句，也可以是复合语句。单分支 if 语句的执行过程如图4-1所示。

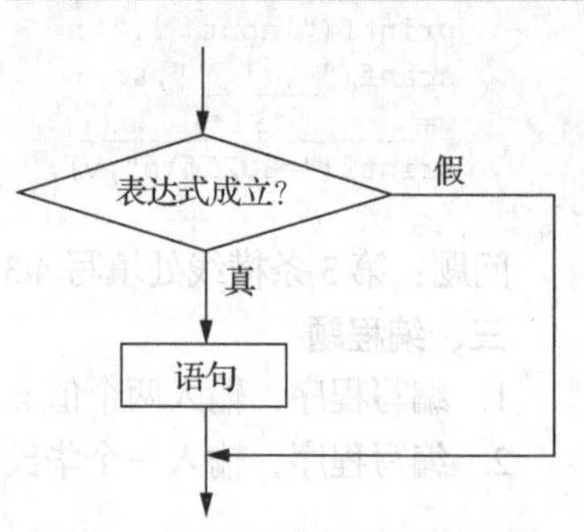

图4-1　单分支if语句的执行过程

【例 4-1】输入两个实数，按代数值由小到大的顺序输出这两个数。

这个问题的算法很简单，只需要比较一次即可。对类似这样简单的问题可以不必先写出算法或画流程图，可直接编写程序。或者说，算法在编程者的脑子里，就像在算术运算中，简单的问题可以“心算”而不必在纸上写出来。

程序如下。

```
#include  <stdio.h>
main()
{  float a,b,t;
   printf("\n input two numbers:");
   scanf("%f,%f",&a,&b);
     if(a>b)
      { t=a;a=b;b=t;}
   printf("%4.1f,%4.1f\n",a,b);
}
```

运行时输入：

```
1.5,2.5
```

输出结果为：

```
□1.5,□2.5
```

输入：

```
5.4,1.3
```

输出结果为：

```
□1.3,□5.4
```

【例 4-2】输入 3 个数 a、b、c，要求将它们按由小到大的顺序输出。

例 4-2 的算法比例 4-1 稍复杂。可以用伪代码写出算法。

若 a>b，则将 a 和 b 对换（a 是 a、b 中的小者）。

若 a>c，则将 a 和 c 对换（a 是 a、c 中的小者，因此 a 是三者中的最小者）。

若 b>c，则将 b 和 c 对换（b 是 b、c 中的小者，也是三者中的次小者）。

按顺序输出 a、b、c 即可。

程序如下。

```
#include  <stdio.h>
main()
{
float a,b,c,t;
scanf("%f,%f,%f",&a,& b,&c);
if(a>b)
{t=a;a=b;b=t;}                    /* a>b 实现 a 和 b 互换 */
if(a>c)
{t=a;a=c;c=t;}                    /* a>c 实现 a 和 c 互换 */
if(b>c)
{t=b;b=c;c=t;}                    /* b>c 实现 b 和 c 互换 */
printf("%4.1f%4.1f%4.1f\n",a,b,c);
}
```

运行时输入：

```
2.1,3.4,2.3
```

输出结果为：

```
□2.1□2.3□3.4
```

4.1.2 双分支 if 语句

if…else 型分支有时也称为双分支结构，其形式如下。

```
if(表达式)
语句 1
```

```
else
语句 2
```

例如：

```
if(x>y) printf("%d",x);
else printf("%d",y);
```

它的执行过程为：如果表达式的值为真（非 0），就执行语句 1，否则执行语句 2。

这里的语句 1 和语句 2 可以是一条语句，也可以是复合语句。双分支 if 语句的执行过程如图 4-2 所示。

（1）if 后面的表达式不限于是关系表达式或逻辑表达式，可以是任意表达式。

（2）if 语句中的条件表达式应该用括号括起来，如果有 else 子句，则其后的语句同样也必须用分号结束。

（3）若 if 子句或 else 子句由多个语句构成，则应该构成复合语句。

【例 4-3】输入两个整数 a、b，输出其中较大的一个。

程序如下。

```
#include  <stdio.h>
main()
{ int a,b;
  scanf("%d,%d",&a,&b);
  if(a>b)
  printf("%d\n",a);
  else
  printf("%d\n",b);
}
```

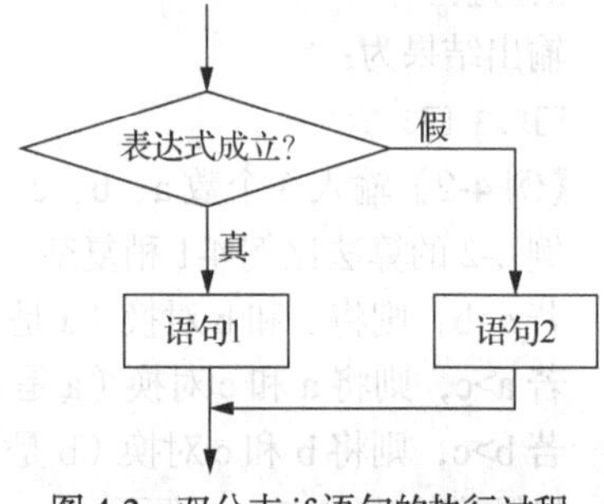

图 4-2　双分支 if 语句的执行过程

运行时输入：

```
5,8
```

输出结果为：

```
8
```

【例 4-4】某商品的零售价为 8.5 元/kg，批发价为每 6.5 元/kg，购买量在 10kg 以上，便可按批发价计算。某顾客计划购买此商品的总质量为 weight（单位：kg），请编程计算该顾客需付费多少钱。

程序如下。

```
#include <stdio.h>
main()
{
  float weight,pay;
  printf("Please input the weight:");
  scanf("%f",&weight);
  if (weight>=10)
  pay=weight*6.5;
  else
  pay=weight*8.5;
  printf("You should pay %f yuans\n",pay);
}
```

运行结果如下。

```
Please input the weight:4.5<回车>
You should pay 38.250000 yuans
Please input the weight:12.5<回车>
```

```
You should pay 81.250000 yuans
```

4.1.3　多分支 if 语句

if…else if…else 形式是条件分支嵌套的一种特殊形式，经常用于多分支处理。其一般形式如下。

```
if(表达式 1)
语句 1
else if(表达式 2)
语句 2
else if(表达式 3)
语句 3
……
else if(表达式 n)
语句 n
else
语句 n+1
```

例如：

```
if(number>500) cost=0.15;
else if(number>300) cost=0.10;
else if(number>100) cost=0.075;
else if(number>50) cost=0.05;
else cost=0;
```

它的执行过程为：如果表达式 1 为真，则执行语句 1，否则，如果表达式 2 为真，则执行语句 2，……，否则，如果表达式 n 为真，则执行语句 n，如果 n 个表达式都不为真，则执行语句 n+1。多分支 if 语句的执行过程如图 4-3 所示。

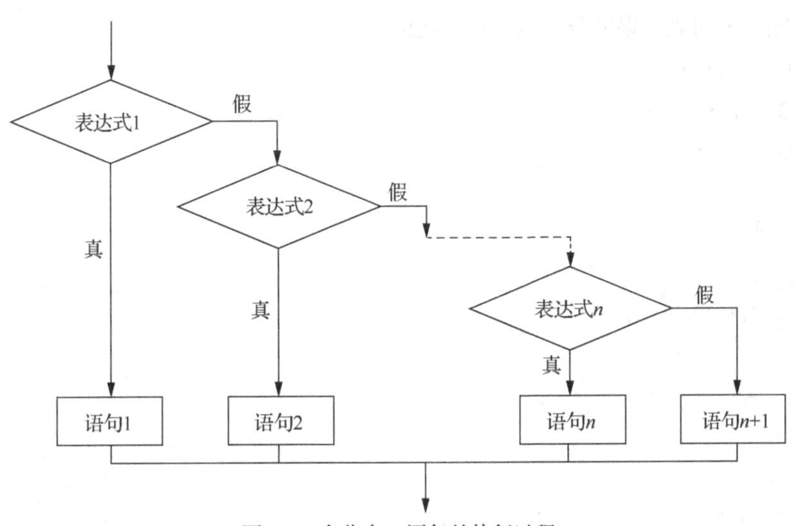

图 4-3　多分支 if 语句的执行过程

【例 4-5】判断键盘输入字符的类型。

根据输入字符的 ASCII 可判断字符的类型。由 ASCII 表可知，ASCII 小于 32 的为控制字符，0～9 的为数字，A～Z 的为大写字母，a～z 的为小写字母，其余的则为其他字符。

程序如下。

```
#include <stdio.h>
main()
```

```
{ char c;
  printf("input a character:");
  c=getchar();
  if(c<32)
  printf("This is a control character\n");
  else if(c>='0'&&c<='9')
  printf("This is a digit\n");
  else if(c>='A'&&c<='Z')
  printf("This is a capital letter\n");
  else if(c>='a'&&c<='z')
  printf("This is a small letter\n");
  else
  printf("This is an other character\n");
}
```

这是一个多分支选择问题，用 if…else if…else 语句编程，判断输入字符 ASCII 所在的范围，分别给出不同的输出。

程序运行结果如下。

```
input a character:<回车>
This is a control character
input a character:5<回车>
This is a digit
input a character:G<回车>
This is a capital letter
input a character:d<回车>
This is a small letter
input a character:$<回车>
This is an other character
```

【例 4-6】输入 x 的值，根据分段函数求 y 的值。

$$y=\begin{cases} x+1 & (x<1) \\ x^2+3 & (1\leqslant x<5) \\ x^2-3 & (x\geqslant 5) \end{cases}$$

程序如下。

```
#include  <stdio.h>
main()
{ float x,y;
  scanf("%f",&x);
  if(x<1)
  y=x+1;
  else if(x<5)
  y=x*x+3;
  else
  y=x*x-3;
  printf("%f\n",y);
}
```

程序运行结果如下。

```
0<回车>
1.000000
3<回车>
12.000000
10<回车>
97.000000
```

【例 4-7】根据输入的百分制成绩（score），输出成绩等级（grade）A～E。90 分以上为 A，80～89 分为 B，70～79 分为 C，60～69 分为 D，60 分以下为 E。

用 if 语句实现，程序如下。

```
#include <stdio.h>
main()
{ int score;
  char grade;
  printf("Please  input  a  score(0~100):");
  scanf("%d",&score);
  if (score>=90)
  grade='A';
  else if (score>=80)
  grade='B';
  else if (score>=70)
  grade='C';
  else if (score>=60)
  grade='D';
  else
  grade='E';
  printf("The grade is %c.\n",grade);
}
```

程序运行结果如下。

```
Please  input  a  score(0~100):89<回车>
The grade is B.
Please  input  a  score(0~100):45<回车>
The grade is E.
Please  input  a  score(0~100):92<回车>
The grade is A.
```

4.1.4 if 语句使用说明

3 种形式的 if 语句中，if 后面都有“表达式”，一般为关系表达式或逻辑表达式，也可以是任何其他表达式。系统对表达式的值进行判断，若为 0，则按“假”处理，非 0 按“真”处理。例如，下面的语句。

```
if(10) printf("hello!");
```

此语句是合法的，因为 10 非 0 为真，所以输出 hello！。由此可见，表达式不仅可以是关系表达式和逻辑表达式，还可以是任何表达式。例如：

```
if(a=5) 语句;
if(b) 语句;
```

都是允许的。只要表达式的值为非 0，就为“真”。

例如，在 if(a=5)b=7; 中，因为表达式的值永远为非 0，所以其后的语句总是要执行的，当然这种情况在程序中不一定会出现，但在语法上是合法的。

又如，有以下程序段。

```
if(a=b)
  printf("%d",a);
else
  printf("a=0");
```

本语句的语义是：把 b 值赋予 a，如果为非 0，则输出该值，否则输出“a=0”字符串，这种用法在程序中经常出现。

第 2 种形式、第 3 种形式的 if 语句中，每个 else 前面都有一个分号，整个语句结束处有一个分号。这是由于分号是C语句不可缺少的部分，是if语句中的内嵌语句要求的。如果无此分号，则出现语法错误。但应注意，不要误认为上面是两条语句（if语句和else语句），它们都属于同一条if语句。else子句不能作为语句单独使用，它必须是if语句的一部分，与if配对使用。

在if和else后面可以只含一个内嵌的操作语句，也可以有多个操作语句，此时用花括号{}将几个语句括起来成为一个复合语句。例如：

```
if(a+b>c&&b+c>a&&c+a>b)
{
   s=(a+b+c)/2;
   area=sqrt(s*(s-a)*(s-b)*(s-c));
   printf("area=%6.2f\n",area);
}
else
printf("it is not a trilateral\n");
```

注意在第 6 行的花括号}外面不需要再加分号。因为{}内是一个完整的复合语句，不需另附加分号。

在if语句中，条件判断表达式必须用括号括起来，语句之后必须加分号。

4.2 if 语句的嵌套

在if语句中又包含一个或多个if语句，称为if语句的嵌套，其一般形式如下。

```
if(表达式)
if语句
```

或者为：

```
if(表达式)
   if语句
else
   if语句
```

嵌套内的if语句可能又是if…else型的，这将会出现多个if和多个else的情况，这时要特别注意if和else的配对问题。例如：

```
if(表达式1)
if(表达式2)
语句1
else
语句2
```

其中的else究竟与哪一个if配对呢？

是应该理解为：

```
if(表达式1)
if(表达式2)
语句1
else
语句2
```

还是应理解为：

```
if(表达式1)
if(表达式2)
语句1
```

```
    else
        语句 2
```

为了避免这种二义性，C 语言规定，else 总是与它前面最近的 if 配对，因此对上述例子应按前一种情况理解。例如：

```
if( )
if( )
语句 1
else
语句 2
else
if( )
语句 1
else
语句 2
```

因为 if 与 else 的配对关系，else 总是与它上面最近的没有配对的 if 配对。假如写成：

```
if(条件 1)
if(条件 2) 语句 1
else
if(条件 3)
语句 2
else
语句 3
```

编程者把 else 写在与第一个 if（外层 if）同一列上，希望 else 与第一个 if 配对，但实际上 else 是与第二个 if 配对，因为它们相距最近。因此，最好使内嵌 if 语句也包含 else 部分，这样 if 的数目和 else 的数目相同，从内层到外层一一对应，不会出错。

如果 if 与 else 的数目不一样，则应尽量把嵌套的部分放在否定的部分，或为实现程序设计者的意愿，可以加花括号来确定配对关系。例如，上例可改写为：

```
if(!条件 1)
if(条件 3) 语句 2
else 语句 3
else
if(条件 2) 语句 1
```

用原来条件 1 相反的内容做条件，这样就把原来肯定的部分放在了否定的部分，就不再存在二义性了。

也可以改为：

```
if(条件 1)
{if(条件 2) 语句 1}
else
if(条件 3) 语句 2
else 语句 3
```

这时{}限定了内嵌 if 语句的范围，因此 else 与第一个 if 配对。

【例 4-8】 输入 x 的值，根据分段函数求 y 的值。

$$y=\begin{cases} -1 & (x<0) \\ 0 & (x=0) \\ 1 & (x>0) \end{cases}$$

有以下几个程序，请判断哪个是正确的。

程序 1：

```
main()
{ int x,y;
  scanf("%d",&x);
  if(x<0)
  y=-1;
  else if(x==0)
  y=0;
  else
  y=1;
  printf("x=%d,y=%d\n",x,y);
}
```

程序 2：

```
main()
{ int x,y;
  scanf("%d",&x);
  if(x>=0)
  if(x==0)
  y=0;
  else
  y=1;
  else
  y=-1;
  printf("x=%d,y=%d\n",x,y);
}
```

程序 3：将上述 if 语句改为

```
main()
{ int x,y;
  scanf("%d",&x);
  y=1;
  if(x>=0)
  if(x==0)
  y=0;
  else
  y=-1;
  printf("x=%d,y=%d\n",x,y);
}
```

程序 4：

```
main()
{ int x,y;
  scanf("%d",&x);
  y=0;
  if(x>=0)
  if(x>0)
  y=1;
  else
  y=-1;
  printf("x=%d,y=%d\n",x,y);
}
```

只有程序 1 和程序 2 是正确的。程序 1 体现了图 4-4 所示的流程，显然它是正确的。程序 2 的 N-S 流程图如图 4-5 所示。它也能实现题目的要求。程序 3 的 N-S 流程图如图 4-6 所示，程序 4 的流程图如图 4-7 所示，它们不能实现题目的要求。请注意程序中 else 与 if 的配对关系。

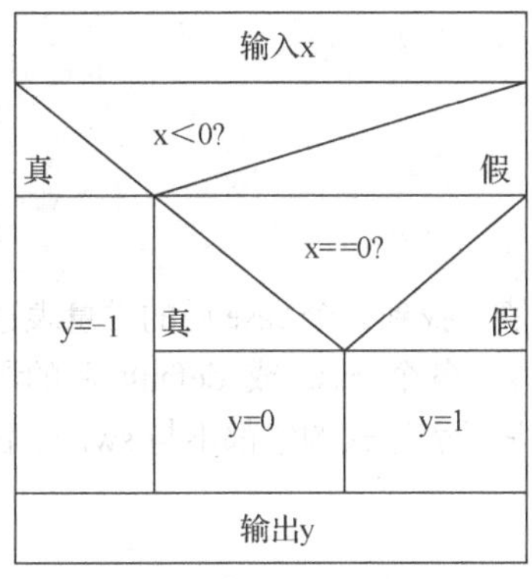

图 4-4 程序 1 的 N-S 流程图

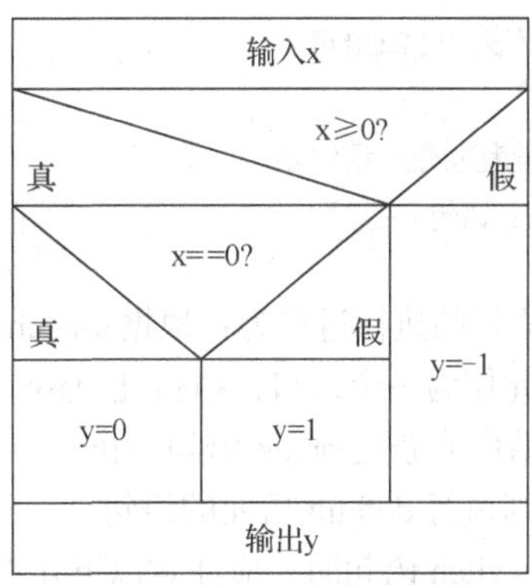

图 4-5 程序 2 的 N-S 流程图

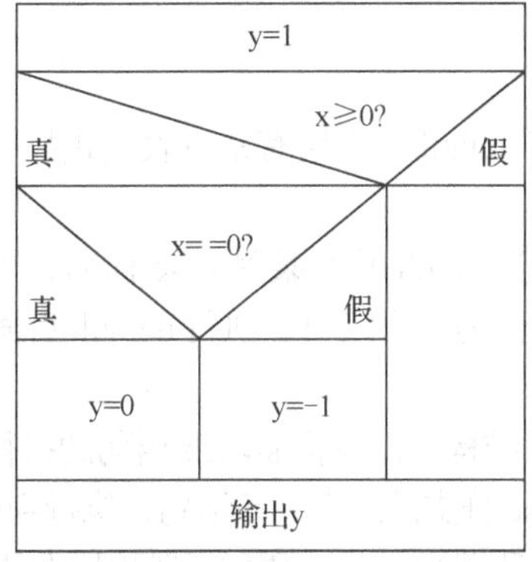

图 4-6 程序 3 的 N-S 流程图

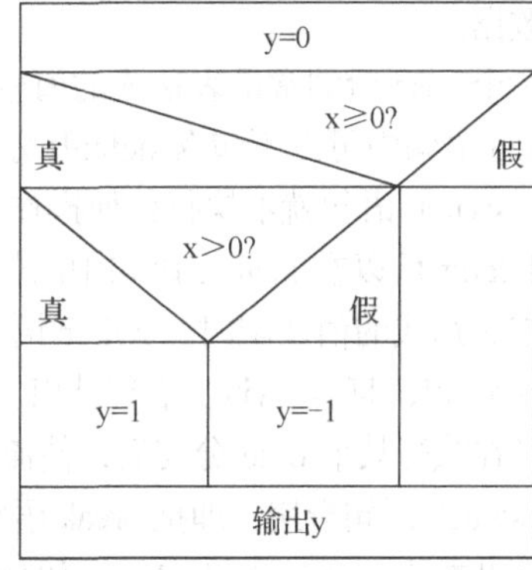

图 4-7 程序 4 的 N-S 流程图

例如，程序 3 中的 else 子句是和它上一行的内嵌的 if 语句配对，而不与第 2 行的 if 语句配对。为了使逻辑关系清晰，避免出错，一般把内嵌的 if 语句放在外层的 else 子句中（如程序 1 那样），这样由于有外层的 else 相隔，内嵌的 else 不会被误认为和外层的 if 配对，而只能与内嵌的 if 配对，如果像程序 3 和程序 4 那样写，就很容易出错。所以，在进行选择结构嵌套设计时，应尽量把嵌套的部分放在否定的部分，即 else 子句中。

4.3 switch 语句

if 语句只有两个分支可供选择，而在实际问题中，常常需要用到多分支的选择。例如，学生成绩分类（90 分以上为 A 等，80～89 分为 B 等，70～79 分为 C 等……）、人口统计分类（按年龄分为老年、中年、青年、少年、儿童）、工资统计分类、银行存款分类……当然这些都可以用嵌套的 if 语句来处理，但如果分支较多，则嵌套的 if 语句层数多，程序冗长而且可读性降低。C 语言提供 switch 语句直接处理多分支选择，使程序更清晰，如图 4-8 所示。

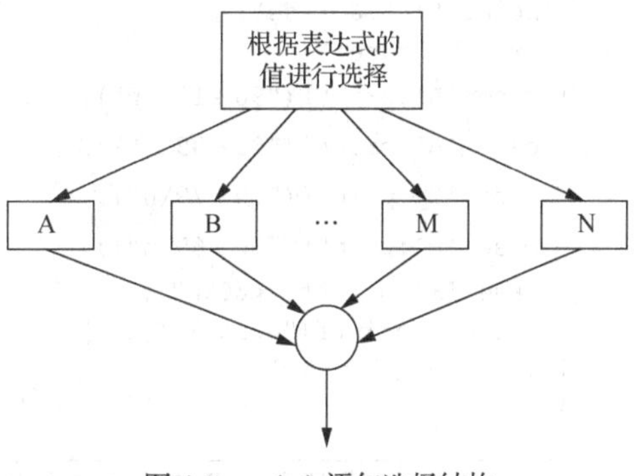

图 4-8 switch 语句选择结构

switch 语句的一般形式如下。

```
switch(表达式)
{ case 常量表达式 1:语句 1
```

```
case 常量表达式 2:语句 2
…
case 常量表达式 n:语句 n
default: 语句 n+1
}
```

switch 语句的执行过程为：根据 switch 后面表达式的值，找到某个 case 后的常量表达式与之相等时，就以此作为一个入口，执行此 case 后的语句，及以下各个 case 或 default 后的语句，直到 switch 语句结束或遇到 break 语句为止。若所有 case 中的常量表达式的值都不与 switch 后的表达式的值匹配，则执行 default 后面的语句。

在使用 switch 语句时，应注意以下几点。

（1）switch 后面的表达式和 case 后面的常量表达式，ANSI C 标准允许为任何类型，但常用整型或字符型数据。

（2）每一个 case 后的常量表达式的值应当互不相同。

（3）switch 语句中可以不包含 default 分支，如果没有 default，当所有常量表达式都不与表达式的值匹配时，switch 语句就不执行任何操作。

另外，default 可以在 switch 语句中的任何位置，若把 default 写在某些 case 前面，当所有常量表达式都不与表达式的值匹配时，switch 语句就以 default 作为一个入口，执行 default 后面的语句及连续多个 case 语句，直至 switch 语句结束。

（4）为了在执行某个 case 分支后，使流程跳出 switch 结构，即终止 switch 语句的执行，总是把 break 语句与 switch 语句合用，即把 break 语句作为每个 case 分支的最后一条语句，执行到 break 语句时，使流程跳出本条 switch 语句。break 语句的作用是使流程跳出 switch 语句或跳出所在的循环体。

（5）由于 case 及 default 后都允许为语句，所以当安排多条语句时，必须用花括号将这些语句括起。但只有一条语句或只有 break 语句时，可以不加花括号。

（6）多个 case 可以共用一条执行语句。

（7）使用 switch 语句时，注意 case 和后面的表达式之间要有空格，如果没有空格，则编译时不会发现错误，但运行时结果不对。

【例 4-9】按照考试成绩的等级打印出百分制分数段，用 switch 语句实现。

程序如下。

```
#include  <stdio.h>
main()
{ char grade;
  scanf("%c",&grade);
  switch(grade)
{ case 'A':printf("90~100\n");
  case 'B':printf("80~89\n");
  case 'C':printf("70~79\n");
  case 'D':printf("60~69\n");
  case 'E':printf("<60\n");
  default:printf("error\n");
}
}
```

case 常量表达式只是起语句标号作用，并不是在该处判断条件。在执行 switch 语句时，根据 switch 后面表达式的值找到匹配的入口，就从此入口开始执行下去，不再判断。在例 4-9 中，若 grade 的值等于 A，则将连续输出：

```
90~100
80~89
70~79
60~69
<60
Error
```

为了避免上述情况，C 语言提供了 break 语句，专用于跳出 switch 语句，将上面的 switch 结构改写如下。

```
#include  <stdio.h>
main()
{ char grade;
  scanf("%c",&grade);
  switch(grade)
{ case 'A':printf("90~100\n");break;
  case 'B':printf("80~89\n");break;
  case 'C':printf("70~79\n");break;
  case 'D':printf("60~69\n");break;
  case 'E':printf("<60\n");break;
  default:printf("error\n");
}
}
```

最后一个分支（default）可以不加 break 语句。如果 grade 的值为 B，则只输出 80~89，程序流程图如图 4-9 所示。

【例 4-10】输入年份和月份，输出这个月有几天。

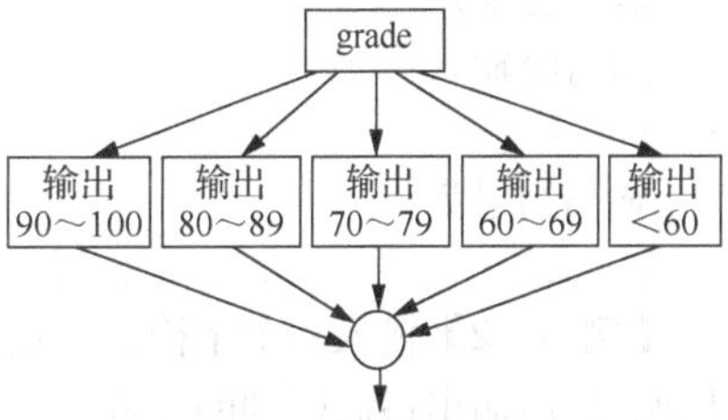

```
#include  <stdio.h>
main()
{ int  year,month,day;
  scanf("%d%d",&year ,&month);
  switch(month)
{ case  1:
  case  3:
  case  5:
  case  7:
  case  8:
  case  10:
  case  12:day=31;printf("%d days\n",day);break;
  case  4:
  case  6:
  case  9:
  case  11:day=30;printf("%d days\n",day);break;
  case  2:     if(year%4==0&&year%100!=0||year%400==0)
  day=29;
  else
  day=28;
                printf("%d days\n",day);
  break;
  default:printf("error\n");
}
}
```

图 4-9　例 4-10 程序流程图

上述程序是多个 case 共用执行语句的典型例子，其中 1、3、5、7、8、10 和 12 月份同为 31 天，处理方式一样，所有分支共用 case 12 后面的执行语句；4、6、9 和 11 月份都有 30 天，同样共用 case 11 后面的执行语句；2 月份天数因平年、闰年而不同，所以判断 2 月份天数的分支附带有判断平年、闰年的代码。

4.4 应用举例

【例 4-11】输入数字 1 ~ 7，输出对应星期几。

```
#include  <stdio.h>
main()
{ int a;
  printf("input integer number:");
  scanf("%d",&a);
  switch (a)
{ case 1:printf("Monday\n");break;
  case 2:printf("Tuesday\n"); break;
  case 3:printf("Wednesday\n");break;
  case 4:printf("Thursday\n");break;
  case 5:printf("Friday\n");break;
  case 6:printf("Saturday\n");break;
  case 7:printf("Sunday\n");break;
  default:printf("error\n");
  }
}
```

运行时输入：

```
3
```

输出结果为：

```
Wednesday
```

运行时输入：

```
5
```

输出结果为：

```
Friday
```

【例 4-12】输入一个字符，判别它是否是大写字母，如果是，就把它转换成小写字母，否则不转换，然后输出最后得到的字符。

程序如下。

```
#include  <stdio.h>
main()
{ char ch;
  scanf("%c",&ch);
  if(ch>='A'&& ch<='Z')
  ch+= 32;
  printf ("%c",ch);
 }
```

输入 A 则输出 a。

程序中的 if 语句可以用条件运算符代替。if 语句可改为：

```
ch=(ch>='A'&&ch<='Z')?(ch+32):ch;
```

请思考：if 语句在什么情况下可以用条件运算符代替。

【例 4-13】由键盘输入 3 个整数分别赋给变量 a、b、c，输出绝对值最大的数。

例 4-13 中用到绝对值函数，应把 math.h 头文件包含在此程序中。以后凡是用到算术函数时，都应用到此文件。

```
#include <stdio.h>
#include <math.h>
main()
{  int a,b,c,max;
   scanf("%d,%d,%d",&a, &b,&c);
   max=a;
   if(abs(max)<abs(b)) max=b;
   if(abs(max)<abs(c)) max=c;
   printf("absmax=%d\n",max);
}
```

运行时输入：

```
10,-55,12<回车>
```

输出结果为：

```
absmax=-55
```

也可以采用条件运算符。例如：

```
main()
{ int a,b,c,max;
  scanf("%d,%d,%d",&a, &b,&c);
  max=(abs(a)>abs(b))?a:b;
  max=(abs(max)>abs(c))?max:c;
  printf("absmax=%d\n",max);
}
```

扩展例 4-13：输入 3 个整数，输出其中的最大数和最小数。

```
main()
{  int a,b,c,max,min;
  printf("input three numbers:");
  scanf("%d%d%d",&a,&b,&c);
  if(a>b)
{max=a;min=b;}
  else
{max=b;min=a;}
  if(max<c)
  max=c;
  if(min>c)
  min=c;
  printf("max=%d\nmin=%d\n",max,min);
}
```

在本程序中，首先比较输入的 a、b 的大小，并把大数装入 max，小数装入 min 中，然后与 c 比较，若 max 小于 c，则把 c 赋予 max；如果 c 小于 min，则把 c 赋予 min。因此，max 内总是最大数，而 min 内总是最小数。最后，输出 max 和 min 的值即可。

【例 4-14】输入一个百分制成绩，要求输出成绩等级 A～E。90 分以上为 A，80～89 分为 B，70～79 分为 C，60～69 分为 D，60 分以下为 E。此题可以用 switch 语句实现，但成绩值有 101 个，如果把所有的值都列出来，程序很长。可以把成绩除以 10，这样，原有的 101 个值就映射成 11 个值，然后根据这 11 个值选择。

程序如下。

```
#include <stdio.h>
main()
{ int score;
  char grade;
  scanf("%d",&score);
switch(score/10)
{ case 10:
```

```
  case 9:grade='A';break;
  case 8:grade='B'; break;
  case 7:grade='C';break;
  case 6:grade='D';break;
  case 5:
  case 4:
  case 3:
  case 2:
  case 1:
  case 0:grade='E';
}
printf("score=%d,grade=%c\n",score,grade);
}
```

运行时输入：

```
98<回车>
```

输出结果为：

```
score=90,grade=A
```

60 分以下都是 E，采用同一条语句处理。为了简化，不考虑输入的数据出错，这时可以将下列语句：

```
case 5:
case 4:
case 3:
case 2:
case 1:
case 0:grade='E'
```

改为：

```
default:grade='E'
```

【例 4-15】 求一元二次方程 $ax^2+bx+c=0$ 的解。

算法分析：

$a=0$，不是二次方程。

$b^2-4ac=0$，有两个相等实根。

$b^2-4ac>0$，有两个不等实根。

$b^2-4ac<0$，有两个共轭复根。

用 N-S 流程图表示算法，如图 4-10 所示。

程序如下。

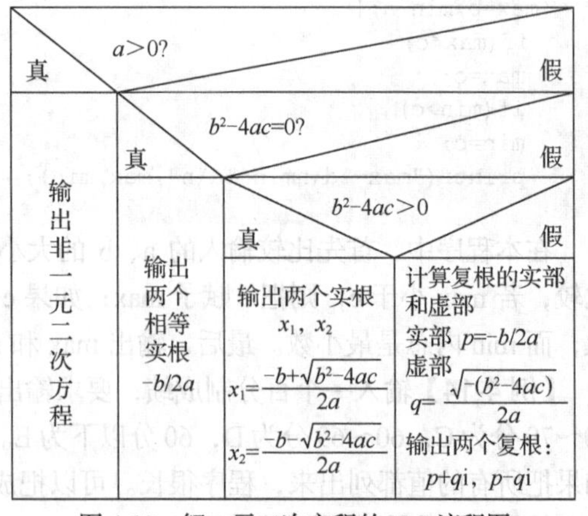

图 4-10　解一元二次方程的 N-S 流程图

```
#include <stdio.h>
#include <math.h>
main()
{ float a,b,c,d, x1,x2,r, p;
  scanf("%f,%f,%f",&a,&b,&c);
  if(abs(a)<=le-6)
  printf("is not a quadratic");
  else
{  d=b*b-4*a*c;
   if(fabs(d)<=le-6)
   printf("has two equal roots:%10.6f\n", -b/(2*a));
   else if(d>le-6)
{  x1=(-b+sqrt(d))/(2*a);
   x2=(-b-sqrt(d))/(2*a);
   printf("has distinct real roots:%10.6f and %10.6f\n",x1,x2);
}
```

```
else
{p=-b/(2*a);q=sqrt(-d)/(2*a);
printf("has complex roots:\n");
printf("%8.4f+%8.4fi\n",p,q);
printf("%8.4f-%8.4fi\n",p,q);
}
}
}
```

在程序中，用 d 代表 d=b*b-4*a*c，先计算 d 的值，以减少以后的重复计算。在判断 d 是否等于 0 时，要注意一个问题：由于 d（即 b*b-4*a*c）是实数，而实数在计算和存储时会有一些微小的误差，因此不能直接判断：if（d==0）……因为这样可能会出现本来是 0 的量，由于上述误差被判别为不等于 0 而导致结果错误。所以采取的办法是判别 d 的绝对值（fabs(d)）是否小于一个很小的数（如 10^{-6}，选择此数是因为单精度型数的有效位是 6 位），如果小于此数，就认为 d=0。在程序中以 p 代表实部，以 q 代表虚部。因为没有复数类型，所以输出时采用格式输出复数的形式。

运行时输入：

```
1,2,1<回车>
```

输出结果为：

```
has two equal roots:-1.000000
```

若输入：

```
1,2,2<回车>
```

则输出结果为：

```
has complex roots:
  -1.000000+  1.000000i
  -1.000000-  1.000000i
```

若输入：

```
2,6,1<回车>
```

则输出结果为：

```
has distinct real roots: -0.177124 and-2.822876
```

【例 4-16】运输公司计算用户的运费。路程（*s*）越远，每公里运费越低，标准如下。

```
s<500km 没有折扣
500≤s<1500   1%折扣
1500≤s<2500  3%折扣
2500≤s<3500  5%折扣
3500≤s<4500  8%折扣
4500≤s      10%折扣
```

设每公里每吨货物的基本运费为 *p*，货物重为 *w*，距离为 *s*，折扣为 *d*，则总运费 *f* 的计算公式为：

$$f=p\times w\times s\times(1-d)$$

分析此问题，折扣的变化是有规律的，折扣的“变化点”都是 500 的倍数（500，1500，2500，3500，4500），可以通过 *s*/500 把距离映射成几个值，再利用 switch 语句实现。

```
#include <stdio.h>
main()
{ int c,s;
float  p,w,d,f;
printf("please input price,weight,distance\n");
scanf("%f,%f,%d",&p,&w,&s);
if(s>=4500)
c=9;
```

```
else
c=s/500;
switch(c)
{ case  0:d=0;break;
case  1:
case  2: d=.01;break;
case  3:
case  4: d=.03;break;
case  5:
case  6: d=.05;break;
case  7:
case  8: d=.08;break;
case  9: d=.1;
}
f=p*w* (1-d);
printf("%10.2f\n",f);
}
```

运行时输入：

```
100,20,1500<回车>
```

输出结果为：

```
1940.00
```

【例 4-17】阅读下面的程序回答问题。

```
#include <stdio.h>
main()
{ float x,y;
scanf("%f",&x);
if(x<1.0)
y=0.0;
else if (x>10&&x!=5)
y=3.0/(x+1.0);
else if(x<20)
  y=1.0/x;
else
  y=20.0;
printf("%f\n",y);
}
```

当程序执行时输入 5.0，输出的 y 值为（　　）。

A. 0.0　　B. 0.5　　C. 0.2　　D. 20.0

分析：当输入的 x 值为 5.0 时，条件 x < 1.0 不满足，接着判断 x 大于 10 且 x 不等于 5，而现在输入的值正是 5，这个条件也不满足，接着判断下一个条件 x 小于 20 ，此时满足条件，即 5.0 < 20.0，执行 y=1.0/x;，得到 y 的值为 0.2 将其输出。故应选择 C。

【例 4-18】以下程序的输出结果为（　　）。

```
#include <stdio.h>
main( )
{ int a,b,c;
a=10;
b=50;
c=30;
if(a>b) a=b,
b=c;
c=a;
printf("a=%d,b=%d,c=%d\n",a,b,c);
}
```

A. a=10,b=50,c=10　　B. a=10,b=30,c=10

C. a=50,b=30,c=10　　D. a=50,b=30,c=50

分析：回答此题时应先注意到 a=b,b=c;是一个语句，因为 a<b 为假，if 语句什么都不做。再注意到语句 c=a;与 if 语句无关，总要执行。所以，程序执行后，a、b 值不变，c 值为 10，所以答案是 A。

【例 4-19】从键盘输入一个整数，若该数能被 6 和 7 整除，则打印 y，否则打印 n，试在程序的横线处填上合适的内容使程序完整。

```
#include <stdio.h>
main()
{ int lj,__(1)__;
scanf("%d",&k);
lj=(k%6==0)__(2)__(k%7==0);
if(__(3)__)
printf("n\n");
else
printf("y\n");
}
```

分析：C 程序中用到的所有变量都要预先定义，由程序的赋值语句可以看出用到了 k，所以（1）处应填 k；lj 取的值应该是表示能同时被 6 和 7 整除，是“与”的关系，所以（2）处应该填&&。根据题目要求，能同时整除时，输出 y，不能同时整除时，输出 n，所以 if 条件应该是不能同时整除，（3）处填!lj、lj==0 或 lj!=1 都可以。

本章小结

选择结构是 3 种基本结构之一，C 语言有两种语句来实现选择结构。

（1）if 语句，其形式主要有单分支 if 语句、双分支 if 语句和多分支 if 语句，也可以通过 if 语句的嵌套来实现多分支问题。

（2）switch 语句，用于多个分支情况，根据表达式的值可选择执行不同的语句块。

（3）break 语句，用于跳出 switch 语句体，使 switch 语句真正起到分支作用。

（4）使用条件运算符也可以实现简单的选择结构。

练习与提高

一、选择题

1. 对于以下程序，若从键盘输入 2.0，则程序输出为（　　）。

```
#include <stdio.h>
main()
{ float x,y ;
  scanf("%f",&x) ;
  if(x<0.0) y=0.0;
  else if((x<5.0)&&(x!=2.0)) y=1.0/(x+2.0);
  else if(x<10.0) y=1.0/x ;
  else y=10.0;
  printf ("%f\n",y );
}
```

A. 0.000000　　B. 0.250000　　C. 0.500000　　D. 1.000000

2. 对于以下程序，输出结果为（　　）。

```
#include <stdio.h>
main()
{ int x=1,y=0,a=0,b=0 ;
  switch(x)
  { case 1: switch (y)
       { case 0:a++;break ;
         case 1:b++;break ;
       }
case 2:a++;b++;break ;
  }
printf ("a=%d,b=%d\n",a,b);
}
```

A. a=2,b=1　　B. a=1,b=1　　C. a=1,b=0　　D. a=2,b=2

3. 下面程序片段表示的数学函数关系是（　　）。

```
y=-1;
if(x!=0)
if(x>0) y=1;
else y=0;
```

A. $\begin{cases} -1\ (x<0) \\ y=0\ (x=0) \\ 1\ (x>0) \end{cases}$　B. $\begin{cases} 1(x<0) \\ y=-1\ (x=0) \\ 0\ (x>0) \end{cases}$　C. $\begin{cases} 0\ (x<0) \\ y=-1\ (x=0) \\ 1\ (x>0) \end{cases}$　D. $\begin{cases} -1\ (x<0) \\ y=1\ (x=0) \\ 0\ (x>0) \end{cases}$

4. 运行两次下面的程序，如果从键盘分别输入6和4，则输出结果为（　　）。

```
#include <stdio.h>
main()
{ int x;
  scanf("%d",&x);
  if(x++>5) printf ("%d\n",x);
  else printf ("%d\n",x--);
}
```

A. 7和5　　B. 6和3　　C. 7和4　　D. 6和4

5. 执行以下程序段后，变量a、b、c的值分别为（　　）。

```
int x=10,y=9;
int a,b,c;
a=(--x==y++)?--x:++y;
b=x++;
c=y;
```

A. a=9,b=9,c=9　　B. a=8,b=8,c=10　　C. a=9,b=10,c=9　　D. a=1,b=11,c=10

6. 若定义char class='3';，则执行以下程序片段的结果为（　　）。

```
switch(class)
{   case '1':printf("First\n");
    case '2':printf("Second\n");
    case '3':prmtf("Third\n);break;
    case '4':printf("Fourth\n");
    default:printf("Error\n");
{
```

A. Third　　B. Error　　C. Fourth　　D. Second

7. 阅读下列程序，程序的运行结果是（　　）。

```
#include<stdio.h>
main()
{  float x,y;
```

```
    scanf("%f",&x);
    if(x<0)
        y=1.0;
    else if(x>1.0)
        y=2.0;
    if(x>=2.0)
        y=3.0;
    else
        y=6.0;
    printf("%f\n",y);
}
```

程序执行时输入 0.8，输出的 y 值为（　　）。

A. 1.000000　　B. 2.000000　　C. 6.000000　　D. 3.000000

8. 下列程序的运行结果是（　　）。

```
#include<stdio.h>
main()
{  int m=5;
   if(m++>5)
       printf("%d\n",m);
   else
       printf("%d\n",m++);
}
```

A. 7　　B. 6　　C. 5　　D. 4

9. 对于下述程序，判断正确的是（　　）。

```
#include<stdio.h>
main()
{  int x,y;
   x=3;y=4;
   if(x>y)
       x=y;
       y=x;
   else
       x++;
       y++;
   printf("%d,%d",x,y);
}
```

A. 有语法错误，不能通过编译　　B. 若输入数据 3 和 4，则输出 4 和 5

C. 若输入数据 4 和 3，则输出 3 和 4　　D. 若输入数据 4 和 3，则输出 4 和 4

10. 以下程序的运行结果是（　　）。

```
#include<stdio.h>
main()
{ int m=5;
    if(m++>5)
        printf("%d\n",m);
    else printf("%d\n",m--);
}
```

A. 4　　B. 5　　C. 6　　D. 7

11. a=1，b=3，c=5，d=4 时，执行完下面一段程序后，x 的值为（　　）。

```
if(a<b)
    if(c<d) x=1;
    else
     if(a<c)
```

```
      if(b<d) x=2;
      else x=3;
    else x=6;
else c=7;
```

A. 1　　B. 2　　C. 3　　D. 6

12. 以下程序的输出结果是（　　）。

```
#include<stdio.h>
main()
{ int a=100,x=10,y=20,ok1=5,ok2=0;
    if(x<y)
        if(y!=10)
          if(!ok1)
              a=1;
          else
              if(ok2)    a=10;
    a=-1;
    printf("%d\n",a);
}
```

A. 1　　B. 0　　C. -1　　D. 值不确定

13. 以下程序的输出结果是（　　）。

```
#include<stdio.h>
main()
{   int x=2,y=-1,z=2;
    if(x<y)
      if(y<0)  z=0;
      else    z+=1;
    printf("%d\n",z);
}
```

A. 3　　B. 2　　C. 1　　D. 0

14. 为了避免在嵌套的条件语句 if…else 中产生二义性，C 语言规定 else 子句总是与（　　）配对。

A. 缩排位置相同的 if　　B. 其之前最近的 if

C. 其之后最近的 if　　D. 同一行的 if

15. 以下不正确的语句为（　　）。

A. if(x>y);

B. if(x=y) && (x!=0) x+=y;

C. if(x!=y) scanf("%d",&x); else scanf("%d",&y);

D. if(x<y)　　{x++; y++;}

二、程序填空题

1. 输入一个字符，如果它是一个大写字母，则把它转换为小写字母；如果它是一个小写字母，则把它转换为大写字母；其他字符不变，请在横线上填入正确的内容。

```
#include <stdio.h>
main()
{ char ch;
  scanf("%c",&ch);
  if( ______ ) ch=ch+32;
  else if(ch>='a' && ch<='z') ______ ;
  printf("%c\n",ch);
}
```

2. 以下程序根据输入的三角形的三边判断是否能组成三角形，若可以，则输出它的面积和三角形的类型。请在横线上填入正确的内容。

```
#include <stdio.h>
#include "math.h"
main()
{ float a,b,c;
  float s,area;
  scanf("%f,%f,%f",&a,&b,&c);
  if( ______ )
  { s=(a+b+c)/2;
    area=sqrt(s*(s-a)*(s-b)*(s-c));
    printf("%f\n",area);
    if( ______ )
      printf("等边三角形\n");
    else if( ______ )
      printf("等腰三角形\n");
    else if((a*a+b*b==c*c)||(b*b+ c*c == a*a)||(a*a+c*c==b*b))
      printf("直角三角形\n");
    else printf("一般三角形\n");
  }
 else printf("不能组成三角形\n");
}
```

3. 根据以下函数关系，对输入的每个 x 值，计算相应的 y 值。请在横线上填入正确的内容。

$$y=\begin{cases} 0 & (x<0) \\ x & (0\leqslant x<10) \\ 10 & (10\leqslant x<20) \\ -0.5\times x+20 & (20\leqslant x<40) \\ -2 & (40\leqslant x) \end{cases}$$

```
#include <stdio.h>
main()
{ int x,c;
  float y;
  scanf("%d",&x);
  if( ______ ) c=-1;
  else ______ ;
  switch(c)
  { case -1:y=0;break;
    case 0:y=x;break;
    case 1:y=10;break;
    case 2:
    case 3:y= ______;break;
    default :y=-2;
  }
  printf("y=%f\n",y);
 }
```

4. 以下程序将输入的两个整数，按从大到小的顺序输出。请在横线上填入正确的内容。

```
#include<stdio.h>
main()
{  int x,y,z;
   scanf("%d,%d",&x,&y);
   if(______)
   {  z=x;
      ______;
```

```
        ______;
    }
    printf("%d,%d\n",x,y);
}
```

5. 以下程序将输入的一个小写字母循环后移5个位置后输出，例如，a变成f，w变成b。请在横线上填入正确的内容。

```
#include<stdio.h>
main()
{  char c;
   c=getchar();
   if(c>='a'&&c<='u')
      ______;
   else if (c>='v'&&c<='z')
      ______;
   putchar(c);
}
```

三、程序分析题

1. 下列程序的运行结果是________。

```
#include<stdio.h>
main()
{  int a=1,b=3,c=5;
   switch(a==1)
   {  case 1:switch(b<0)
            {  case 1:printf("A");break;
               case 2:printf("B");break;
            }
      case 0: switch(c==2*a+b)
            {  case 0:printf("C");break;
               case 1:printf("D");break;
               default : printf("E");break;
            }
   default: printf("F");
   }
printf("\n");
}
```

2. 下列程序的运行结果是________。

```
#include<stdio.h>
main()
{  int  x=100,a=20,b=10,c=5,d=0;
   if(a<b)
    if(b!=15)
       x=15;
    else if(d)
       x=100;
   x=-10;
   printf("%d\n",x);
}
```

3. 下列程序的运行结果是________。

```
#include<stdio.h>
main()
{  int i,j;
   i=j=5;
   if(i==3)
    if(i==5)
```

```
        printf("%d",i+j);
      else  printf("%d",i=i-j);
    printf("%d\n",i);
}
```

4. 下列程序的运行结果是________。

```
#include<stdio.h>
main()
{  int x=1,y=10,a=10,b=10;
   switch(x)
   {  case 1:switch(y)
             { case 0:a++;break;
               case 1:b++;break;
             }
      case 2:{a++;b++;break;}
      case 3:{a++;b++;}
   }
   printf("a=%d,b=%d\n",a,b);
}
```

5. 下列程序的运行结果是________。

```
#include<stdio.h>
main()
{  if(2*2==5<2*2==4)
      printf("T\n");
   else
      printf("F\n");
}
```

6. 下列程序的运行结果是________。

```
#include<stdio.h>
main()
{ int a,b,c,d,x;
  a=c=0;
  b=1;
  d=20;
  if(a)
     d=d-10;
  else if(!b)
        if(!c)
           x=15;
        else x=25;
  printf("%d\n",d);
}
```

7. 下列程序的运行结果是________。

```
#include<stdio.h>
void main(void)
{  int x,y=1,z;
   if(y!=0)
      x=5;
   printf("%d\n",x);
   if(y==0)
      x=4;
   else
      x=5;
   printf("%d\n",x);
   x=1;
```

```
    if(y<0)
      if(y>0)
         x=4;
      else  x=5;
    printf("%d\n",x);
}
```

8. 下列程序的运行结果是________。

```
#include<stdio.h>
main()
{ int a=2,b=3,c;
    c=a;
    if(a>b)
       c=1;
    else if(a==b)
       c=0;
    else c=-1;
    printf("%d\n",c);
}
```

9. 下列程序的运行结果是________。

```
#include<stdio.h>
main()
{  int x=1,y=0;
   switch(x)
   {  case 1:
      switch(y)
      {  case  0:printf("**1**\n"); break;
         case  1:printf("**2**\n"); break;
      }
      case 2:printf("**3**\n");
   }
}
```

10. 下列程序的运行结果是________。

```
#include<stdio.h>
main()
{  int a=2,b=7,c=5;
   switch(a>0)
   {  case 1: switch(b<0)
                {  case 1:printf("@"); break;
                   case 2:printf("!"); break;
                }
      case 0: switch(c==5)
                {  case 0:printf("*");break;
                   case 1:printf("#");break;
                   default:printf("#");break;
                }
      default: printf("&");
   } printf("\n");
}
```

四、编程题

1. 编写程序，输入一个整数，打印出它是奇数还是偶数。

2. 对一批货物征收税金，价格在10 000以上的货物征税5%；价格在5 000元以上、10 000元以下的货物征税3%；价格在1 000元以上、5 000元以下的货物征税2%；价格在1 000元以下的货物免税。编写程序，输入货物的价格，计算并输出税金。

3. 编写一个程序，输入某个学生的成绩，若成绩在 85 分以上，则输出 VERY GOOD；若成绩为 60～85 分，则输出 GOOD；若成绩低于 60 分，则输出 BAD。

4. 对于以下函数

$$y=\begin{cases} x & (-5 < x < 0) \\ x-1 & (x=0) \\ x+1 & (0 < x < 10) \end{cases}$$

编写程序，要求输入 x 的值，输出 y 的值。要求分别用以下语句实现。

（1）不嵌套的 if 语句。

（2）嵌套的 if 语句。

（3）if…else 语句。

（4）switch 语句。

第 5 章

循环结构程序设计

循环结构是结构化程序设计的基本结构之一，它和顺序结构、选择结构共同作为各种复杂程序的基本构造单元，因此熟练掌握选择结构和循环结构的概念及使用是程序设计的基本要求。循环结构的特点是反复执行某些操作。在科学计算、工程问题及日常事务处理过程中经常会遇到一些问题，例如，要输入某个班级的学生成绩进行处理；求若干个数的累加和；从键盘上输入一个整数 *n*，求 *n*!；迭代求根等。解决这些实用问题的程序都包含循环。

本章将介绍循环结构程序设计的方法、实现及典型算法等内容。

一般来讲，循环结构程序设计要考虑两个方面的问题。

（1）循环条件：循环条件是循环结构设计的关键，它决定循环体执行的次数。循环条件常常由关系表达式和逻辑表达式表示。

（2）循环体：循环体即是需要重复执行的工作。它可以是一组顺序的语句，也可以是一组具有选择结构的语句，甚至还可以是一组具有循环结构的语句。

循环结构程序设计就是通过正确的循环条件，根据问题的规律性，利用循环体解决问题的程序设计方法。

在 C 语言中可以使用以下语句实现循环。

（1）while 语句。

（2）do…while 语句。

（3）for 语句。

本章学习目标：

掌握 for 语句、while 语句和 do…while 语句的使用。

掌握 continue 语句和 break 语句的使用。

利用以上语句实现循环结构程序设计。

5.1 while 语句

while 语句用来实现当型循环结构。其一般形式如下。

```
while(表达式)语句
```

其流程图如图 5-1 所示。执行时先判断表达式，若表达式为非 0 值，则执行循环体语句，然后判断表达式，直到表达式为 0（假）结束循环。

【例 5-1】求 $\sum_{k=1}^{100} k$ 。

用 N-S 流程图表示算法，如图 5-2 所示。

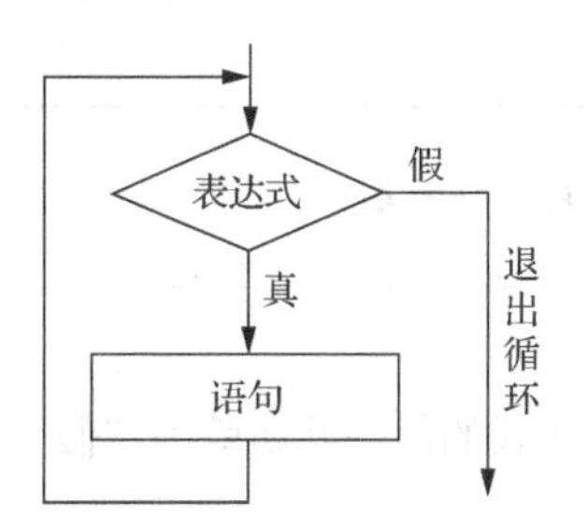

图 5-1　当型循环流程图

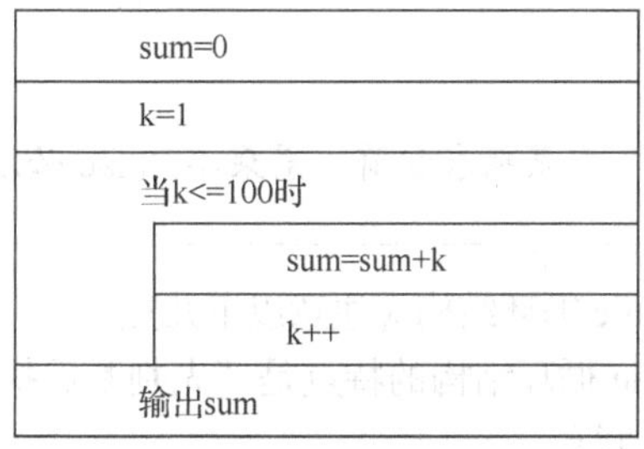

图 5-2　求 $\sum_{k=1}^{100} k$ 的算法 N-S 流程图

根据流程图编写如下程序。

```
#include<stdio.h>
main()
{  int k,sum=0;
   k=1;
   while(k<=100)
   {  sum=sum+k;
      k++;
   }
    printf("%d\n",sum);
}
```

【例 5-2】从键盘输入一个整数 n，求 $n!$，利用 while 语句编程实现。

当 n 较大时，$n!$是一个很大的数。因此，存放结果的变量 fac 定义为实型，又因为 float 型与 int 型数据一起运算，结果为 double 型，若将 fac 定义为 float 型，运行程序时会提示错误，因此，这里直接将 fac 定义为 double 型。如果 n 较小，则 fac 可以定义为整数。

先将 fac 置 1，然后依次乘以 2，3，4，…，n。

程序如下。

```
#include<stdio.h>
main()
{int n,k;
double fac;
printf("\nEnter n:");
scanf("%d",&n);
k=1;
fac=1.0;         /*给变量 k、fac 赋初值，k 用来控制循环，fac 用来存放阶乘值*/
while(k<=n)     /*循环继续的条件*/
{ fac*=k;        /*进行累乘求积*/
  k++;           /*乘数增值*/
}
printf("\n%d!=%.0lf\n",n,fac);  /*输出计算的结果*/
}
```

运行结果如下。

```
Enter n:5<回车>
5!=120
```

此程序中，在循环前将 fac 置为 1，在循环中，第一次执行语句 fac*=k 时，将 1 乘以 fac 得到 1！，存于 fac 中，执行 k++语句时，将 k 加 1 送到 k（当前 k 的值为 2），第二次执行语句 fac*=k 时，将 2 乘以 fac 得到 2！，存于 fac 中，如此继续，直到将 n 乘以 fac，这种逐个往上乘的方法称累乘求积。

在累乘求积前，累乘单元 fac 必须先置 1，否则它为任意数。

使用 while 循环结构应注意以下几点。

（1）while 循环结构的特点是“先判断后执行”，如果表达式的值一开始就为“假”，则循环体一次也不执行。

（2）循环体如果包含一条以上的语句，则应用花括号括起来，以复合语句的形式出现。

（3）循环体内一定要有改变循环条件的语句，使得循环趋向于结束，否则循环将无休止地进行下去，即形成死循环。例如，例 5-2 中的语句 k++;，循环控制变量 k 每循环 1 次增加 1，最终会达到或超过终值，结束循环。

（4）为使循环能够正确开始运行，还要做好循环前的准备工作。例如，例 5-2 中的语句 k=1;和 fac=1.0;，分别将循环控制变量和累乘积单元初始化，一般用于存放累乘积的单元通常初始值为 1，用于存放累加和的单元通常初始值为 0（如例 5-1 中的 sum 单元）。

【例 5-3】从键盘输入 10 个学生的成绩，求平均分。

分析：要想求平均分，首先要求总分。设一个变量 n 用来累计已处理完的学生成绩数，当处理完 10 个成绩后，程序结束。每个学生成绩的处理流程都是一样的，10 个学生成绩的处理无非是将一个学生成绩处理流程重复 10 次，而每次只需输入不同的学生成绩进行累加求和，循环结束后，用总分除以人数即求得平均分。算法表示如图 5-3 所示。

程序如下。

```
#include<stdio.h>
main()
{int n=1;     /*循环控制变量赋初值*/
float score,sum=0,aver;
printf("Enter  score:\n");
while(n<=10)    /*循环继续的条件*/
{scanf("%f",&score);
sum+=score;    /*累加求和*/
n++;}           /*循环控制变量增值*/
aver=sum/10;
printf("average=%5.1f\n",aver);
}
```

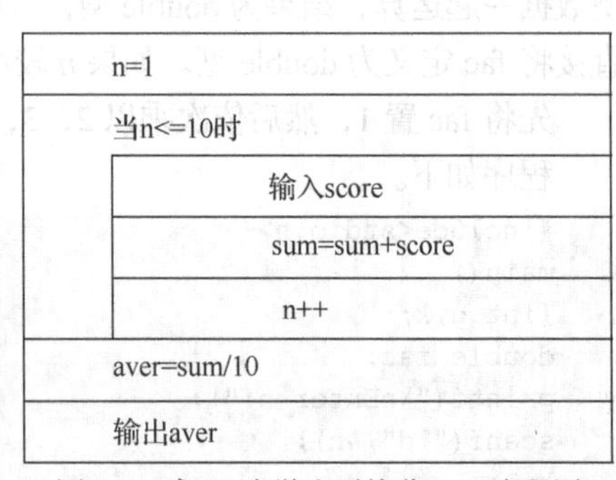

图 5-3　求 10 个学生平均分 N-S 流程图

【例 5-4】输入两个数 *m*、*n*，求它们的最大公约数。

用辗转相除法求最大公约数，此方法是用 *m* 除以 *n* 求余数 *r*，当 $r \neq 0$ 时，用除数做被除数，用余数做除数再求余数，如此反复，直到 $r=0$ 时，除数即为所求的最大公约数。例如，求 24 和 16 的最大公约数，先用 24 除以 16 余 8，此时余数不为 0，再用 16 做被除数，8 做除数再求余数，此时余数为 0，则除数 8 即为最大公约数。流程图如图 5-4 所示。

```
#include<stdio.h>
main()
{int m,n,r;
scanf("%d,%d",&m,&n);
r=m%n;
```

```
    while(r!=0)
    {m=n;n=r;r=m%n;}
    printf("%d\n",n);
    }
```

运行时输入：

```
24,16<回车>
```

输出：

```
8
```

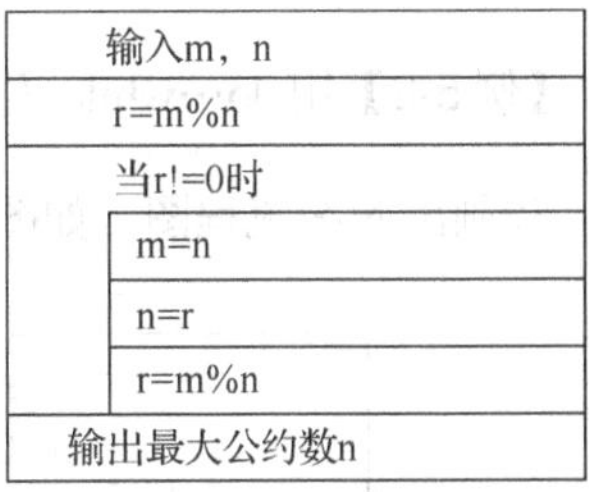

输入m，n
r=m%n
当r!=0时
m=n
n=r
r=m%n
输出最大公约数n

图 5-4　求最大公约数的 N-S 流程图

【例 5-5】输入一批非零整数，以 0 为结束符，输出其中的最小值。用变量 min 存放当前最小的整数。先把第一个整数赋值给变量 min，以后每输入一个整数就要和 min 的值比较，如果该值比 min 的值小，则把此值赋给变量 min，使其值总保持最小，直到输入 0 结束，最终变量 min 的值即为所求。流程图如图 5-5 所示。

程序如下。

```
#include<stdio.h>
main()
{  int x,min;
   printf("input numbers, last one is 0. \n");  /*输出提示信息*/
   scanf("%d",&x);
   min=x;     /*先将第一个数赋给变量min*/
   while(x!=0)
   {scanf("%d",&x);
        if(min>x)
        min=x;  /*输入值比变量min的值小，用当前值替换变量min的值*/
      }
     printf("min=%d\n",min);   /*输出最小值*/
   }
```

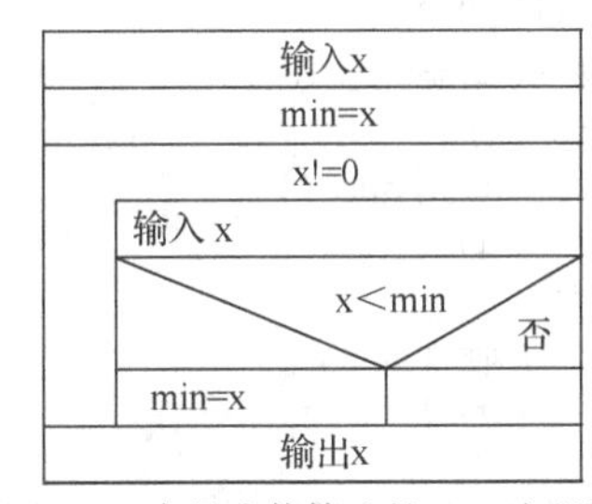

图 5-5　求最小值算法的 N-S 流程图

程序的运行结果如下。

```
input numbers, last one is 0: 3 1 6 7 5 9 8 23 67 98 -3 23 0<回车>
```

输出：min=-3

程序开始执行时，先将数字 3 赋给变量 min，然后依次输入 1、6、7、5、9、8、23、67、98、-3、23、0，当输入数字 1 时，当前变量 min 的值为 3，1 小于 3，用 1 替换 3，6 大于 1，不用赋给 min，重复执行下去，直到输入 0 结束。最后输出 min 的值-3 即为最小值。

5.2　do…while 语句

do…while 语句先执行循环体，然后判断循环条件是否成立。其一般形式如下。

```
do
语句
while(表达式);
```

执行过程为：先执行一次指定的循环体语句，然后判断表达式，当表达式的值为非零(真)时，返回重新执行循环体语句，如此反复，直到表达式的值等于 0，此时循环结束。其流程图如图 5-6 所示。

【例 5-6】用 do…while 语句求 $\sum_{k=1}^{100} k$ 。

先画出 N-S 流程图，如图 5-7 所示。

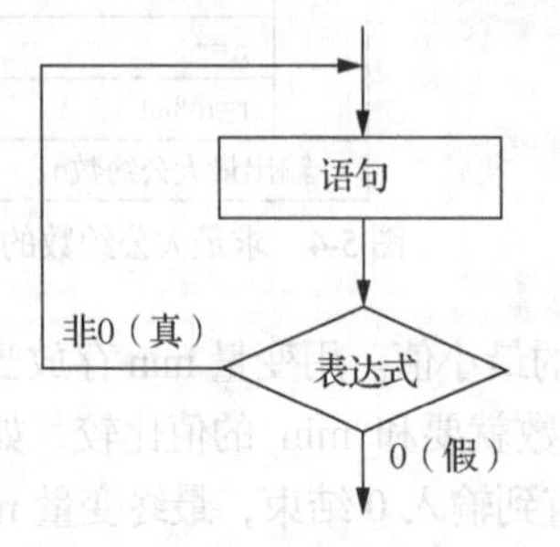

图 5-6　直到型循环流程图

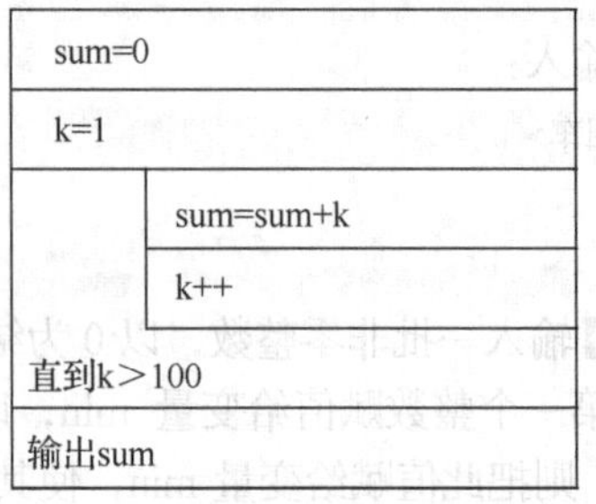

图 5-7　用直到型循环求 $\sum_{k=1}^{100} k$ 的 N-S 流程图

程序如下。

```
#include<stdio.h>
main()
{ int k,sum=0;
  k=1;
do
{ sum=sum+k;
  k++;
 }
 while(k<=100);
printf("%d\n",sum);
```

说明

对同一个问题既可以用 while 语句处理，也可以用 do…while 语句处理。do…while 语句结构可以转换成 while 结构。将图 5-6 所示的流程图改画成图 5-8，两者完全等价。图 5-8 中的虚线框部分就是一个 while 结构。可见，do…while 结构是由一个语句加一个 while 结构构成的。若图 5-1 中的表达式值为真，则图 5-1 也与图 5-8 等价（因为都要先执行一次语句）。

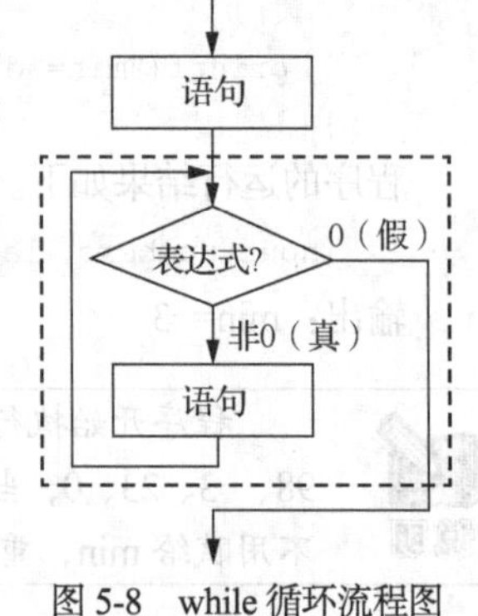

图 5-8　while 循环流程图

在一般情况下，用 while 语句和用 do…while 语句处理同一问题时，若两者的循环体部分相同，则它们的结果也相同。例如，例 5-1 和例 5-6 程序中的循环体是相同的，得到的结果也相同。但是如果 while 后面的表达式一开始就为假（0），则两种循环的结果是不同的。

【例 5-7】while 和 do…while 循环的比较。

`#include<stdio.h>`	`#include<stdio.h>`
（1）`main()`	（2）`main()`

`{ int sum=0,k;`
`  scanf("%d",&k);`
`  while(k<=10)`
`{ sum=sum+k;`
	`{ int sum=0,k;`
	`  scanf("%d",&k);`
	`do`
	`  { sum=sum+k;`

```
    k++;
 }
 printf("sum=%d",sum);
}
```

```
    k++;
 } while(i<=10);
    printf("sum=%d",sum);
}
```

运行结果如下。

```
1<回车>
sum=55
```

再运行一次：

```
11<回车>
sum=0
```

运行结果如下。

```
1<回车>
sum=55
```

再运行一次：

```
11<回车>
sum=11
```

当输入的 k 值小于等于 10 时，两者得到的结果相同。而当 k > 10 时，两者结果就不同了。这是因为此时对 while 循环来说，一次也不执行循环体（表达式 k<=10 为假），而对 do…while 循环语句来说，则要执行一次循环体。可以得到结论：第一次判断 while 后面的表达式的值为“真”时，两种循环得到的结果相同，否则，两者的结果不相同。

do…while 循环是先执行循环体一次，然后判断表达式的当型循环（因为只有条件满足时，才执行循环体）。

【例 5-8】 计算 $\frac{\pi}{2}=1+\frac{1}{3}+\frac{1}{3}\times\frac{2}{5}+\frac{1}{3}\times\frac{2}{5}\times\frac{3}{7}+\frac{1}{3}\times\frac{2}{5}\times\frac{3}{7}\times\frac{4}{9}+\cdots$ 直到最后一项的绝对值小于 0.000 5 时停止计算。

计算 e^x 本来可以利用系统提供的标准函数直接写出。但是标准函数是如何计算 e^x 的呢？通过例 5-8，我们对此会有所了解，并可作为直到型循环的例子。例 5-8 是累加求和问题，产生一项加一项，第一项为 1，而其他各项前后两项之间存在一定的关系，只需将前一项乘以一个因子 x/n 即可。N-S 流程图如图 5-9 所示。

```
#include<stdio.h>
#include<math.h>
main()
{  double s=0.0,t;
   int n=1;
   t=1;
   do
    {s+=t;
     t=t*n/(2*n+1);
     n++;
    }
while(t>0.0005);
  printf("PI=%f\n",2*s);
}
```

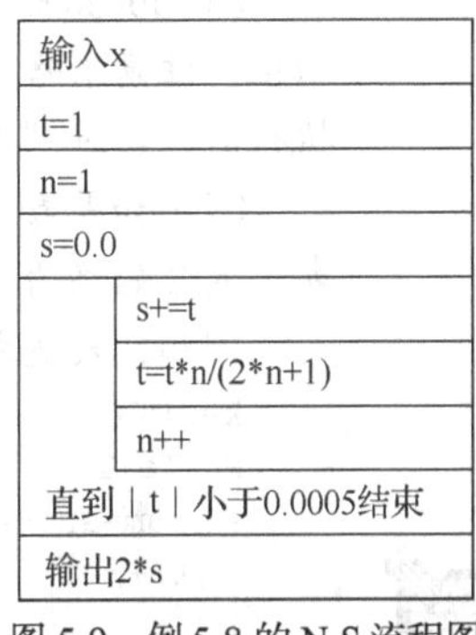

图 5-9　例 5-8 的 N-S 流程图

输出结果为：

```
PI=3.140578
```

5.3　for 语句

C 语言中的 for 语句使用最为灵活，不仅可以用于循环次数已经确定的情况，而且可以用于循环次数不确定而只给出循环结束条件的情况，它完全可以代替 while 语句。for 语句的一般形式如下。

```
for(表达式 1;表达式 2;表达式 3)语句
```

它的执行过程如下。

（1）求解表达式1。

（2）判断表达式2，若其值为真（值为非0），则执行for语句中指定的内嵌语句，然后执行第（3）步。若为假（值为0），则结束循环，转到第（5）步。

（3）求解表达式3。

（4）转回第（2）步继续执行。

（5）循环结束，执行for语句下面的语句。

for语句的执行过程如图5-10所示。

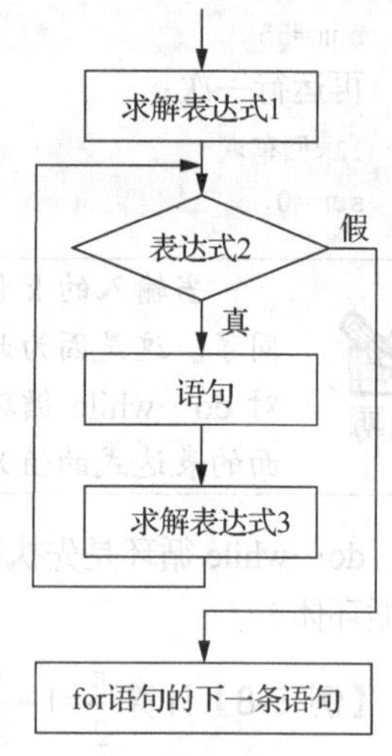

图5-10　for语句的执行过程

for语句最易理解的形式如下。

```
for(循环变量赋初值;循环条件;循环变量增值)
   语句
```

例如：

```
for(k=1;k<=100;k++)
   sum=sum+k;
```

它的执行过程与图5-2完全相同。可以看到它相当于以下语句。

```
k=1;
while(k<=100)
{  sum=sum+k;
   k++;
}
```

显然，用for语句简单、方便。以上for语句的一般形式也可以改写为while循环的形式。

```
表达式1;
while(表达式2)
{  语句
   表达式3;
}
```

说明

（1）for语句的一般形式中的表达式1可以省略，此时应在for语句之前给循环变量赋初值。注意省略表达式1时，其后的分号不能省略。例如，for(;k<=100;k++)sum=sum+k;执行时，跳过“求解表达式1”这一步，其他不变。

（2）如果表达式2省略，即不判断循环条件，循环无终止地进行下去，也就是认为表达式2始终为真。

例如，表达式1是一个赋值表达式，表达式2空缺。它相当于：

```
k=1;
while(1)
{  sum=sum+k;
   k++;
}
```

（3）表达式3也可以省略，但此时应另外设法保证循环能正常结束。例如：

```
for(k=1;k<=100;)
{  sum=sum+k;
   k++;
}
```

上面的for语句只有表达式1和表达式2，而没有表达式3。k++的操作不放在for语句的表达式3的位置处，而作为循环体的一部分，效果是一样的，都能使循环正常结束。

（4）可以省略表达式1和表达式3，只有表达式2，即只给循环条件。例如：

```
for(;k<=100;)                    while(k<=100)
{  sum=sum+k;       相当于       {  sum=sum+k;
```

```
    k++;                                    k++;
  }                                       }
```

for 语句的循环结构与 while 语句完全相同。但 for 语句比 while 语句的功能强，除了可以给出循环条件外，还可以赋初值、使循环变量自动增值等。

（5）3 个表达式都可省略，例如：

```
for(;;)语句相当于while(1)语句
```

即不设初值，不判断条件（认为表达式 2 为真值），循环变量不增值，无终止地执行循环体。

（6）表达式 1 可以是设置循环变量初值的赋值表达式，也可以是与循环变量无关的其他表达式。例如：

```
k=1;
for(sum=0;k<=100;k++)
  sum=sum+k;
```

表达式 3 也可以是与循环控制无关的任意表达式。

表达式 1 和表达式 3 可以是一个简单的表达式，也可以是逗号表达式，即包含一个以上的简单表达式，中间用逗号间隔。例如：

```
for(sum=0,k=1;k<=100;k++)
  sum=sum+k;
```

或

```
for(sum=0,k=1;k<=100;sum+=k,k++);
```

表达式 1 和表达式 3 都是逗号表达式，注意，由于把要处理的内容都放在 for 语句内，循环体为空语句，所以逗号不能省略。

在逗号表达式内按自左至右顺序求解，整个逗号表达式的值为其中最右边的表达式的值。例如，for(k=1;k<=100;k++,k++)sum=sum+k; 相当于 for(k=1;k<=100;k=k+2)sum=sum+k;。

（7）表达式一般是关系表达式（如 i<=100）或逻辑表达式（如 a<b&&x<y），但也可以是数值表达式或字符表达式，只要其值为非 0，就执行循环体。分析下面的例子。

```
for(i=0;(c=getchar())!='\n';i+=c);
```

在表达式 2 中，先从终端接收一个字符赋给 c，然后判断此赋值表达式的值是否不等于\n（换行符），如果不等于\n，就执行循环体。它的作用是不断输入字符，将它们的 ASCII 相加，直到输入一个换行符为止。

此 for 语句的循环体为空语句，把本来要在循环体内处理的内容放在表达式 3 中，作用是一样的。可见 for 语句功能强，可以在表达式中完成本来应在循环体内完成的操作。

```
for(;(c=getchar())!='\n';) printf("%c",c);
```

只有表达式2，无表达式1和表达式3。其作用是每读入一个字符后立即输出该字符，直到输入一个换行符为止。请注意，从终端键盘向计算机输入时，是在按【Enter】键以后才送到内存缓冲区中的。运行结果如下。

```
Computer(输入)
Computer(输出)
```

而不是：

```
CCoommppuutteerr
```

即不是从终端输入一个字符马上输出一个字符，而是按【Enter】键后，数据送入内存缓冲区，然后每次从缓冲区读一个字符，再输出该字符。

【例 5-9】输入 10 个数，求这 10 个数之和。设每次读入的值都放置于 x，和用 sum 标识，为了求 sum 可以利用一个循环，让它循环 10 次，每循环一次，读一个新的 x 值，并把它加到 sum 中。注意在循环前应将 sum 置 0。算法的 N-S 流程图如图 5-11 所示。

```
#include<stdio.h>
main()
{  int sum,x,i;
   sum=0;
   for(i=1;i<=10;i++)
   {  scanf("%d",&x);
      sum=sum+x;
   }
   printf("sum=%d\n",sum);
}
```

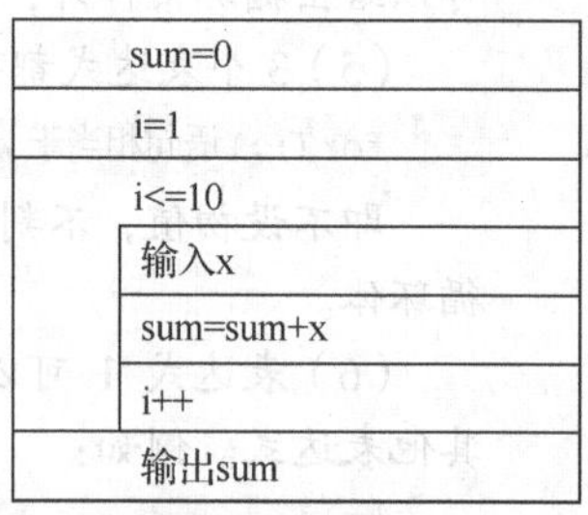

图 5-11　求 10 个数之和的 N-S 流程图

运行时输入：

```
1 5 7 8 9 67 56 45 34 21<回车>
```

输出：

```
sum=253
```

在此程序中，循环前先将 sum 置 0。在循环中，第一次执行语句 sum=sum+x;时，将读入的第一个 x 值与 sum（此时为 0）相加，结果为第一个 x 的值，并将它存于 sum 中，第二次执行该语句时，将读入的第二个 x 值与 sum（此时为第一个 x 值）相加，结果为前两个 x 值之和，并将它存入 sum 中。如此继续，直到第 10 次执行该语句时，将读入的第 10 个 x 值与 sum 相加，得到 10 个 x 值之和存于 sum 中。这种逐个往上加的方法称累加求和。

在累加求和之前，累加单元一定要先清零，否则可能是一个任意数，这样在第一次与 sum 累加时就出错了，清零操作一定要放在循环前做，在循环中执行累加，在循环后输出累加结果。

【例 5-10】求斐波那契数列 a0，a1，a2，…，a20。

斐波那契数列可以按如下定义。

```
a0=0
a1=1
a2=a0+a1
a3=a1+a2
……
an=an-2+an-1
```

按此定义可以得到斐波那契数列如下。

```
0,1,1,2,3,5,8,13,21…
```

开始让 a0=0，a1=1，根据 a0 和 a1 可以计算出 a2（a2=a0+a1）。此后 a0 的值已不再需要，将 a1 的值放到 a0 中，将 a2 的值放到 a1 中，仍执行 a2=a0+a1，这时 a2 的值实际上是 a3 的值。如此反复可以算出斐波那契数列的每项值。算法的 N-S 流程图如图 5-12 所示。

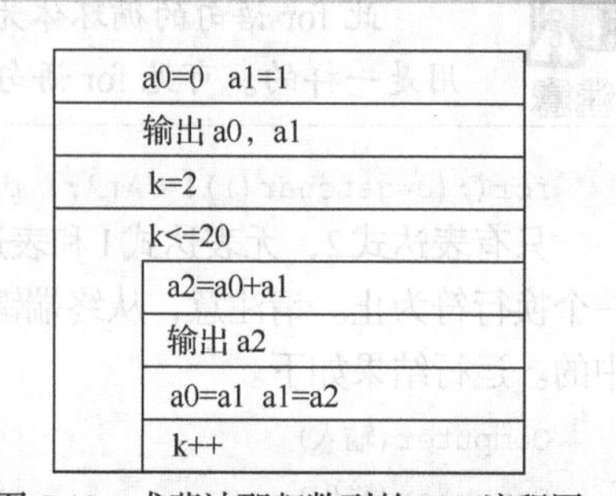

图 5-12　求斐波那契数列的 N-S 流程图

```
#include<stdio.h>
main()
{  int a0,a1,a2,k;
   a0=0;
   a1=1;
   printf("%6d%6d",a0,a1);
   for(k=2;k<=20;k++)
```

```
    { if(k%5==0)
      printf("\n");
      a2=a0+a1;
      printf("%6d",a2);
      a0=a1;
      a1=a2;
    }
}
```

运行结果：

```
   0          1         1          2          3
   5          8        13         21         34
  55         89       144        233        377
 610        987      1597       2584       4181
6765
```

【例 5-11】打印出所有的“水仙花数”，所谓“水仙花数”，是指一个 3 位数，其各位数立方和等于该数本身。例如，153 是一个“水仙花数”，因为 153=13 + 53 + 33。

程序分析：利用 for 循环控制 100～999 个数，每个数分解出个位、十位、百位。算法的 N-S 流程图如图 5-13 所示。

```
#include <stdio.h>
main()
{int i,j,k,n;
for(n=100;n<1000;n++)
{i=n/100;      /*分解出百位*/
j=n/10%10;     /*分解出十位*/
k=n%10;        /*分解出个位*/
if(n==i*i*i+j*j*j+k*k*k)
printf("%5d",n);
}
printf("\n");
}
```

运行结果：

```
153  370  371  407
```

【例 5-12】求 $1+\frac{1}{1\times2}+\frac{1}{2\times3}+\frac{1}{3\times4}+\cdots+\frac{1}{n(n+1)}$，直到最后一项的值小于 10^{-2}，如果累加到第 20 项（即 n=19）时，最后一项的值还不小于 10^{-2}，也不再计算，要求打印出 n 的值、最后一项值及多项式之和。在循环前，先把第一项的值放到和中，进行 19 次循环，产生一项累加一项，每得到一项，就判断是否小于 10^{-2}，若小于，则直接跳出循环，否则进行下次循环。算法流程图如图 5-14 所示。

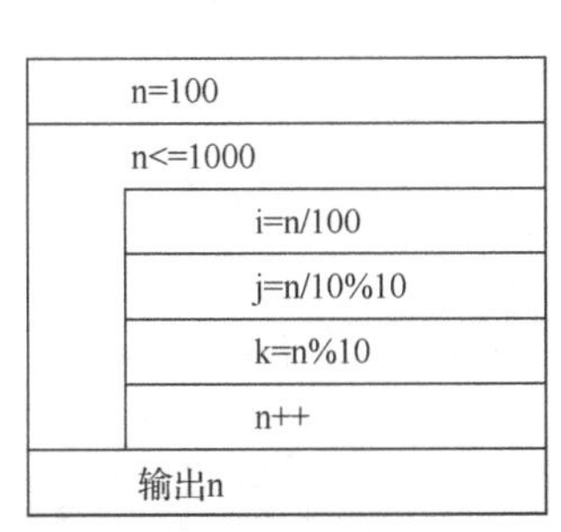

图 5-13　求水仙花数的 N-S 流程图

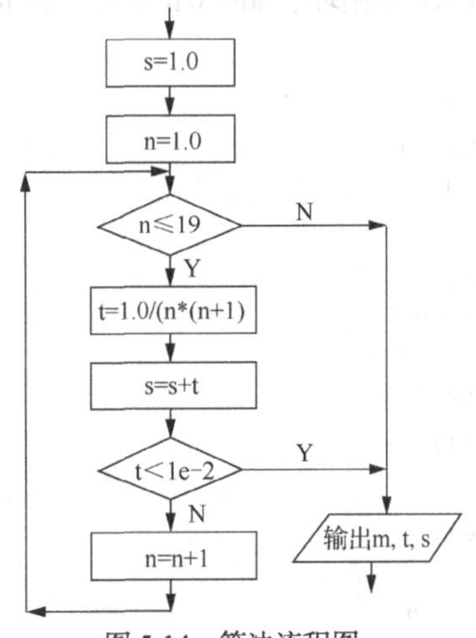

图 5-14　算法流程图

```
#include<stdio.h>
main()
{  float s,t;
   int n;
   s=1.0;
   for(n=1;n<=9;n++)
   {  t=1.0/(n*(n+1));
      s+=t;
      if(t<1e-2)break;
   }  printf("n=%d,t=%f,sum=%f\n",n,t,s);
}
```

运行结果：

```
n=10,t=0.009091,sum=1.909091
```

此程序执行时，当某一项的值小于 10^{-2} 时，从循环跳出，这是从循环体内跳到循环体外，是允许的，但是它并没有执行完循环要求的次数，不符合结构化原则。

5.4 几种循环的比较

（1）3 种循环都可以用来处理同一问题，一般情况下，它们可以互相代替。

（2）while 和 do…while 循环，只在 while 后面指定循环条件，在循环体中应包含使循环趋于结束的语句。for 循环可以在表达式 3 中包含使循环趋于结束的操作，甚至可以将循环体中的操作全都放到表达式 3 中。因此 for 语句的功能更强，凡是用 while 循环能完成的，用 for 循环都能实现。

（3）用 while 和 do…while 循环时，循环变量初始化的操作应在 while 和 do…while 语句之前完成。而 for 语句可以在表达式 1 中实现循环变量的初始化。

（4）while 循环、do…while 循环和 for 循环，可以用 break 语句跳出循环，用 continue 语句结束本次循环。

5.5 循环嵌套

一个循环体内又包含另一个完整的循环结构，称为循环嵌套。内嵌的循环中还可以嵌套循环，这就是多层循环。各种语言中关于循环嵌套的概念都是一样的。

3 种循环（while 循环、do…while 循环和 for 循环）可以互相嵌套。例如，下面几种都是合法的形式。

（1）`while()`

```
      while()
       {}
```

（2）`do`

```
      do
       {……}
      while();
   while();
```

（3）`for(;;)`

```
for(;;)
```

（4）`while()`

```
      do
       {……}
      while();
```

（5）for(;;)

```
        while()
         {……}
```

（6）do

```
        for(;;)
        {……}
while();
```

【例 5-13】编程输出以下形式的九九乘法表。

```
1*1=1  1*2=2  1*3=3  1*4=4  1*5=5  1*6=6  1*7=7  1*8=8   1*9=9
2*1=2  2*2=4 ……                                          2*9=18
……                                                       ……
9*1=9  9*2=18 ……                                         9*9=81
```

分析：首先观察第一行乘法表的变化规律。注意到被乘数为 1 不变，而乘数从 1 变化到 9，每次增量为 1，因此，构造如下循环即可输出第一行乘法表。

```
    for(j=1;j<=9;j++)
    printf("%1d*%1d=%2d  ",1*j);
```

再观察第二行乘法表的变化规律。与第一行唯一不同的是被乘数为 2，而处理过程完全一样，因此，只需将被乘数改为 2，再执行一次上述循环即可。

同理，第三行、第四行……只需让被乘数从 1 变化到 9，将上述循环执行 9 次。因此在上述循环的外面再加上一个循环（即构成双重循环），即可得到要求的九九乘法表。算法的 N-S 流程图如图 5-15 所示。

程序如下。

```
main()
{  int i,j;
   for(i=1;i<=9;i++)  /*i 作为外循环控制变量控制被乘数变化*/
   {  printf("\n");
      for(j=1;j<=9;j++)  /*j 作为内循环控制变量控制乘数变化*/
      printf("%1d*%1d=%2d  ",i,j,i*j);
   }
}
```

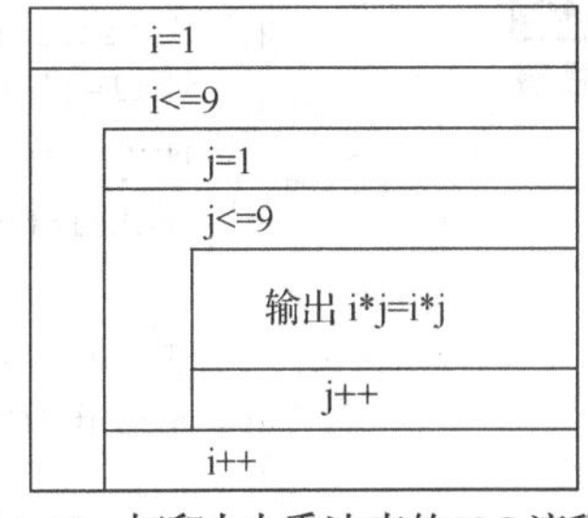

图 5-15　打印九九乘法表的 N-S 流程图

双重循环的执行过程为：先执行外循环，当外循环控制变量 i 取初值 1 后，执行内循环，在内循环 j 从 1 变化到 9 的过程中，i 始终不变，直到内循环执行完毕，到了外循环，i 才变为 2，而后再执行内循环，j 又从 1 变化到 9，如此下去，直到外循环控制变量 i 超过终值，整个双重循环才执行完毕。

【例 5-14】全班 30 个学生，每个学生考 8 门课。要求分别统计出每个学生的平均成绩。

首先考虑求一个学生的平均成绩。设置循环控制变量 i 控制课程数，其从1变化到 8，每次增量为1。每个学生的处理过程相同，因此，只需重复执行上述流程 30 遍（形成双重循环，每遍输入不同学生的各科成绩，即可求得 30 个学生的平均成绩。设置循环控制变量 j 控制学生人数，其从 1 变化到 30，每次增量为 1。算法的 N-S 流程图如图 5-16 所示。

程序如下。

```
   main()
{  int i,j,score,sum;
      float aver;
      j=1;
      while(j<=30)
      {  sum=0;
```

```
        for(i=1;i<=8;i++)
        {printf("Enter NO.%d the score%d:",j,i);
         scanf("%d",&score); /*输入第 j 个学生的第 i 门课
         成绩*/
        sum=sum+score;    /*累计第 j 个学生的总成绩*/
        }
        aver=sum/8.0;    /*计算第 j 个学生的平均成绩*/
    printf("NO.%d aver=%5.2f\n",j,aver); /*输出第 j 个学生的
平均成绩*/
        j++;
      }
    }
```

```
j=1
i<=30
    sum=0
    i=1
    i<=8
        输入 score
        sum=sum+score
        i++
    aver=sum/8
    输出 j, aver
    j++
```

图 5-16　例 5-14 算法的 N-S 流程图

（1）程序中的变量 sum 作为累加单元，在累加一个学生的总成绩之前，一定要初始化为 0，否则会将第一个学生的总成绩加到第二个学生的成绩上。此外，sum 初始化语句的位置很关键，既不能放在内循环的里面，也不能放在外循环的外面（请思考为什么）。

（2）如果对例 5-14 进一步提问：统计出全班的总平均成绩。可再设置一个累加变量 total 用于累加每个学生的平均成绩，最后除以学生人数即可。

原来的程序可以改为：

```
main()
{  float total=0;int i,j,score,sum ,total_aver;
   while(j<=30)
   {……
    total=total+aver;          /*累加全班的平均成绩*/
    }
    total_aver=total/30;     /*计算全班总平均成绩*/
    printf("Class total_aver is:%5.2f\n",total_aver);
}
```

累加变量 total 初始化语句及平均成绩累加语句的位置。

使用循环嵌套结构要注意以几点。

（1）外层循环应完全包含内层循环，不能交叉。

例如，下面这种形式是不允许的。

```
do
{ …
for(…)
{…while(…);
}
}
```

（2）嵌套循环的控制变量一般不应同名，以免造成混乱。例如：

```
for(i…)
{…
```

```
for(i…)
{…}
}
```

（3）嵌套循环要注意正确使用缩进式书写格式来明确嵌套循环的层次关系，以增加程序的可读性。

5.6　continue 语句

continue 语句的一般形式如下。

```
continue;
```

其作用为结束本次循环，即跳过循环体中下面尚未执行的语句，接着判断下一次是否执行循环。

continue 语句和 break 语句的区别是：continue 语句只结束本次循环，而不是终止整个循环的执行。break 语句则是结束整个循环过程，不再判断执行循环的条件是否成立。例如，以下两个循环结构：

（1）while(表达式 1)

```
{  if(表达式 2)…
   break
}
```

（2）while(表达式 1)

```
{…if(表达式 2)
   continue;
}
```

程序（1）的流程图如图 5-17 所示，程序（2）的流程图如图 5-18 所示。请注意图 5-17 和图 5-18 中，“表达式 2”为真时，流程的转向。

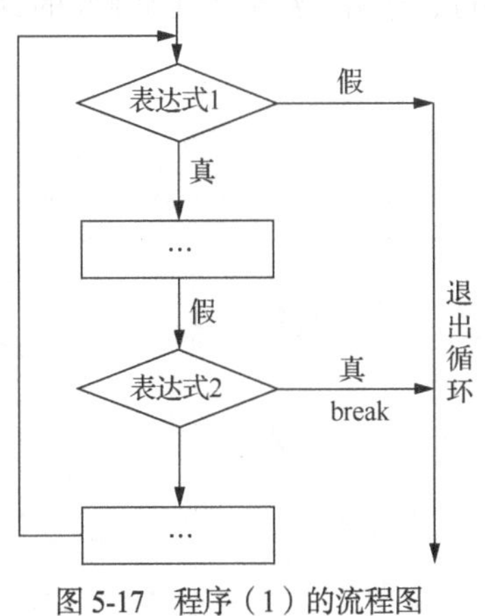

图 5-17　程序（1）的流程图

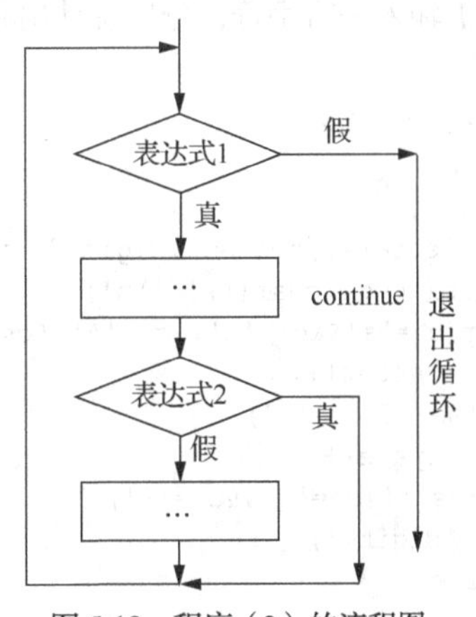

图 5-18　程序（2）的流程图

【例 5-15】输出 100～200 中不能被 5 整除的数。

```
main()
{  int n;
   for(n=100;n<=200;n++)
   {  if(n%5==0)
         continue;
     printf("%4d",n);
   }
```

```
}
```

当 n 能被 5 整除时，执行 continue 语句，结束本次循环（即跳过 printf()函数语句），只有 n 不能被 5 整除时，才执行 printf()函数。当然，例 5-14 中的循环体也可以改用一条语句处理。

```
if(n%5!=0)
   printf("%d",n);
```

注：在程序中使用 continue 语句时，要说明 continue 语句的作用。

5.7 break 语句

4.3 节介绍过用 break 语句可以使流程跳出 switch 结构，继续执行 switch 语句下面的语句。实际上，break 语句还可以用来从循环体内跳出循环体，即提前结束循环，接着执行循环下面的语句。例如：

```
for(r=1;r<=10;r++)
{    area=pi*r*r;
     if(area>100)break;
     printf("%f\n",area);
 }
```

计算 r=1 到 r=10 时的圆面积，直到面积 area 大于 100 时停止。从上面的 for 循环可以看出：area>100 时，执行 break 语句，提前结束循环，即不再继续执行其余的几次循环。

break 语句的一般形式如下。

```
break;
```

break 语句不能用于循环语句和 switch 语句之外的任何其他语句中。

5.8 应用举例

【例 5-16】输入一行字符，分别统计出其中英文字母、空格、数字和其他字符的数量。

程序如下。

```
#include<stdio.h>
main()
  {   char c;
      int letter=0,space=0,digit=0,other=0;
      while((c=getchar())!='\n')
      { if(c>='a'&&c<='z'||c>='A'&&c<='Z')
            letter++;
        else if(c==' ')
            space++;
        else if(c>='0'&&c<='9')
            digit++;
        else
            other++;
     }      printf("letter=%d,space=%d,digit=%d,other=%d\n",letter,space,digit,other);
}
```

运行时输入：

```
A6b23c d d,+44#<回车>
```

输出结果为：

```
letter=5,space=2,dlgit=5,other=3
```

【例 5-17】输出以下图案。

```
*
```

```
***
*****
 ***
  *
```

对于打印图形这类程序，一般用双重循环来实现。外层循环用来控制行数，内层循环用来控制每行中每列的内容，然后换行。此图形可以分成上三角和下三角两部分，两部分分别输出。在上三角中，随着行数的增加，每行多 2 个*，而且*的数量和行有一定的关系，如果行用 i 表示，则每行有 2*i-1 个*，另外注意星的位置，为了控制输出位置，可以输出一定的空格。在下三角中，随着行数的增加，每行少 2 个*，而且星的数量和行有一定的关系，如果行用 i 表示，则每行有 k-2*i 个*，其中 k 与上三角的行数有关，k 的值应该是上三角中最后一行*的数量。

程序如下。

```
#include<stdio.h>
main()
{ int i,j,k,n=3;
for(i=1;i<=n;i++)
{ printf("\n");                          /*换行*/
 for(j=1;j<=41-i;j++) printf(" ");  /*输出空格，第一个*定位在第 40 列*/
 for(j=1;j<=2*i-1;j++) printf("*");/*输出**/
     k=2*n-1;  }                       /*k 的值是最后一行*的数量*/
for(i=1;i<=n-1;i++)
{   printf("\n");                        /*换行*/
  for(j=1;j<=41-n+i;j++) printf(" ");/*输出空格,空格和上三角有关,n 是上三角行数*/
  for(j=1;j<=k-2*i;j++) printf("*"); }/*输出**/
 printf("\n");
 }
```

运行此程序后输出例 5-17 中的图案。

【例 5-18】 判断 *m* 是否为素数。

素数是大于 1 且除了 1 和它本身外，不能被其他任何整数整除的整数。判断某数 *m* 是否是素数的一个简单的办法是用 2,3,4,5,…,*m*−1 这些数逐个去除 *m*，看能否除尽，若被其中一个数除尽，则 *m* 不是素数，否则 *m* 是素数。当 *m* 较大时，用这种方法除的次数太多，可以有很多办法改进，以减少除的次数，提高运行效率，例如，可以用 2,3,…,*m*/2 去除，也可用 2,3,…,$\sqrt{m}$ 去除，若除不尽，则 *m* 是素数。两种方法的程序如下。算法 N-S 流程图如图 5-19、图 5-20 所示。

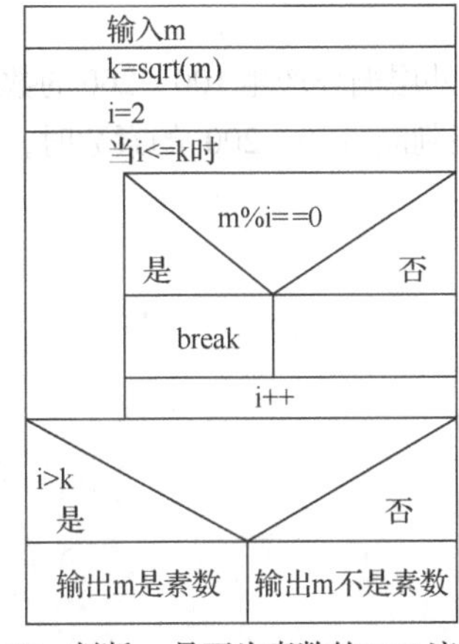

图 5-19　判断 *m* 是否为素数的 N-S 流程图 1

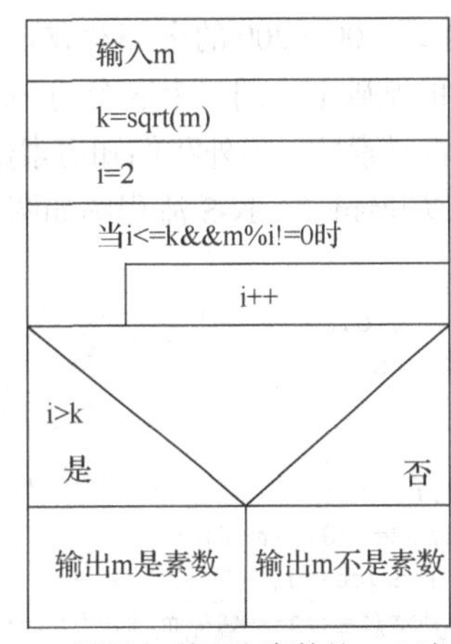

图 5-20　判断 *m* 是否为素数的 N-S 流程图 2

方法 1：

```
#include<stdio.h>
#include<math.h>
main()
{
int m,i,k;
scanf("%d",&m);
k=sqrt(m);
for(i=2;i<=k;i++)
if(m%i==0) break;
if(i>k)
printf("%d is a prime mumber\n",m);
else
printf("%d is not a prime number\n",m);
}
```

方法 2：

```
#include<math.h>
main()
{
int m,i,k;
scanf("%d",&m);
k=sqrt(m);
for(i=2;i<=k&&m%i!=0;i++);
if(i>k)
printf("%d is a prime mumber\n",m);
else
printf("%d is not a prime number\n",m);
}
```

运行时输入：

```
6<回车>
```

输出结果为：

```
6 is not a prime number
```

再次运行输入：

```
7<回车>
```

输出结果为：

```
7 is a prime number
```

【例 5-19】求 100～200 的全部素数。

在例 5-18 的基础上，用一个嵌套的 for 循环实现，增加外层循环产生 100～200 的数据，内层循环用于判断是否是素数，另外我们知道素数一定是奇数，在判断 100～200 的素数时，可以把偶数排除在外，所以 m=m+2。N-S 流程图如图 5-21 所示。

程序如下。

```
#include<stdio.h>
#include<math.h>
main()
{
int m,k,i,n=0;
for(m=101;m<=200;m=m+2)
      {  k=sqrt(m);
         for(i=2;i<=k&& m%i!=0;i++);
         if(i>k){printf("%4d",m);n++;}
         if(n%10==0)printf("\n" ) ; }
```

```
}
```

运行结果如下。

```
    101 103 107 109 113 127 131 137 139 149
    151 157 163 167 173 179 181 191 193 197
199
```

n 的作用是累计输出的素数数，控制每行输出 10 个数据。

【例 5-20】求 1～1 000 的同构数（同构数是一个数的平方低位与数相同）。例如，25 和 625 是同构数。算法思想为：依次产生 1～1 000 的数，每产生一个数，先求出其平方，再求出此数的位数，最后分离出平方的低位与原数比较。N-S 流程图如图 5-22 所示。

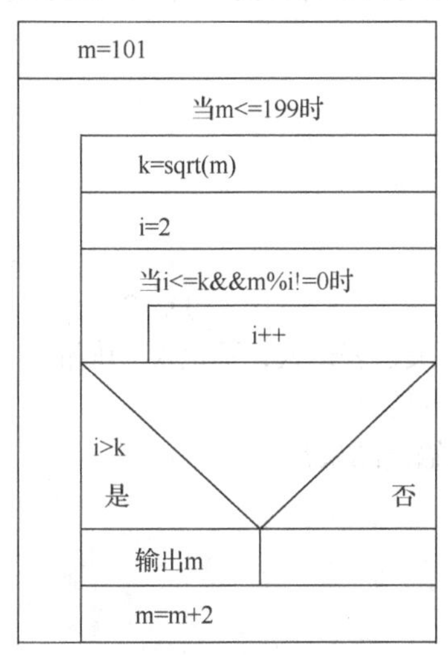

图 5-21　求 100～200 全部素数的 N-S 流程图

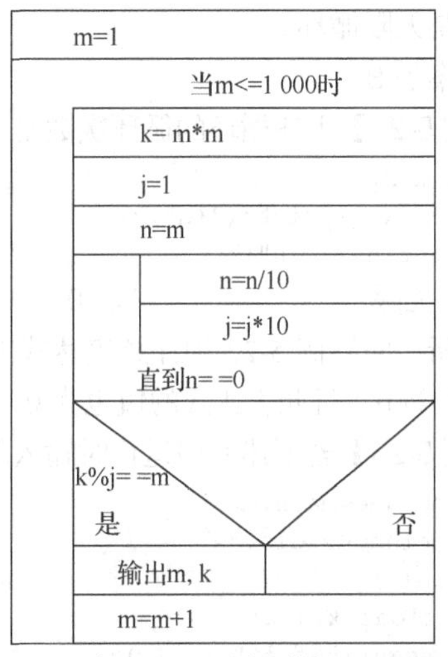

图 5-22　求 1～1 000 同构数的 N-S 流程图

```
#include<stdio.h>
#include<math.h>
main()
{  int m, n,j;
long k;
for(m=1;m<=1000;m++)
{  k=(long)m*m;
   j=1;
   n=m;
do
{  n=n/10;
   j=j*10;
}while(n>0);
if(k%j==m)
printf("%4d%10ld\n",m,k);
}
}
```

运行结果：

```
1
       25
       36
   25          625
   76          5776
   376      141376
625    390625
```

【例5-21】下述for循环语句（　　）。

```
int i,k;
for(i=0,k=-1;k=1;i++,k++)
printf("!!!");
```

A. 判断循环结束的条件非法　　B. 是无限循环

C. 只循环一次　　D. 一次也不循环

分析：例5-21的关键是赋值表达式k=l。在C语句中，for循环的基本结构是"for(表达式l;表达式2;表达式3)"，其中的表达式2决定了循环是否进行。在例5-21中，由于表达式2是赋值表达式k=1为真，因此执行循环体，使k增1，但循环再次计算表达式2时又使k为1，如此往复。故此循环是无限循环。

答案是B。

【例5-22】下述循环的循环次数是（　　）。

```
int k=2;
while(k=0)printf("%d",k),
k--;printf("\n");
```

A. 无限　　B. 0　　C. 1　　D. 2

分析：回答例5-22须注意表达式k=0是赋值表达式而非关系表达式，不论k为何值，表达式k=0使k为0，且此表达式的值也为0，故不能进入循环，答案是B。

【例5-23】若下述程序运行时输入的数据是3.6、2.4，则输出结果是（　　）。

```
#include<math.h>
#include<stdio.h>
main( )
{  float x,y,z;
   scanf("%f,%f",&x,&y);
   z=x/y;
   while(1)
   {   if(fabs(z)>1.0)
         {  x=y;  y=z;    z=x/y;}
       else
       break;
   }
   printf("%f",y);
}
```

A. 1.500000　　B. 1.600000　　C. 2.000000　　D. 2.400000

分析：例5-23是一个使用break语句做出口的循环，且只能通过break语句终止。因为涉及的数据都是浮点数，故/是普通除法。具体计算步骤如下。

（1）x=3.6，y=2.4，z=1.5

（2）x=2.4，y=1.5，z=1.6

（3）x=1.5，y=1.6，z=0.9374998

最后，输出的y值为1.6。

答案是B。

【例5-24】以下程序的输出结果是（　　）。

```
#include<stdio.h>
main(    )
{  int i;
   for(i=1;i<=5;i++)
   {  if(i%2)
        putchar('<');
```

```
      else
       continue;
      putchar('>');
    }
  putchar('#');
 }
```

A. <><><>#　　　　　　B. ><><><#　　　　　　C. <><>#　　　　　　D. ><><#

分析：例 5-24 考查 continue 语句的基本使用方法。在程序中，当 i%2 为真时，执行输出语句，否则执行 continue 语句，即开始 i++运算，进入下一次循环。当 i 是偶数时（i%2 为 0），无任何输出。因此，例 5-24 的循环体可以改写成如下形式。

```
for(i=1;i<=5;i+=2)
{putchar('<');
putchar('>');
}
```

循环的执行过程是 i=1，i=3，i=5，共 3 次，因此，循环的输出结果为<><><>#。

答案是 A。

【例 5-25】下述程序的输出结果是（　　）。

```
#include<stdio.h>
main()
{   int i,j,x=0;
    for(i=0;i<2;i++)
    {  x++;
      for(j=0;j<=3;j++)
      {  if(j%2)continue;
         x++;
      }
      x++;
    }
   printf("x=%d\n",x);
 }
```

分析：例 5-25 的关键是要弄清嵌套 for 循环的执行步骤及 continue 语句的作用。外层 for 循环共执行两次，每执行一遍，即执行 4 次内层循环。应当注意的是：在执行内层循环过程中，由于循环体内的 if 语句中存在 continue 语句，因此当 j=0 或 j=2 时，不执行循环体中的 x++语句，而直接判定是否执行下一轮循环。执行 for 循环时，x 的变化如下。

第一次执行外层循环：i=0 时，x 增 1(x=1)，j=0，x 不变，j=1，x 增 1(x=2)，j=2，x 不变，j=3，x 增 1(x=3)，内层循环结束，x 增 1(x=4)。

第二次执行外层循环：i=1 时，x 增 1(x=5)，j=0，x 不变，j=1，x 增 1(x=6)，j=2，x 不变，j=3，x 增 1(x=6)，内层循环结束，x 增 1(x=8)。

所以，整个循环执行完后，x 的值为 8。

输出 x=8

【例 5-26】计算一个数列的前 *n* 项之和。该数列的前两项是由键盘输入的正整数，以后各项按下列规律产生：先计算前两项之和，若和小于 200，则该和作为下一项，否则用和除以前两项中较小的一项，将余数作为下一项。在程序中的横线上填入适当的内容。

```
#include<stdio.h>
main()
{  int n,k1,k2, k3,m, ms,j;
scanf("%d,%d,%d",&n,&k1,&k2);
      m=k1+k2;
      ____(1)____
```

```
for(j=3;j<=n;j++)
        if (    (2)     )
          if (k1<k2)
            k3=m%k1;
          else
            k3=m%k2;
           (3)
           (4)
        ms=ms+k3;
        k1=k2;
        k2=k3;
        m=k1+k2;
        }
        printf("%d\n",ms);
}
```

分析：首先了解每一个变量的作用，k1 代表第一项，k2 代表第二项，k3 代表新项，m 存放前两项的和，ms 存放数列的和。例 5-26 的算法并不难，在循环外，m 取前两项之和，ms 在循环外要赋值，（1）处应该给 ms 赋值，循环内的 ms 只是累加新项，没有加第一项和第二项，所以，（1）处填 ms=m;或 ms=k1+k2;。循环体内第一个 if 语句中的条件是对 m 是否小于 200 的判断，根据下面的语句，（2）处应该填 m>=200。第二个 if 语句是将和除以前两项中较小一项的余数作为下一项，根据题意和 if 语句的结构，（3）处应该填 else，（4）处应该填 k3=m;。

【例 5-27】 用公式 $\frac{\pi^2}{6} \approx \frac{1}{1^2}+\frac{1}{2^2}+\cdots+\frac{1}{n^2}$ 可以计算 π 的近似值，程序如下，其中 n 由键盘输入。

```
#include<stdio.h>
#include<math.h>
main()
{   int n,j;
float sum,t,pi;
     scanf("%d",&n);
       (1)    ;
     j=1;
     while(j<=n)
     {  t=    (2)   ;
       sum=sum+t;
        (3)    ;
     }
     pi=sqrt(6.0*sum);
     printf("pi=%8.6f\n",pi);
}
```

分析：sum 用于存放和，t 用于存放产生的项，j 用于存放项数，pi 用于存放最后的结果。因为 sum 在循环之前要清零，所以（1）处应该填 sum=0。（2）处应该填产生项，根据题意填 1.0/(j*j) 或 1/(float)(j*j)。（3）处填 j=j+1 或 j++。

【例 5-28】 译密码。为使电文保密，往往按一定规律将电文转换成密码，收报人再按约定的规律将其译回原文。例如，可以按以下规律将电文变成密码。

将字母 A 变成字母 E，a 变成 e，即变成其后的第 4 个字母，如 W 变成 A，X 变成 B，Y 变成 C，Z 变成 D。字母按上述规律转换，非字母字符不变。例如，"China!"转换为"Glmre!"。输入一行字符，要求输出其相应的密码。

程序如下。

```
#include<stdio.h>
main()
{char c;
while((c=getchar())!='\n')
if((c>='a'&&c<='z')||(c>='A'&&c<'Z'))
      {  c=c+4;
         if(c>'Z'&&c<='Z'+4 || c>'z')
         c=c-26;
      }
printf("%c",c);
}
```

运行结果如下。

```
China!<回车>
 Glmre!
```

程序对输入字符的处理办法是：先判定它是否为大写字母或小写字母，若是，则将其值加 4(变成其后的第 4 个字母）。如果加 4 以后字符值大于 Z 或 z，则表示原来的字母在 v（或 v）之后，应按规律将它转换为 A～D（或 a～d）之一，方法是使 c 减 26。还有一点需要注意，内嵌的 if 语句不能写成

```
if(c>'Z'||c>'z')c=c-26;
```

因为当字母为小写时都满足 c>Z 条件，从而也执行 c=c−26;语句，这就会出错。

【例 5-29】阅读程序，回答相应问题。

```
#include<stdio.h>
main()
{
int n,k;
float a,b,h,f0,s=0,s1,x;
scanf("%d",&n);
a=0;
b=1;
h=(b-a)/n;
x=a;
f0=x*x;
for(k=1;k<=n;k++)
{
s1=f0*h;
s=s+s1;
x=x+h;
f0=x*x;
}
printf("%f,%f,%d,%f\n",a,b,n,s);
}
```

问题 1：本程序的功能是什么?

问题 2：程序中的 n 越大，对程序中 s 的计算结果有什么影响?

分析：函数 $f(x)$在区间$[a,b]$上的定积分 $\int_a^b f(x)\mathrm{d}x$ 的几何意义是求 $f(x)$曲线和直线 $x=a$ 在 $y=0$，$x=b$ 时，围成的图形的面积。为了求出此面积，将$[a,b]$分成 n 个小区间，每个区间的长度为$(b-a)/n$，再近似求出每个小区间的面积，然后将几个小区间的面积加起来，就近似得到总面积。n 越大，即区间分得越小，近似程度越高。

近似计算小区间面积的常用方法有矩形法、梯形法、辛普生法。

（1）矩形法：即用小矩形代替小曲边梯形，求每个小矩形的面积后相加，即为积分的近似值。

（2）梯形法：即用小梯形代替小曲边梯形。

（3）辛普生：即用一条抛物线代替区间[a,b]的曲线 $f(x)$，求出抛物线与 $x=a+(i-1)h$、$y=f(x)$和 $x=a+ih$ 围成的小曲边梯形的面积。

根据程序中的计算可知 $f(x)=x\times x$，$a=0$，$b=1$。

问题 1：本程序的功能是求 $\int_0^1 x^2 dx$ 的近似值。

问题 2：程序中的 n 越大，近似程度越高。

本章小结

C 语言提供了 3 种专门用于循环的语句 while、do…while、for。

（1）3 种循环都可以用来处理同一问题，一般情况下它们可以互相代替。

（2）while 语句用来实现当型循环结构。执行时先判断表达式，若表达式为非 0 值，则执行循环体语句，然后判断表达式，直到表达式为 0(“假”)，结束循环。

（3）do…while 语句的特点是先执行循环体，然后判断循环条件是否成立，用来实现直到型循环结构。

（4）C 语言中的 for 语句使用最为灵活，不仅可以用于循环次数已经确定的当型循环结构，而且可以用于循环次数不确定，只给出循环结束条件的情况，它完全可以代替 while 语句。

（5）3 种循环语句可以相互嵌套组成多重循环。循环之间可以并列，但不能交叉。

（6）break 语句可用于退出当前循环，继续执行循环后的语句。continue 语句则用于退出当前这次循环，后面循环还将继续执行。

练习与提高

一、选择题

1. 以下程序段的输出结果是（　　）。

```
#include"stdio.h"
main()
 {   int i;
     for(i=1;i<=5;i++)
     {   if(i%2)
              printf("$");
         else
              printf("@");
     }  }
```

A. @$@$@　　B. $@$@　　C. @$@$　　D. $@$@$

2. 以下程序段的输出结果是（　　）。

```
#include"stdio.h"
main()
{int i;
 for(i=0;i<3;i++)
switch(i)
{case 1:printf("%d",i);
 case 2:printf("%d",i);
 default:printf("%d",i);
} }
```

A. 011122　　B. 012020　　C. 012　　D. 120

3. 以下程序段的输出结果是（　　）。

```
#include"stdio.h"
main()
{int n;
 for(n=1;n<=10;n++)
 {
 if(n%3==0)continue;
 printf("%d",n);
} }
```

A. 12457810　　B. 1234567890　　C. 12　　D. 369

4. 若 i、j 已定义为 int 型，则以下程序段中，内循环体的总执行次数是（　　）。

```
for(i=6;i>0;i--)
for(j=0;j<4;j++){…}
```

A. 30　　B. 20　　C. 24　　D. 25

5. 若有“int y=10;”，则执行下列语句后，（　　）。

```
while(y--);
printf("y=%d\n",y);
```

A. y=−1　　B. while 构成无限循环

C. y=1　　D. y=0

6. 下述循环的循环次数是（　　）。

```
int k=2;
while(k=0)
printf("%d",k);k--;
printf("\n");
```

A. 无限　　B. 2　　C. 0　　D. 1

7. 下述循环的循环次数是（　　）。

```
int k=2;
while(k=0)
printf("%d",k);k--;
printf("\n");
```

A. 1　　B. 0　　C. 无限　　D. 2

8. 在 C 语言中，while 和 do…while 循环的主要区别是（　　）。

A. do…while 的循环体不能是复合语句

B. do…while 的循环体至少无条件执行一次

C. while 的循环控制条件比 do…while 的循环控制条件更严格

D. do…while 允许从外部转到循环体内

9. 以下程序的执行结果是（　　）。

```
#include"stdio.h"
main()
{int num=0;
 while(num<=2){num++;printf("%d,",num);}}
```

A. 1,2,3,　　B. 0,1,2　　C. 1,2,　　D. 1,2,3,4,

10. 若有“int w=12;”，对于以下程序段，描述正确的是（　　）。

```
while(w=0)w=w-1;
```

A. 循环是无限循环　　B. 循环体一次也不执行

C. 循环体执行了 10 次　　D. 循环体执行了一次

11. 以下关于 break 和 continue 语句的叙述，正确的是（　）。

A. 在循环语句和 switch 语句之外，允许出现 break 和 continue 语句

B. break 和 continue 语句都可以出现在 switch 语句中

C. 执行循环语句中的 break 或 continue 语句都将立即终止循环

D. break 和 continue 语句都可以出现在循环语句的循环体中

12. 以下程序段的输出结果是（　　）。

```
int n=10;
while(n>7)
{n--;
printf("%d",n); }
```

A. 987　　B. 9876　　C. 1098　　D. 10987

二、填空题

1. 此程序用来输出最大值和最小值，输入 0 时结束。

```
#include"stdio.h"
main()
{  float x, max, min;
scanf("%f",&x);
max=x;
min=x;
while(____(1)____)
{  if(x>max) max=x;
if(____(2)____) min=x;
    scanf("%f",&x);
  }
printf("\nmax=%f\nmix=%f\n",max,min);
 }
```

2. 根据公式求 a 和 b 的最大公约数。

$$gcd(a,b)=\begin{cases} a & b=0 \\ gcd(a-b,b) & b\neq0\text{ 且 }a\geqslant b \\ gcd(b,a) & b\neq0\text{ 且 }a<b \end{cases}$$

```
#include"stdio.h"
main()
{  int  a,b,t;
scanf("%d,%d",&a,&b);
while(____(1)____!=0)
{  if(a>=b)
   ____(2)____;
else
{t=a;a=b;b=t;}
          }
printf("%d\n",a);
}
```

3. 下面程序的功能是求 5!+6!+7!+8!+9!+10!。

```
 #include"stdio.h"
 main()
        {  double s=0,t;
           int i,j;
           for(i=5;i<=10;i++)
             {____(1)____;
              for(j=1;j<=i;j++)
```

```
            t=t*j;
          (2) ;
        }
    printf("%e\n",s);
    }
```

4. 计算并输出 500 以内最大的 10 个能被 13 或 17 整除的自然数之和。

```
#include"stdio.h"
main ()
{  int m=0, mc=0,k=500;
   while (k >= 2 && (1) )
    { if (k%13 == 0 || (2) )
       { m=m+k;
         mc++;
}
    k--;
    }
      printf("%d\n",m);
}
```

三、分析程序的运行结果

1. #include"stdio.h"

```
main()
{  int i,sum=0;
  for(i=1;i<=3;i++)
  sum+=i;
  printf("%d\n",sum);
}
```

2. #include"stdio.h"

```
main()
{  int x=23;
  do
  {  printf("%d",x--);
  }while(!x);
}
```

3. #include"stdio.h"

```
main()
{  int i=0,j=1;
        do
       {  j+=i++;
       }while(i<4);
       printf("%d\n",i);
}
#include"stdio.h"
main()
{  int x=1,total=0,y;
        while(x<=10)
        {  y=x*x;
           printf("%d  ",y);
           total+=y;
           ++x;
        }
    printf("\ntotal is%d\n",total);
}
#include"stdio.h"
```

```
main()
    {   int i,j,k;
        for(i=1; i<=2;i++)
        {  for(j=1;j<=3;j++)
           {  for(k=1;k<=4;k++)printf(" ");
              for(k=1;k<=j;k++)printf("* ");
                printf("\n");
           }
      printf("\n");
      }
  }
```

四、编程题

1. 从键盘依次输入一批数据(输入 0 结束)，求其最大值，并统计出其中的正数和负数的数量。
2. 有一个分数序列 1/2，2/3，3/4，4/5，5/6，…，求这个数列的前 20 项之和。
3. 输入 x 的值（$|x|<2$），按公式计算 s，直到最后一项的绝对值小于 10^{-5} 时为止。

$$s = x + \frac{x^2}{2} + \frac{x^3}{3} + \frac{x^4}{4} + \cdots$$

4. 如果一个数恰好等于它的因子之和，这个数就称为“完数”。例如，6 的因子为 1、2、3，而 6=l+2+3，因此 6 是“完数”。编程找出 1 000 以内的所有完数。

5. 一个球从 100m 高度自由下落，每次落地后返回原高度的一半，再落下。求它在第 10 次落地时共经过多少米？第 10 次反弹多高？

第6章 数组

前面章节介绍的是C语言的基本数据类型，用到的变量都是简单变量，在许多实际应用中，需要存储与处理大量的数据。例如，在数值计算中，向量和矩阵的运算不但有多个数据，而且各数据间有一定的次序。像这样数据量大、数据间有一定次序关系的问题，如果用简单的变量表示，不仅十分烦琐，而且很难描述它们之间的顺序关系，可以用数组存储数据。数组在C语言中是构造数据类型之一，本章主要介绍一维数组和多维数组的定义、初始化和引用，字符数组的使用等。

本章学习目标：

掌握一维数组和多维数组的定义、初始化和引用。

掌握字符串与字符数组的定义和使用。

能够利用数组编程，掌握排序、查找、插入、删除、置逆、循环左移、循环右移、打印杨辉三角形、矩阵转置等算法。

6.1 数组和数组元素

数组是一种数据结构，处于这种结构中的变量具有相同的性质，并按一定的顺序排列，C 数组中的每个分量称为数组元素，每个元素都有一定的位置，所处的位置用下标表示。数组的特点是：数组元素排列有序且数据类型相同。因此，在数值计算与数据处理中，数组常用于处理具有相同类型的、批量有序的数据。

在C语言中，数组的元素用数组名及其后带方括号[ ]的下标表示，例如：

```
data[10],a[2][4],sum[3][3][5]
```

其中：

（1）data、a、sum 称为数组名，它们是由用户定义的标识符。

（2）带有一个方括号的数组称为一维数组，带有两个方括号的数组称为二维数组，二维及二维以上的数组统称为多维数组。

（3）数组的元素必须是同一类型，类型是在声明数组时规定的。数组可以是基本类型，也可以是构造类型。本章介绍基本类型的数组，构造类型的数组将在后面介绍。

（4）方括号中的下标表示该数组元素在数组中的相对位置。数组元素是一个带下标的变量，称为下标变量，一个数组元素用一个下标变量标识。在内存中，每个数组元素都分配一个存储单元，同一数组的元素在内存中连续存放，占有连续的存储单元。存储数组元素时，按其下标递增的顺序存储各元素的值。下标是整型常量或整型变量，并且从 0 开始。例如，上面的数组 data，它的第一个元素是 data[0]。

（5）数组名表示数组存储区域的首地址，数组的首地址也就是第一个元素的地址。例如，上面的数组 data，它的首地址是 data 或&data[0]，数组名是一个地址常量，不能向它赋值。

（6）数组变量与基本类型变量一样，也具有数据类型和存储类型。数组的类型就是它所有元素的类型。C 语言的数组可以存放各种类型的数据，但同一数组中的所有元素必须为同一数据类型。

数组的使用简化了一个集合中每一项（元素）的命名，方便了数据的存取。在编译程序时，根据数组的类型，在相应的存储区分配相应的存储空间。

在数值计算和数据处理中，向量、矩阵、表格和批量实验数据等，都可以用一个数组表示。

【例 6-1】用数组表示向量 D 和矩阵 A。

$$D=(d0,d1,d2,d3,d4,d5,d6,d7,d8,d9)$$

$$A=\begin{pmatrix} a_{00} & a_{01} & a_{02} \\ a_{10} & a_{11} & a_{12} \\ a_{20} & a_{21} & a_{22} \\ a_{30} & a_{31} & a_{32} \end{pmatrix}$$

向量 D 可以用数组 d 表示，其中的每一个分量为一个数组元素，表示为：

d[0]，d[1]，d[2]，d[3]，d[4]，d[5]，d[6]，d[7]，d[8]，d[9]

矩阵 A 可以用数组 a 表示，其数组元素及排列顺序为：

a[0][0]a[0][1]a[0][2]
a[1][0]a[1][1]a[1][2]
a[2][0]a[2][1]a[2][2]
a[3][0]a[3][1]a[3][2]

数组名 d 为数组中的所有元素共用。在数组 d 中，不同的下标值既区别不同的元素，也表示它们在数组中的位置。例如，d[9]是数组 d 的最后一个元素，它的前一个元素是 d[8]。同理，a[2][2]是 a 数组的一个元素，它所在行的前一个元素是 a[2][1]，所在列的下一个元素是 a[3][2]。

按数组的结构形式，一维数组 d 中的元素按线性排列，元素的序号（位置）用一个下标表示。二维数组 a 中的元素按“行列式”排列，元素的位置用行和列两个下标表示。

6.2 一维数组

6.2.1 一维数组的定义和使用

1. 一维数组的定义

一维数组的定义方式如下。

```
类型说明 数组名[常量表达式];
```

例如：

```
int a[10];
```

它表示数组名为 a，有 10 个元素的数组。内存中一维数组 a 的元素及存储形式（方框内的值为数组元素的值）如图 6-1 所示。

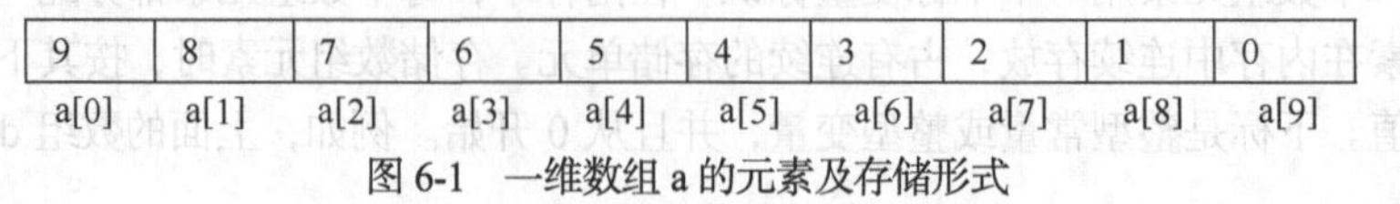

图 6-1 一维数组 a 的元素及存储形式

（1）数组名后是用方括号括起来的常量表达式，不能用圆括号。例如，“int a(10);”是非法的。

（2）常量表达式表示数组元素数，即数组的长度。C 语言规定数组元素下标从 0 开始，每维下标的最大值由相应的维定义数值减 1 确定，即维定义数值减 1 是下标的最大值。例如，int a[10]；维定义数值是 10，下标的最大值是 9，共 10 个元素。下标从 0 开始，这 10 个元素是 a[0]、a[1]、a[2]、a[3]、a[4]、a[5]、a[6]、a[7]、a[8]、a[9]，不存在数组元素 a[10]。

（3）常量表达式是整型常量或者是用标识符定义的常量，不能包含变量。即在 C 语言中，不允许用变量定义数组的大小。例如：

```
int n;
scanf("%d",&n);
int a[n];
```

是不合法的。

```
#define N 5
int a[N];
```

是合法的。

2．一维数组元素的引用

数组与基本类型变量不同，不能引用整个数组，只能引用数组中的某一个元素。也就是说，在表达式中，数组只能以数组元素的形式存在。数组元素的表示形式为：

```
数组名[下标]
```

其中，下标是一个整型表达式。例如，对数组 int a[10];进行的操作为：

```
a[0]=1; a[2]=a[3]+a[5];
```

都是合法的一维数组引用。

【例 6-2】一维数组元素的引用。

```
#include <stdio.h>
main()
{ int k,a[10];
for(k=0; k<=9;k++)
a[k]=k+1;
for(k=9;k>=0;k--)
printf("%d  ",a[k]);
}
```

运行结果：

```
10  9  8  7  6  5  4  3  2  1
```

6.2.2　一维数组的初始化

数组元素的值可以用赋值语句或输入语句赋值，但会占用运行时间。也可以在声明数组时，对数组元素赋值，这称为数组的初始化。在程序编译时，数组就得到初值。一维数组初始化的一般形式为：

```
类型说明 数组名[数组长度]={常量表达式 1,常量表达式 2,…};
```

例如：

```
int a[10]={ 0,1,2,3,4,5,6,7,8,9};
```

是正确的一维数组初始化。经过上面的初始化后，a[0]=0，a[1]=1，a[2]=2，a[3]=3，a[4]=4，a[5]=5，a[6]=6，a[7]=7，a[8]=8，a[9]=9。

（1）数组的长度可以省略，若不指明数组长度，则在设置数组初值时，系统自动按初值的数量分配足够的空间。例如：

```
a[]={ 0,1,2,3,4,5,6,7,8,9};
```

与上面说明的结果相同，一共分配了10个空间，该数组的长度为10。

（2）若指明了数组的长度，而花括号中的常量数小于数组的长度，则只给相应的数组元素赋值，其余赋0值。例如：

```
int a[10]={0,1,2,3,4};
```

其结果为：

```
a[0]=0,a[1]=1,a[2]=2,a[3]=3,a[4]=4,a[5]=0,a[6]=0,a[7]=0,a[8]=0,a[9]=0
```

在对部分数组元素赋初值时，由于数组长度与提供的初值数不相同，所以数组长度不能省略。例如，上面定义中省略数组长度10后写成：

```
int a[]={0,1,2,3,4};
```

说明

系统认为a数组有5个元素，而不是10个元素。

（3）若数组长度小于初值数，例如：

```
int a[4]={1,2,3,4,5};
```

则会产生编译错误。

（4）如果想使一个数组中的全部元素值为0，可以写成：

```
int a[10]={0,0,0,0,0,0,0,0,0,0};  或int a[10]={0};
```

（5）当数组被声明为静态（static）或外部存储类型（即在所有函数外部定义）时，在不给初值的情况下，数组元素将在程序编译阶段自动初始化为0。例如：

```
static int a[5];
```

相当于：

```
static int a[5]={0,0,0,0,0};
```

（6）如果不为非静态（static）数组或非外部存储类型的数组赋初值，则数组元素取随机值。

【例6-3】输出不同数组的初值。

```
#include <stdio.h>
main()
{  int i,a[10];
   static int b[10];
   for(i=0;i<10;i++)
   printf("%d ",a[i]);
   printf("\n");
   for(i=0;i<10;i++)
   printf("%d ",b[i]);
}
```

运行时输出：

```
42 1165 72 0 0 -32 1366 0 64 3129   /*给数组a赋10个随机值*/
0 0 0 0 0 0 0 0 0 0                 /*数组b是静态数组，自动赋初值为0*/
```

【例6-4】整数数组的初始化。

```
#include <stdio.h>
main()
{  int a[]={0,1,2,3,4};
   int k;
   for(k=0;k<5;k++)
   printf("%d ",a[k]);
}
```

运行结果：

```
0 1 2 3 4
```

6.2.3 一维数组应用举例

【例 6-5】用比较交换法（也叫顺序排序法）将一列数值按从大到小排列。

设有 *n* 个数据，存放到 a[1]～a[*n*]的 *n* 个数组元素中。

（1）通过比较交换，将数组元素 a[1]～a[*n*]中的最大值放入 a[1]中。

（2）再次比较交换，将数组元素 a[2]～a[*n*]中的最大值放入 a[2]中。

（3）以此类推，将 a[*i*]～a[*n*]中的最大值存入 a[*i*]中，直到最后两个元素 a[*n*−1]与 a[*n*]进行一次比较，依条件交换，较大值存入 a[*n*−1]中，即达到了按从大到小排序。

为了把数组元素的最大值存入 a[1]中，将 a[1]依次与 a[2]，a[3]，…，a[*n*]比较，每次比较时，若 a[1]小于 a[*i*](*i*=2,3,…,*n*)，则 a[1]与 a[*i*]交换；否则 a[1]不与 a[*i*]交换。这样重复进行 *n*−1 次比较并依条件交换后，a[1]中就存入了最大值。

用以下 6 个元素描述这种比较与交换的第 1 轮过程。

a[1]	a[2]	a[3]	a[4]	a[5]	a[6]	
5	2	4	3	1	6	
5	2	4	3	1	6	5 和 2 比不交换
5	2	4	3	1	6	5 和 4 比不交换
5	2	4	3	1	6	5 和 3 比不交换
5	2	4	3	1	6	5 和 1 比不交换
6	2	4	3	1	5	5 和 6 比交换
6	2	4	3	1	5	

以上是第 1 轮比较与交换的过程。重复上述过程，将 a[2]～a[*n*]中的最大值存入 a[2]中。即再将 a[2]依次与 a[3]，a[4]，…，a[*n*]比较，共做 *n*−2 次比较，依条件交换，将 a[2]～a[*n*]这余下的 *n*−1 个元素中的最大值存到 a[2]中，…，以此类推，直到最后两个元素 a[*n*−1]与 a[*n*]中的较大值存入 a[*n*−1]中，排序结束。算法的 N-S 流程图如图 6-2 所示。

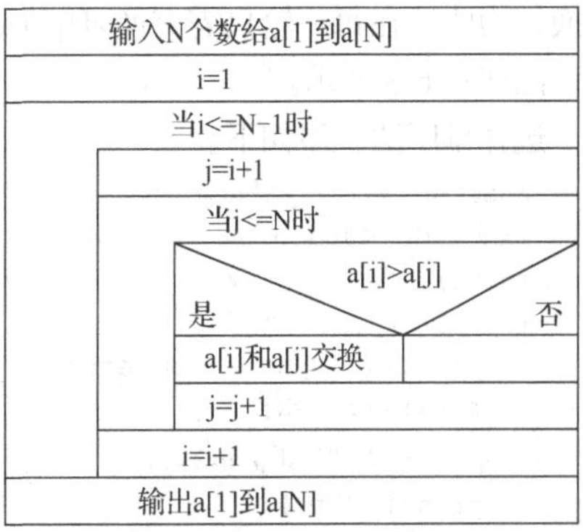

输入N个数给a[1]到a[N]
i=1
当i<=N−1时
j=i+1
当j<=N时
a[i]>a[j]
是
否
a[i]和a[j]交换
j=j+1
i=i+1
输出a[1]到a[N]

图 6-2 比较交换法的 N-S 流程图

用比较交换法排序 6 个元素的过程如下。

	a[1]	a[2]	a[3]	a[4]	a[5]	a[6]
初始数据	5	7	4	3	8	6
第 1 轮	8	5	4	3	7	6
第 2 轮	8	7	4	3	5	6
第 3 轮	8	7	6	3	4	5
第 4 轮	8	7	6	5	3	4
第 5 轮	8	7	6	5	4	3

用比较交换法排序的程序如下。

```
#define N  6
#include <stdio.h>
main()
{  int i,j,t,a[N+1];
   printf("Input N numbers: \n");
```

```
    for(i=1; i<=N;i++)
      scanf("%d",&a[i]);
    printf("\n");
    for(i=1;i<=N-1;i++)
      for(j=i+1; j<=N; j++)
        if(a[i]<a[j])
          {t=a[i];a[i]=a[j];a[j]=t;}
printf("the sorted numbers:\n");
    for(i=1; i<=N;i++)
      printf("%3d",a[i]);
}
```

运行时输入：

```
Input N numbers:
5 7 4 3 8 6
```

运行结果：

```
The sorted numbers:
8 7 6 5 4 3
```

在程序排序过程中，为与人们的习惯相符而未用元素 a[0]，对 6 个数据排序，定义数组长度为 7。

【例 6-6】用选择排序法从大到小排序。

例 6-5 所用的比较交换法比较容易理解，但交换的次数较多。若数据量较大，排序的速度就较慢。可以对这一方法进行改进，在每一轮比较中，不是每当 a[*i*] < a[*j*]时就交换，而是用一个变量 *k* 记下其中值较大的元素的下标，在 a[*i*]与 a[*i*+1]～a[*n*]都比较后，只将 a[*i*]与 a[*n*]中值最大的那个元素交换，为此，在每一轮只需交换 a[*i*]与 a[*k*]即可，这种方法称为“选择排序法”。选择排序法的 N-S 流程图如图 6-3 所示。

选择排序法程序如下。

```
#define N 6
#include <stdio.h>
main()
{  int i,j,t,k,a[N+1];
   printf("Input N numbers:\n");
   for(i=1;i<=N;i++)
     scanf("%d",&a[i]);
   printf("\n");
   for(i=1;i<=N-1;i++)
   {
     k=i;
     for(j=i+1;j<=N;j++)
       if(a[j]>a[k])
       k=j;
     if(k!=i)
   {t=a[i];a[i]=a[k];a[k]=t;}
   }
   printf("The sorted numbers:\n");
   for(i=1;i<=N;i++)printf("%3d",a[i]);
}
```

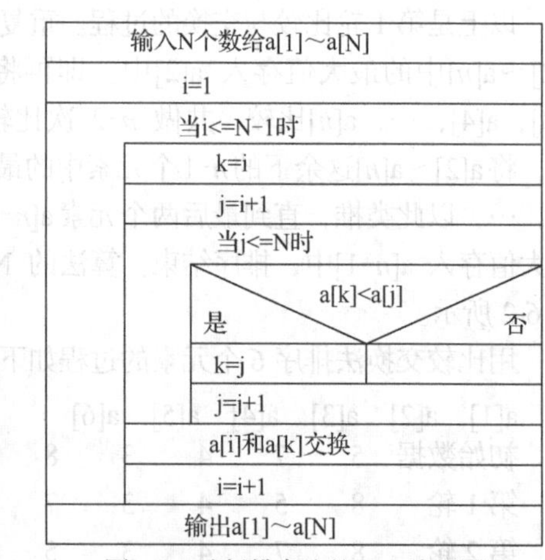

图 6-3　选择排序法的 N-S 流程图

运行输入：

```
Input N numbers:
5 7 4 3 8  6
```

运行结果：

```
The sorted numbers:
8 7 6 5 4 3
```

【例 6-7】将一维数组中的 *n* 个数逆序输出（以 7 个数为例）。

```
a[0]  a[1]  a[2]  a[3]  a[4]  a[5]  a[6]
1     2     3     4     5     6     7          逆序前
7     6     5     4     3     2     1          逆序后
```

将数组元素逆序存放的算法如图 6-4 所示，逆序实质上是将数组中前后对应位置上的两个元素交换。为实现图示的两两交换，设置两个代表数组元素下标的变量 i 和 j。i 的初值为 0，指向第一个元素的位置；j 的初值为 n-1（n 为元素数），表示最后一个元素的位置，a 为数组首地址。在 for 循环中，每进行一次两数交换，i 自增 1，j 自减 1，直到 i≥j（即成对的元素交换完）为止。

```
#define N 7
#include<stdio.h>
main()
{  int a[N],i,j,t;
   for(i=0;i<=N-1;i++)
   scanf("%d",&a[i]);
   printf("\n");
   for(i=0,j=N-1;i<j;i++,j--)
   {t=a[i];a[i]=a[j];a[j]=t;}
   for(i=0;i<=N-1;i++)
   printf("%5d",a[i]);
}
```

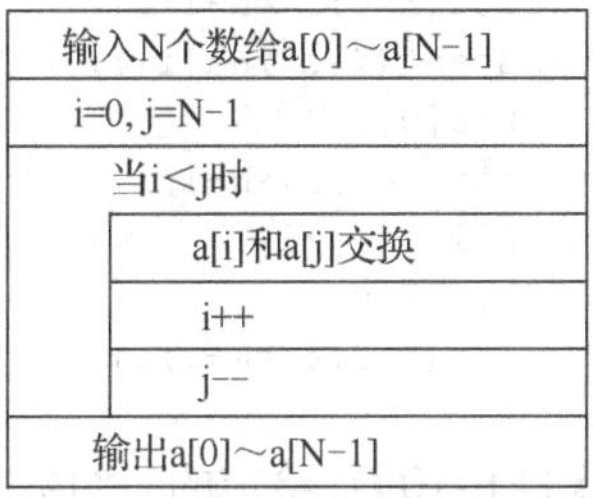

输入N个数给a[0]～a[N-1]	
i=0, j=N-1	
当i<j时	
	a[i]和a[j]交换
	i++
	j--
输出a[0]～a[N-1]	

图 6-4　将 *n* 个数置逆的算法 N-S 流程图

【例 6-8】利用顺序查找法，查找一个数据是否存在于给定的数据中，若存在，则输出元素位置，否则输出不存在的信息。

给定的数据可以用数组存储，顺序查找法的思想是从第一个元素开始，依次向后与要找的元素相比，若相同，则查找结束，输出位置，若不同，则继续查找，直到最后一个元素，给出不存在的信息。顺序查找法的 N-S 流程图如图 6-5 所示。

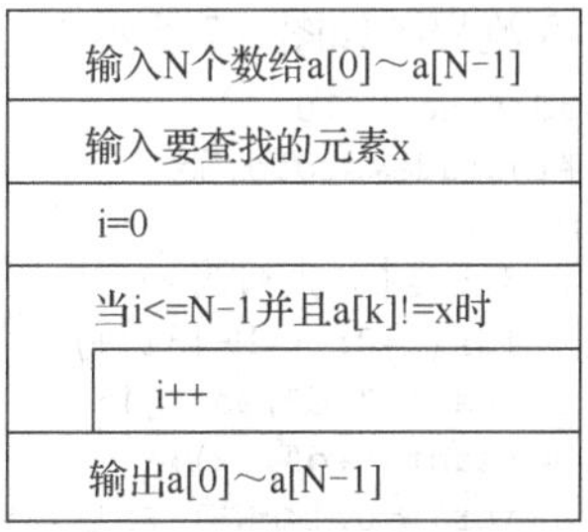

输入N个数给a[0]～a[N-1]	
输入要查找的元素x	
i=0	
当i<=N-1并且a[k]!=x时	
	i++
输出a[0]～a[N-1]	

图 6-5　顺序查找法的 N-S 流程图

程序如下。

```
#define N 10
#include<stdio.h>
main()
{  int a[N], i,x;
        for(i=0;i<=N-1;i++)
    scanf("%d",&a[i]);
    printf("\n ");
    scanf("%d",&x);
    for(i=0;i<=N-1&&a[i]!=x;i++);/*注意因为循环体中没有其他语句，所以要用一条空语句*/
    if(i>=N)
    printf("not found\n");
    else
         printf("found %d\n",i);
}
```

运行时输入：

```
45 6 7 8 9 54 23 12 23 10
please input x
12
```

输出：

```
found 7
```

【例 6-9】循环左移 1 位。

```
左移前 1 2 3 4 5 6 7…n-1 n
```

左移后 2 3 4 5 6 7 8…n 1

算法思想：先把第一个元素保存起来，然后从第二个元素开始到最后一个元素，依次向左移，最后把保存的第一个元素放在最后一位。算法的 N-S 流程图如图 6-6 所示。

程序如下。

```
#define N 10
#include<stdio.h>
main()
{  int a[N], i,x;
   for(i=0;i<=N-1;i++)
   scanf("%d",&a[i]);
   x=a[0];
   for(i=1;i<=N-1;i++)
   a[i-1]=a[i];
   a[N-1]=x;
   for(i=0;i<=N-1;i++)printf("%5d",a[i]);
}
```

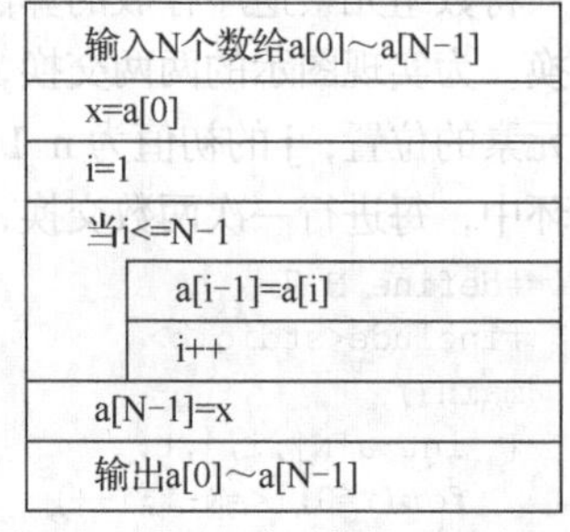

图 6-6　循环左移 1 位的 N-S 流程图

【例 6-10】在给定的一组数据中查找一个数据是否存在，若存在则删除该元素，否则输出不存在的信息。

算法思想：首先可以利用顺序查找法查找，若找到，则可以利用左移的方法把数据删除。算法的 N-S 流程图如图 6-7 所示。

```
#define N 10
#include<stdio.h>
main()
{  int a[N], j,i,x;
   for(i=0;i<=N-1;i++)
   scanf("%d",&a[i]);
   scanf("%d",&x);
   for(i=0;i<=N-1&&a[k]!=x;i++);
/*注意因为循环体中没有其他语句，所以要用一条空语句*/
if(i>=N)
{ printf("not found\n");
  for(i=0;i<=N-1;i++)
  printf("%5d",a[i]);
}
else
{ for(j=i;j<N-1;j++)
  a[j]=a[j+1];
  for(i=0;i<N-1;i++)
  printf("%5d",a[i]);
}
}
```

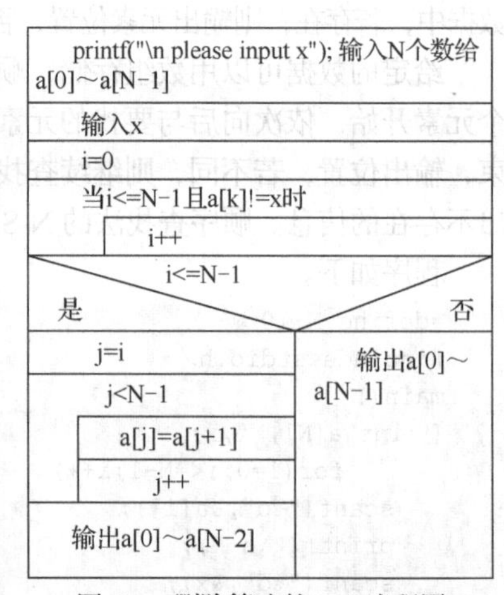

图 6-7　删除算法的 N-S 流程图

运行时输入：

```
45 6 7 8 9 54 23 12 23 10
12
```

输出结果：

```
45 6 7 8 9 54 23 23 10
```

【例 6-11】在给定数组中下标为 i 的位置插入一个元素。

插入前 12 34 45 65 1 2 98 56

插入后 12 34 45 65 99 1 2 98 56（在第 5 个位置插入 99）

分析：从上面可以看出数组中位置 i 以前的元素没有动，位置 i 以后的元素依次向右移动 1 位，然后把要插入的元素放在第 i 位置。算法主要进行把从位置 i 的元素到最后一个元素向右移动的操作，但应注意从最后一个元素开始移动，还有因为插入一个元素后，数组增加了一个元素，所以在定义数组时应有足够的空间。插入算法的 N-S 流程图如图 6-8 所示。

程序如下。

```
#define N 10
#include<stdio.h>
main()
{  int a[N+1],i,j,x;
   for(i=0;i<=N-1;i++)
   scanf("%d",&a[i]);
   scanf("%d%d",&i,&x);
   for(j= N-1;j>=i;j--)
   a[j+1]=a[j];
   a[i]=x;
   for(i=0;i<=N;i++)
   printf("%5d",a[i]);
}
```

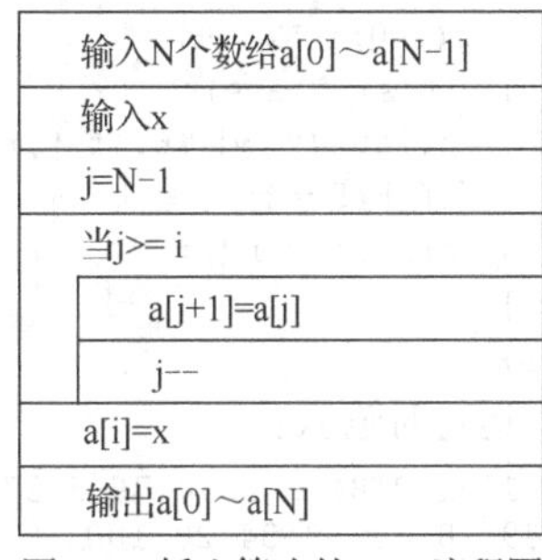
输入N个数给a[0]～a[N-1]
输入x
j=N-1
当j>= i
a[j+1]=a[j]
j--
a[i]=x
输出a[0]～a[N]
图 6-8 插入算法的 N-S 流程图

运行时输入：

```
1 2 3 4 5 6 7 8 9 10 6 99
```

输出结果：

```
1 2 3 4 5 6 99 7 8 9 10
```

【例 6-12】输入 20 名学生的学号和一门课程的考试成绩。把高于平均分的学生的学号和成绩打印出来。

按照题意，一名学生的数据包含两项内容：学号和一门课程的成绩。为了存放学生数据，可以定义两个数组，一个是整型数组，用来存放 20 名学生的学号，一个是实型数组，用来存放 20 名学生的成绩。一名学生的数据（包含学号和一门课程成绩）放在下标值相同的两个数组的数组元素中。如果用数组 n 存放学号，用数组 s 存放成绩，则 n[*i*]和 s[*i*]就代表第 *i* 名学生的学号和成绩。

如果只需求出 20 名学生的平均分，而不像例 6-12 要求打印出高于平均分的学生数据，问题就变得十分简单，只需像以下程序段那样，利用 3 个变量，读一个数累加一个，最后把得到的总和除以人数即可。

```
sum=0.0;
for(i=0;i<20;i++)
{scanf("%f",&x);   sum+=x;}
ave=sum/20;
```

为了把高于平均分的学生的学号和成绩打印出来，必须在求得平均分之前，把所有学号和对应的成绩保存起来，并且在求得平均分后，再把保存的成绩与平均分比较，把大于等于平均分的成绩和与之对应的学号打印出来。为此，使用两个一维数组来存放学生数据将使程序十分简练。

定义了符号常量 M，用来表示学生人数，因此数据的长度、循环的次数都可以用它来表示。如果程序要改成对 100 名学生的数据进行处理，则只需改动#define 语句，然后重新编译连接一次即可，而无须改动程序中的任何其他地方。

程序如下。

```
#define M 20
#include <stdio.h>
main()
{  int n[M],i ,j,k;float sum=0.0,s[M],ave;
    for(i=0;i<M;i++)
      scanf("%d%f",&n[i],&s[i]);
```

```
    for(i=0;i<M;i++)
      sum+=s[i];
      ave=sum/M;
  printf("%f\n",ave);
  k=0;
  for(i=0;i<M;i++)
  {  if(s[i]>ave)
     printf("%3d %6.1f ",n[i],s[i]);k++;
     if(k%5==4)
     printf("\n");
  }
  }
```

运行时输入：

```
1 75 2 86 3 65 4 76 5 87 6 56 7 45 8 98 9 56 10 99 11 98 12 56 13 45 14 77 15 88 16 66
17 89 18 78 19 34 20 100
```

输出结果：

```
73.750000
1  75.0  2  86.0  4  76.0  5  87.0  8  98.0
10  99.0  11 98.0  14  77.0 15  88.0 17  89.0
18  78.0  20 100.0
```

【例 6-13】输入 20 名学生一门课程的成绩，统计各分数段的人数。

如果以 10 分为一个分数段，则 0～100 分共有 11 个分数段，因此需要 11 个计数器，如果用普通的整型变量 C0，C1，…，C10 作为计数器，则起码要 11 条判断语句，才能对输入的每一个成绩进行恰当的计数。如果定义一个整型数组：

```
int c[11];
```

将数组的各个元素作为计数器，再深入一步分析可以发现：成绩与下标有密切的关系。0～9 分用下标为 0 的计数器统计，11～19 分用下标为 1 的计数器统计……成绩所在分数段与下标存在简单的对应关系。

```
scanf("%d",&s);
k=s/10;
c[k]=c[k]+1;
```

读一个成绩计数一次，把成绩的分值转换成对应的下标 k，直接用 k 来引用对应的计数器，从而省略了 11 次比较，提高了程序的效率。

利用数组作为一组计数器，直接通过下标引用相应的计数器是数组的典型应用，在遇到类似的问题时，可以考虑采用这样的数据结构，这不仅简化了程序，而且使程序的运行效率较高。

程序如下。

```
#define N 20
#include <stdio.h>
main()
{  int c[11]={0},s,j,k;
for( j=1;j<=20;j++)
{ scanf("%d",&s);
k=s/10;
c[k]=c[k]+1;}
for(j=0;j<=9;j++)
printf("%3d--%3d%3d\n",j*10,j*10+9,c[j]);/*输出 0～99 分各段的人数*/
printf("100      %d\n",c[10]);               /*输出 100 分的人数*/
}
```

运行时输入：

```
15 67 89 98 87 76 56 45 98 87 76 99 100 100 23 78 77 88 99 56
```

输出结果：

```
  0-- 9  0
     10-- 19  1
     20-- 29  1
     30-- 39  0
     40-- 49  1
     50-- 59  2
     60-- 69  1
  70-- 79  4
  80-- 89  4
  90-- 99  4
  100     2
```

6.3 多维数组

C 语言除了能处理一维数组以外，还可以处理多维数组（如二维数组、三维数组等）。本节主要介绍二维数组的定义、引用和初始化。

6.3.1 二维数组的定义和引用

1. 二维数组的定义

二维数组是用两个下标表示的数组。定义二维数组的一般形式为：

类型说明 数组名[常量表达式][常量表达式];

其中，第 1 个常量表达式表示数组第一维的长度（行数），第 2 个常量表达式表示数组第二维的长度（列数）。例如：

```
int a[3][4];
```

定义 a 为 3×4（3 行 4 列）的二维数组，其元素及逻辑结构如下。

```
         第0列     第1列     第2列     第3列
第0行  a[0][0]   a[0][1]   a[0][2]   a[0][3]
第1行  a[1][0]   a[1][1]   a[1][2]   a[1][3]
第2行  a[2][0]   a[2][1]   a[2][2]   a[2][3]
```

可见，二维数组 a 的数组元素的行下标为 0～2，列下标为 0～3，共 12 个元素。

（1）表示行数和列数的常量表达式必须分别在两个方括号中，不能写成 int a[2,3]。

（2）二维数组（包含更多维数组）在内存中以行为主序的方式存储，即在内存中先存放第 1 行的元素，再存放第 2 行的元素。例如：

```
int a[2][2];
```

a 的存储顺序如图 6-9 所示。

a[0][0]
a[0][1]
a[1][0]
a[1][1]

图 6-9 数组 a 的存储顺序

（3）多维数组可以看成是其元素也是数组的数组。例如，二维数组 a[3][4]可以看成是由 a[0][4]、a[1][4]、a[2][4] 3 个数组组成的数组，这 3 个数组的数组名分别为 a[0]、a[1]和 a[2]，它们都是一维数组，各有 4 个元素。其中，数组名为 a[0]的数组元素有：

```
a[0][0]、a[0][1]、a[0][2]、a[0][3]
```

数组名为 a[1]的数组元素有：

```
a[1][0] 、a[1][1] 、a[1][2] 、a[1][3]
```

数组名为 a[2]的数组元素有：

```
a[2][0]、a[2][1] 、a[2][2] 、a[2][3]
```

这种逐步分解、降低维数的方法对于理解多维数组的存储方式、多维数组的初始化以及以后的指针表示都有很大的帮助。

2. 二维数组元素的引用

多维数组被引用的是它的元素，而不是它的名称。名称表示该多维数组第一个元素的首地址。二维数组元素的表示形式为：

```
数组名[下标][下标]
```

多维数组的元素与一维数组的元素一样可以参加表达式运算。例如：

```
b[1][2]=a[1][0];
```

【例 6-14】输入一个二维数组的值，并将其在数组中的内容及地址显示出来。

```
#include <stdio.h>
main()
  { int a[2][3];
    int i;
    for(i=0;i<2;i++)
    { printf("Enter a[%d][0],a[%d][1],a[%d][2]\n",i,i,i);
       scanf("%d,%d,%d",&a[i][0],&a[i][1],&a[i][2]);
    }
    for(i=0;i<2;i++)
   {printf("a[%d][0]=%d,addr=%x\n",i,a[i][0],&a[i][0]);
    printf("a[%d][1]=%d,addr=%x\n",i,a[i][1],&a[i][1]);
    printf("a[%d][2]=%d,addr=%x\n",i,a[i][2],&a[i][2]);
    }
  }
```

程序运行时提示：

```
Enter a[0][0],a[0][1],a[0][2]
```

输入：

```
10, 20, 30
```

提示：

```
Enter a[1][0],a[1][1],a[1][2]
```

输入：

```
40, 50, 60
```

运行结果：

```
a[0][0]=10,addr=ffd2
a[0][1]=20,addr=ffd4
a[0][2]=30,addr=ffd6
a[1][0]=40,addr=ffd8
a[1][1]=50,addr=ffda
a[1][2]=60,addr=ffdc
```

上述 addr 值在不同的机器环境下有所不同。

6.3.2 二维数组的初始化

二维数组也与一维数组一样，可以在声明时初始化。二维数组的初始化要特别注意各个常量数据的排列顺序，这个排列顺序与数组各元素在内存中的存储顺序完全一致。可以用以下方法初始化二维数组。

（1）按行给二维数组赋初值。例如：

```
int a[3][4]={{1,2,3,4},{5,6,7,8},{9,10,11,12}};
```

这种赋初值方法比较直观，把第 1 个花括号内的数据赋给第 1 行的元素，第 2 个花括号内的数据赋给第 2 行的元素……即按行赋初值。

（2）可以将所有数据写在一个花括号内，按数组排列的顺序对各元素赋初值。例如：

```
int a[3][4]={1,2,3,4,5,6,7,8,9,10,11,12};
```

效果与前面相同。但以第一种方法为好，1 个括号对一行，界限清楚。用第二种方法，如果数据多，写成一大片，则容易遗漏，也不易检查。

（3）可以对部分元素赋初值，例如：

```
int a[3][4]={{1},{5},{9}};
```

该语句的作用是只对各行第 1 列的元素赋初值，其余元素值自动为 0。赋初值后，数组各元素为：

$$\begin{pmatrix} 1 & 0 & 0 & 0 \\ 5 & 0 & 0 & 0 \\ 9 & 0 & 0 & 0 \end{pmatrix}$$

也可以对各行中的某一元素赋初值。

```
int a[3][4]={{1},{0,6},{0,0,11}};
```

初始化后的数组元素如下。

$$\begin{pmatrix} 1 & 0 & 0 & 0 \\ 0 & 6 & 0 & 0 \\ 0 & 0 & 11 & 0 \end{pmatrix}$$

也可以只对某几行元素赋初值。

```
int a[3][4]={{1},{5,6}};
```

（4）如果对全部元素都赋初值（即提供全部初始数据），则定义数组时，可以不指定第一维的长度，但第二维的长度不能省。例如：

```
int a[3][4]={1,2,3,4,5,6,7,8,9,10,11,12};
```

与下面的定义等价。

```
int a[][4]= {1,2,3,4,5,6,7,8,9,10,11,12};
```

系统会根据数据总数分配存储空间，一共 12 个数据，每行 4 列，当然可确定为 3 行。

也可以只对部分元素赋值，而在定义时省略第一维的长度，但应分行赋初值。例如：

```
int a[][4]={{0,0,3},{},{0,1,0}};
```

这样的写法会通知编译系统：数组共有 3 行。数组各元素为：

$$\begin{pmatrix} 0 & 0 & 3 & 0 \\ 0 & 0 & 0 & 0 \\ 0 & 1 & 0 & 0 \end{pmatrix}$$

【例 6-15】初始化一个数组，然后输出其值。

```
#include <stdio.h>
main()
{int i,j,a[3][3]={{1,2,3},{4,5,6},{7,8,9}};    /*定义数组时进行初始化*/
   for(i=0;i<=2; i++)
   {  printf("\n");    /*换行*/
     for(j=0;j<=2;j++)
     printf("%3d",a[i][j]);
   }
}
```

运行结果：

```
1 2 3
4 5 6
7 8 9
```

6.3.3 二维数组程序举例

【例 6-16】有一个 3×4 的矩阵，要求编写程序求出第 *i* 行、第 *j* 列元素的值。

```
#include <stdio.h>
main()
{int i,j;
int a[3][4]={{1,2,3,4},{5,6,7,8},{9,10,11,12}};
printf("input integer i:");
scanf("%d",&i);
printf("input integer j:");
scanf("%d",&j);
printf("a[%d][%d]=%d",i,j,a[i][j]);
}
```

运行输入：

```
input integer i:2
input integer j: 3
```

运行结果：

```
a[2][3]=12
```

【例 6-17】打印杨辉三角形。

```
    1
    1   1
1   2   1
1   3   3   1
1   4   6   4   1
1   5   10  10  5   1
…
```

分析：从上面的部分杨辉三角形可以找到其值的规律。每一行的第 1 个和最后一个值都是 1，其余的元素是上一行当前列的元素和上一行前一列的元素之和，如果用数组 y 来存储杨辉三角形，则 y[*i*][*j*]=y[*i*-1][*j*]+y[*i*-1][*j*-1](1≤*j*≤*i*-1)。算法 N-S 流程图如图 6-10 所示。

程序如下。

```
#define N 10
#include <stdio.h>
main()
{  int i,j;
   int y[N][N];
   for(i=0;i<N;i++)
   {  y[i][0]=y[i][i]=1;
       for(j=1;j<=i-1;j++)
   y[i][j]=y[i-1][j]+y[i-1][j-1];
   }
   for(i=0;i<N;i++)
   {   for(j=0;j<=i;j++)                    /*注意杨辉三角形中只有前 i 个元素*/
            printf("%6d",y[i][j]);          /*利用%6d 的格式控制输出的数据对齐*/
             printf("\n");                  /*一行输出完后换行*/
   }
}
```

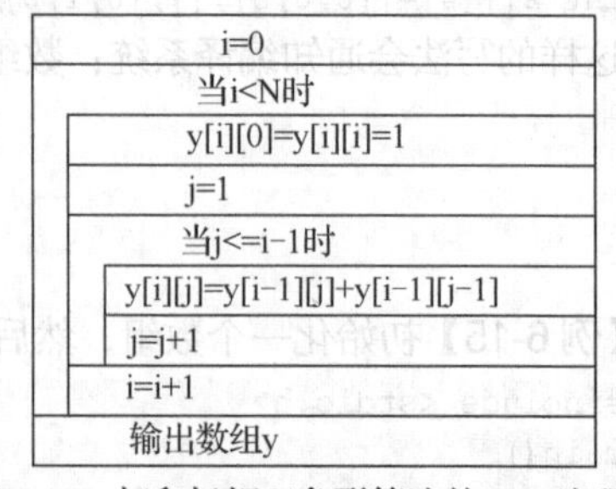

图 6-10 打印杨辉三角形算法的 N-S 流程图

【例 6-18】输入一个 3×3 的数组，将其行和列互换（也称为矩阵转置）。

此算法有两种处理方式：一是利用原有空间就地转置，二是另外申请空间，利用另一个数组来存储。

方法 1：

转置前	转置后
1 2 3	1 4 7
4 5 6	2 5 8
7 8 9	3 6 9

比较一下会发现：转置前的数据以主对角线为分界线，上三角和下三角进行交换后就得到转置后的数据，所以数组的转置可以以上三角为基准和下三角交换，也可以以下三角为基准和上三角交换。算法 N-S 流程图如图 6-11 所示。

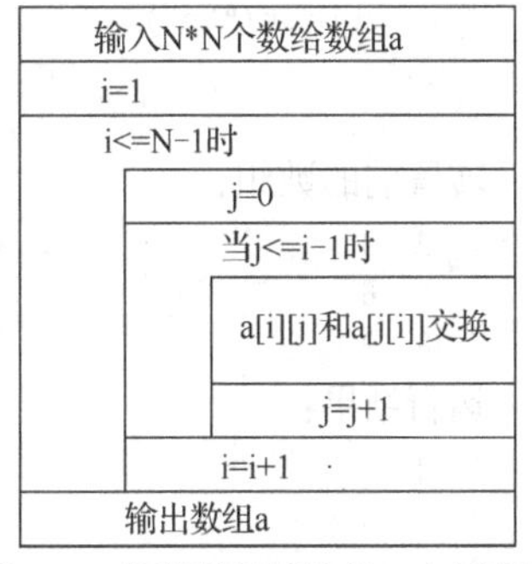

图 6-11　矩阵转置算法的 N-S 流程图

程序如下。

```
#define N 3
#include <stdio.h>

main()
{ int i,j,t, a[N][N];
  for(i=0;i<=N-1;i++)
        for(j=0;j<=N-1;j++)
        scanf("%d",&a[i][j]);/*输入数据*/
      for(i=1;i<= N-1;i++)
        for(j=0;j<i-1;j++)
         {t=a[i][j]; a[i][j]=a[j][i]; a[j][i]=t;}
      for(i=0;i<=N-1; i++)
      {
        for(j=0;j<=N-1;j++)
          printf("%3d",a[i][j]);
        printf("\n");                /*输出数据*/
      }
}
```

转置前的数组：

```
1  2  3
4  5  6
7  8  9
```

运行结果：

```
1  4  7
2  5  8
3  6  9
```

方法 2：利用数组 b 存储转置后的数据，因为两个数组之间存在 b[i][j]=a[j][i]，所以利用双重循环对数组 b 赋值即可。

程序如下。

```
#define N 3
#include <stdio.h>
main()
{ int i,j,b[N][N];
  int a[N][N]=({1,2,3},{4,5,6},{7,8,9});
  for(i=0;i<=N-1;i++)
  for(j=0;j<=N-1;j++)
    b[j][i]=a[i][j];
```

```
    for(i=0;i<=N-1; i++)
    {for(j=0;j<=N-1;j++)
        printf("%3d",b[i][j]);
     printf("\n");
    }
}
```

转置前的数组：

```
1  2  3
4  5  6
7  8  9
```

运行结果：

```
1  4  7
2  5  8
3  6  9
```

【例6-19】输入3名学生、5门课程的成绩，分别存放在3×6矩阵的前5列上，求出每个学生的平均成绩后，存放在该数组最后一列的对应行上。

程序如下。

```
#include<stdio.h>
main()
    {  float a[3][6],x,sum;
       int i,j;
       for(i=0;i<3;i++)
         for(j=0;j<5;j++)
         {  scanf("%f",&a[i][j]);
       for(i=0;i<3;i++)
       {  sum=0;
          for(j=0;j<5;j++)
          sum=sum+a[i][j];
          a[i][5]=sum/5;
        }
       for(i=0;i<3;i++)
       {  for(j=0;j<6;j++)
            printf("%5.1f",a[i][j]);
          printf("\n");
        }
    }
```

运行时输入：

```
67 87 67 56 78<回车>
98 87 89 67 89<回车>
56 76 66 61 52<回车>
```

输出结果：

```
67.0  87.0  67.0  56.0  78.0  71.0
98.0  87.0  89.0  67.0  89.0  86.0
56.0  76.0  66.0  61.0  52.0  62.2
```

由于数组的各元素中存放各门课程的成绩或平均成绩，其数据类型定义为浮点型。求平均成绩时要注意将sum初始化为0，即sum=0。

6.4 字符数组

前面介绍了字符串的概念，在C语言中，字符串可以用字符数组来存储。

6.4.1　字符数组的定义和使用

定义字符数组的一般形式如下。

```
char 数组名[数组长度];
```

例如：

```
char c[10];
```

是合法的字符数组声明。

由于字符型与整型是互相通用的，因此上面的定义也可改写为：

```
int c[10];
```

由于字符型和整型数据的范围不同，字符型占 1 字节，整型占 2 字节，所以这两种表示所占的内存空间不同。

在实际应用中，可以用无符号整型数组来替代字符型数组。例如，char c[10];可以用 unsigned int c[10];代替。

6.4.2　字符数组的初始化

在 C 语言中，字符数组在数组声明时初始化，可以按照一般数组初始化的方法用{}包含初值数据。字符数组的初始化有 3 种方式。

1. 用字符常量对字符数组进行初始化

与一般的数组一样，字符数组[]中表示数组大小的常量表达式可以省略，即

```
char str [8]={'p','r,'o','g','r','a','m','\0'});
char str []={'p','r','o','g','r','a','m','\0'};
```

这两种表示的作用相同，其中\0 是字符串结束的标志。

2. 用字符的 ASCII 值对字符数组进行初始化

由于在 C 语言中，字符的内码值是 ASCII 值，所以，可以用字符的 ASCII 值对字符数组进行初始化。例如，上面字符数值可以表示为：

```
char str[8]={112,114,111,103,114,97,109,0};
```

3. 用字符串对字符数组进行初始化

在 C 语言中，可以将一个字符串直接赋给一个字符数组进行初始化。例如：

```
char str[]="program";
```

此种方式在初始化时，为 str 数组赋予 8 个字符，最后一个元素是\0。而

```
char str[]={'p','r','o','g','r','a','m'};
```

只有 7 个元素。

6.4.3　字符串的输入和输出

字符串的输入和输出用 scanf()和 printf()函数时，应使用%s 格式描述符，也可以用 gets()和 puts()函数进行字符串的输入和输出。

调用 scanf()函数时，空格和换行符都作为字符串的分隔符不能读入。gets()函数读入由终端键盘输入的字符（包括空格符），直至读入换行符为止，但换行符并不作为字符串的一部分存入。对于这两种输入，系统都将自动把\0 放在字符串的末尾。

1. 逐个字符输入输出

（1）在标准输入输出函数 printf()和 scanf()中使用%c 格式描述符。

（2）使用 getchar()和 putchar()函数，必须使用#include <stdio.h>。

【例 6-20】逐个字符输入输出。

```
#include <stdio.h>
main()
{  int i;
   char str[10];
   for(i=0;i<9;i++)
   scanf("%c",&str[i]);    /*或 str[i]=getchar();*/
   str[i]='\0';            /*人为加上串结束标志*/
   for(i=0;i<9;i++)
   printf("%c",str[i]);
}
```

运行时输入：

```
123456789
```

输出结果：

```
123456789
```

2. 字符串整体输入输出

（1）在标准输入输出函数 printf()和 scanf()中使用%s 格式描述符。

输入形式：

```
scanf("%s",字符数组名);
```

输出形式：

```
printf("%s",字符数组名);
```

【例 6-21】字符串整体输入输出。

```
#include <stdio.h>
main()
{  int i;
   char str[10];
   scanf("%s",str);
   printf("%s,%6s, %.6s\n" ,str,str,str);
   /*%6s 输出全部字符，即使多于 6 个，而%.6s 只输出前 6 个字符，多余的不输出*/
       }
```

运行输入：

```
123456789
```

输出结果：

```
123456789,123456789,123456
```

其中 str 为字符数组名，代表 str 字符数组的起始地址。输入时，系统自动在每个字符串后加入结束符\0。输出字符串时，遇到第 1 个\0，即结束。

（2）如果使用一个 scanf()函数输入多个字符串，则以空格或回车符分隔各字符串。例如：

```
char strl[5], str2[5],str3[5];
scanf("%s%s%s",strl,str2,str3);
```

输入数据：

```
How are you?
```

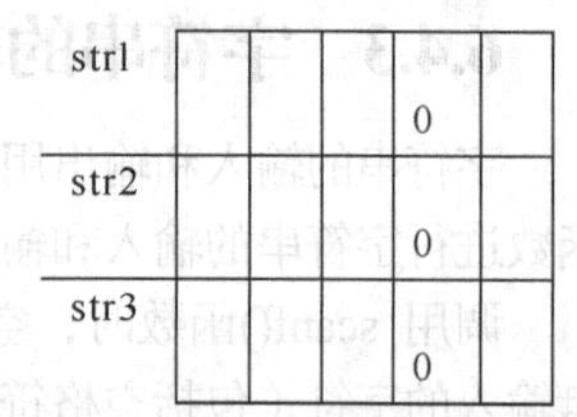

图 6-12　输入数据后数组的状态

输入数据后，数组 strl、str2、str3 的状态如图 6-12 所示。

【例 6-22】字符串的输入输出。

```
#include <stdio.h>
main()
```

```
{ char str[]="how are you?";
  char name[20];
  printf("%s\n",str);
  scanf("%s",name);
  printf("\n%s\n",name);
}
```

运行时输出：

```
how are you?
```

输入：

```
wanggang
```

输出：

```
wanggang
```

（1）数组名（name）具有双重功能，一方面表示该数组的名称，另一方面表示该数组第一个元素的首地址。因此在 scanf()语句中，对于 name 不需要前置&，这一点与基本类型变量不同。将例 6-22 中的 scanf()改成

```
scanf("%s",&name);
```

是错误的。在 printf()中也是直接使用该数组名(name)。

（2）例 6-22 中定义的 str 数组在初始化时赋予 12 个字符的字符串，由于字符串的末尾隐含一个空字符\0，所以，数组 str 的实际长度为 13。

（3）字符串只能在变量声明时，赋值给变量进行初始化，在程序语句中是不能直接将一个字符串赋给一个字符数组的。例如：

```
main()
{   char str[19];
    char name[20];
    str="how are you?";  /*错误!*/
}
```

以上程序第 3 行是错误的。要在程序语句中将一个字符串赋给一个字符数组，可用库函数 strcpy()实现。

6.4.4　用于字符处理的库函数

C 语言中没有对字符串变量进行赋值、合并、比较的运算符，但提供了一些用于处理字符的函数，用户可调用这些函数来进行各种操作。

下面介绍几种常用的函数，调用以下函数时，在程序的开头应加预编译命令。

```
#include<string.h>
```

1. puts（字符数组）

该函数用于将一个字符串（以 \ 0 结束的字符序列）输出到终端。用 puts()函数输出的字符串中可以包含转义字符。例如：

```
char str[]="China\nBeijing";
puts(str);
```

输出：

```
China
Beijing
```

输出完字符串后，自动换行。

2. gets（字符数组）

该函数用于从终端输入一个字符串到字符数组，并得到一个函数值，该函数值是字符数组的起

始地址。函数调用形式如下。

```
gets(str)
```

用 puts()和 gets()函数只能输入或输出一个字符串，不能写成 puts(strl,str2)或 gets(strl, str2)。如果输入的字符串中有空格，则必须用 gets()函数而不能用 scanf()函数。

3. strcat（字符数组 1，字符数组 2）

该函数用于连接两个字符数组中的字符串，把字符串 2 接到字符串 1 的后面，结果放在字符数组 1 中，则函数调用后得到一个函数值——字符数组 1 的地址。

```
char strl[30]="People's Republic of";
char str2[]="China";
printf ("%s",strcat(strl,str2));
```

输出：

```
People's Republic of China
```

（1）字符数组 1 必须足够大，以便容纳连接后的新字符串。

（2）连接前，两个字符串的后面都有一个\0，连接时，将字符串 1 后面的\0 取消，只在新串最后保留一个\0。

4. strcpy（字符数组 l，字符串 2）

它是“字符串拷贝函数”，作用是将字符串 2 拷贝到字符数组 1 中。

（1）字符数组 1 必须定义得足够大，以便容纳被拷贝的字符串。字符数组 1 的长度不应小于字符串 2 的长度。

（2）字符数组 1 必须写成数组名形式（如 strl）或字符型指针变量，字符串 2 可以是字符数组名或字符型指针变量，也可以是一个字符串常量（指针的相关内容将在第 9 章介绍）。例如：

```
char str[20];
char str2[20]="China";
```

则 strcpy(strl,str2);与 strcpy(strl,"China");等价。

（3）拷贝时，连同字符串后面的\0 一起拷贝到字符数组 1 中。

（4）不能用赋值语句将一个字符串常量或字符数组直接赋值给一个字符数组。例如，下面的赋值语句是不合法的。

```
strl="China";
strl=str2;
```

而只能用 strcpy 函数处理。用赋值语句只能将一个字符赋值给一个字符型变量或字符数组元素。例如：

```
char c,a[5];
c='a';a[2]='b';
```

5. strcmp（字符串 1，字符串 2）

该函数的作用是比较字符串 1 和字符串 2 的大小。例如：

```
strcmp(strl,str2);
strcmp("China","beijing");
strcmp(strl,"Beijing");
```

字符串比较的规则与其他语言的相同，即对两个字符串自左至右逐个字符相比（按 ASCII 值大小比较），直到出现不同的字符或遇到\0 为止。如果全部字符相同，则认为两个字符串相等；若出现不相同的字符，则以第一个不相同的字符的比较结果来确定两个字符串的大小，比较的结果由函数值返回。

（1）如果字符串 1 等于字符串 2，则函数值为 0。

（2）如果字符串 1 大于字符串 2，则函数值为一个正整数。

（3）如果字符串 1 小于字符串 2，则函数值为一个负整数。

比较两个字符串不能用以下形式。

```
if(str1==str2) printf("yes");
```

而要用：

```
if(strcmp(str1,str2==0)) printf("yes");
```

6. strlen（字符串）

该函数用于求字符串长度。函数的值为字符串的实际长度，不包括\0 在内。例如：

```
char str[10]="China";
printf("%d",strlen(str));
```

输出结果不是 10，也不是 6，而是 5。

7. strlwr（字符串）

该函数用于将字符串中的大写字母转换成小写字母（1wr 是 lowercase（小写）的缩写）。例如：

```
strlwr("ABC")的值为"abc"。
```

8. strupr（字符串）

该函数用于将字符串中的小写字母转换成大写字母（upr 是 uppercase（大写）的缩写）。例如：

```
strupr('abc")的值为"ABC"。
```

以上介绍了常用的 8 个字符串处理函数，应当再次强调：库函数并非 C 语言本身的组成部分，而是人们为使用方便而编写、提供使用的公共函数。每个系统提供的函数数量和函数名、函数功能都不尽相同。但一些基本的函数（包括函数名和函数功能）是不同系统都提供的，这为程序的通用性提供了基础。

6.4.5　字符数组应用举例

【例 6-23】将字符数组中的字符串逆序存放后输出。

程序如下。

```
#include<stdio.h>
#include<string.h>
 main()
 {  int i,j;
    char t,ch[80];
    gets(ch);
    puts(ch);
    for(i=0,j=strlen(ch)-1;i<j;i++,j--)        /*指定循环结束条件，j 指向字符串末尾*/
      {t=ch[i];ch[i]=ch[j];ch[j]=t;}
    puts(ch);
  }
```

运行结果：

```
asdfgh<回车>
asdfgh
hgfdsa
```

【例 6-24】从键盘输入一个字符串，计算该字符串的长度。要求不能使用 strlen()函数实现。

程序如下。

```
#include<stdio.h>
main()
{  int i=0;
   char a[80];
   gets(a);
   puts(a);
   while(a[i]!= '\0')i++;     /*只要不是字符串的结束符，i 就增 1*/
   printf("%d\n",i);
}
```

运行结果：

```
abcde<回车>
abcde
5
```

【例 6-25】编写程序，将两个字符串连接起来。要求不能使用 strcat()函数实现。

程序如下。

```
#include<stdio.h>
main()
{  char s1[80],s2[40];
   int i=0,j=0;
   printf("Input string1:");
   scanf("%s",s1);
   printf("Input string2:");
   scanf("%s",s2);
   while(s1[i]!= '\0')
     i++;            /*i 值不断增 1，直到遇第一个字符串的结束标志为止*/
   while(s2[j]!= '\0')
     s1[i++]=s2[j++];   /*将第二个字符串的有效字符复制到第一个字符串后面*/
   s1[i]= '\0';         /*增加字符串的结束标志*/
   printf("New string:%s",s1);
}
```

运行结果如下。

```
Input string1:
country<回车>
Input string2:
side<回车>
```

输出结果：

```
New string:countryside
```

思考：编写程序，将字符数组 f 中的全部字符拷贝到另一数组 t 中。要求不能使用 strcpy()函数实现。

【例 6-26】输入一行字符，统计单词数，单词之间用空格分隔。

程序如下。

```
#include<stdio.h>
main()
{  int i,num,blank;
   char str[80];
   gets(str);
   num=0;                 /*num 用来统计单词数，初值为 0*/
   blank=0;    /*用单词的第一个字母判断该单词是新单词，还是已统计过的单词,blank 为 0 代表单词开始，
```

```
blank 为 1 代表单词继续*/
    for(i=0;str[i]!='\0';i++)
       if(str[i]==' ')
    blank=0;    /*如是空格,则表示不是单词,单词数不变*/
        else if(blank==0)              /*如不是空格,则判断是不是新单词*/
        {  num++;                      /*blank=0 表示是新单词,单词数增 1*/
          blank=1;                     /*blank=1 表示已统计该单词*/
        }
  printf("words:%d\n",num);
  }
```

运行结果：

```
I am a student. <回车>
words:4
```

【例 6-27】输入 5 个字符串，输出其中最大者。

程序如下。

```
#include<stdio.h>
#include<string.h>
main()
{  int i;
   char max[20],str[5][20];        /*在各行存放一个字符串*/
   gets(str[0]);                   /*输入第一个字符串，str[i]表示第 i+1 行的首地址*/
   strcpy(max,str[0]);             /*将第一个字符串赋给 max。max 中将存放最大的字符串*/
   for(i=1;i<5;i++)
     {  gets(str[i]);
        if(strcmp(max,str[i])<0)  strcpy(max,str[i]);
     }
printf("The largest string is\n%s\n",max);
}
```

运行时输入：

```
from<回车>
to <回车>
china<回车>
girl<回车>
first<回车>
```

运行结果：

```
The largest string is
to
```

找出最大字符串和找出最长字符串的算法与找出最大数的算法类似，不同的是，处理字符串时，要用 strcmp()和 strcpy()函数来完成比较和复制操作。另外，需要说明的是，可以把 str[i]看成一维字符数组，可以对其如同一维数组那样处理。

6.5　应用举例

【例 6-28】下述程序的运行结果为（　　）。

```
#include<stdio.h>
 main()
{  char str[]="abcde";
```

```
    int a,b;
    for(a=b=0;str[a]!='\0';a++)
      if(str[a]!='c')
         str[b++]=str[a];
    str[b] ='\0';
    printf("str[]=%s\n",str);
}
```

A. str[]=abdef　　　B. str[]=abcdef　　　C. str[]=a　　　D. str[]=ab

分析：例6-28的核心操作在于函数中的for循环，for循环将整个字符串中的字符处理一遍。每次处理时，函数的基本工作是将除字母c以外的字符(str[a]!='c')重新赋值，然后a++，b++，继续处理下一个字符。对于字母c不赋值，且只有a++而b不变。可见，循环的目的只是将c删除，因此，结果为A。

【例6-29】下述函数用二分法查找key值。数组的元素值已按递增次序排列。若找到key，则输出对应的下标，否则输出-1。

```
#define N 10
#include<stdio.h>
main()
{  int a[N],key;
   int i,low,high,mid,k=-1,found=0;
   for(i=0;i<=N-1;i++)scanf("%d",&a[i]);
   scanf("%d",&key);
          low=0;
          high=N-1;
          while(____(1)____&&found==0)
          {  mid=(low+high)/2;
             if(key<a[mid])
               ____(2)____;
             else if(key>a[mid])
               ____(3)____;
             else
   ____(4)____;
          }
           printf("%d\n",k);
}
```

分析：二分法查找的基本要求是用数组作存储结构，并且数组元素有序。二分法查找的基本思想是在给定的数据区间内low<=high时，计算中间位置mid，如果a[mid]==key，则查找成功，结束查找；a[mid]>key时，若数据存在，则一定在前半个区间，则应在前半个区间查找；a[mid]<key时，若数据存在，则一定在后半个区间，所以应在后半个区间查找。基于上述算法，例6-30中设置了found用于判断查找是否成功，若found为0，则表明查找不成功，若found为1，则表明查找成功。（1）处是对查找范围的限制，只要最小下标不超过最大下标即可。key<a[mid]时，（2）处是将查找范围更新为前半个数组，这只有调节最大下标：high=mid-1，使用mid-1是为了不包括中间元素。key > a[mid]时，（3）处将查找范围更新为后半个数组，可调节最小下标：low=mid+1，使用mid+1而不是mid也是为了不包括中间元素。（4）处是在除了key > a[mid]和key < a[mid]之外所做的工作，此时只有 key==a[mid]，表明已经查到 k=mid，同时查找也应该结束，结束循环，所以应同时执行found=1，使found=0不成立而结束循环，注意此处只能是一条语。

答：（1）low<=high　（2）high=mid+1　（3）low=mid+1　（4）k=mid,found=1。

【例6-30】本程序用改进的冒泡排序法将数组a的元素从小到大排序，请填空。

```
#define N 10
```

```
#include<stdio.h>
main()
{  int j,k,jmax,a[N];
      for(j=0;j<=N-1;j++)scanf("%d",&a[j]);
      jmax=    (1)    ;
      do
      {  k=   (2)    ;
         for(j=0;j<jmax;j++)
         if(a[j]>a[j+1])
      {  int temp=a[j];
         a[j]=a[j+1];
         a[j+1]=temp;
         k=    (3)     ;
      }
      jmax=   (4)    ;
      }while(jmax>0);
      for(j=0;j<=N-1;j++)
      printf("%5d",a[j]);
}
```

分析：改进的冒泡排序法是指每次处理时，记住发生交换的最后位置，它说明在此之后的元素都已经在正确的位置上，下一次的处理位置即可提前，减少处理的次数。

从程序设计上看，显然需要一个二重循环，外层循环是对数组元素的每次处理，内层循环表示每次处理的方法。由于最大处理次数是 N-1，外层循环次数由 jmax 控制，所以初始时，jmax=N-1。

程序中的变量 k 用于记录最后发生交换的位置。因此，初始时 k=0，而发生元素交换时，重新置 k 的值为 k=j。下一次处理的下标是 0～k（不包括 k），因为内层循环次数由 jmax 控制，为了准备下一次循环，应更新 jmax=k。这恰好与终止条件吻合：jmax=0 时，表示上次交换发生在第一个下标或根本没有元素交换，不必再处理。

答：（1）N-1　（2）0　（3）j　（4）k

【例 6-31】阅读程序，回答相应问题。

```
#include <stdio.h>
main()
{  int a[10]={98,67,1,2 ,45,77,87,102,66,16},max=0,max1=0,k;
for(k=1;k<=9;k++)
if(a[k]>a[max])
{  max1=max;max=k;}
else if(a[k]>a[max1])
max1=k;
printf("%d,%d\n",a[max],a[max1]);
}
```

问题 1：该程序中 max1=max;max=k;的作用是什么？

问题 2：程序执行后的输出结果是什么？

分析：在程序编译后，数组和 max、max1 已经置了初值，a[max]中存放最大值，a[max1]中存放次大值。在循环中，a[1]～a[9]依次和 a[max]比较，若某一个元素 a[k]大于 a[max]，则原来的最大值变成次大值，max1 记下 max 的值，用 max 记下当前位置 k；否则看 a[k]是否比次大值 a[max1]大，若比 a[max1]大，则用 max1 记下当前位置 k。循环结束时，a[max]中存放最大值，a[max1]中存放次大值，故程序的执行结果是 102,98。

答：问题 1 中两条语句的作用是用 max1 记下当前次大值的位置，即原来最大值的位置，用 max 记下当前最大值的位置；问题 2 中，程序执行后的输出结果是 102,98。

本章小结

数组是程序设计最常用的数据结构。数组可分为数值数组（整数数组、实数数组）、字符数组以及后面将要介绍的指针数组、结构体数组等。

（1）数组类型定义由类型说明、数组名、数组长度（数组元素数）3 部分组成。数组元素又称为下标变量。数组的类型是指下标变量取值的类型。

（2）可以用数组初始化赋值、输入函数动态赋值和赋值语句赋值 3 种方法为数组赋值。数值数组不能用赋值语句整体赋值、输入或输出，而必须用循环语句逐个对数组元素进行操作。

（3）数组可以是一维的、二维的和多维的。对二维数组元素的操作一般用二重循环。

（4）字符串是带有字符串结束符\0 的一组字符，有了\0 标志以后，字符串与一般的字符数组在操作上有根本区别。

练习与提高

一、选择题

1. 对以下说明语句 int a[10]={6,7,8,9,10};的正确理解是（　　）。
   A. 将 5 个初值依次赋给 a[6]～a[10]
   B. 将 5 个初值依次赋给 a[0]～a[4]
   C. 因为数组长度与初值数不相同，所以此语句不正确
   D. 将 5 个初值依次赋给 a[1] ～a[5]
2. 数组初始化正确的方法是（　　）。
   A. int a（5）={1,2,3,4,5};　　B. int a[5]= {1,2,3,4,5};
   C. int a[5]={1—5};　　D. int a[5]= {0,1,2,3,4,5};
3. 若 int a[12]={8,9,10,11,12};，则值为 9 的数组元素是（　　）。
   A. a[2]　　B. a[3]　　C. a[1]　　D. a[4]
4. 有 int a[10];，则合法的数组元素的最小下标为（　　）。
   A. 10　　B. 1　　C. 0　　D. 9
5. 若 int a[3][4];，则对数组 a 的元素的正确引用是（　　）。
   A. a[2][4]　　B. a[1+1][0]　　C. a[1,3]　　D. a（2）(1)
6. 正确进行数组初始化的是（　　）。
   A. int s[2][]={{2,1,2},{6,3,9}};
   B. int s[][3]={9,8,7,6,5,4};
   C. int s[3][4]={{1,1,2},{3,3,3},{3,3,4},{4,4,5}};
   D. int s[3,3]={{1},{4},{6}};
7. 若 int a[][3]={1,2,3,4,5,6,7};，则数组 a 第一维的大小是（　　）。
   A. 2　　B. 无确定值　　C. 4　　D. 3
8. 若 int array[3][3]={0};，则下面叙述正确的是（　　）。
   A. 只有元素 array[0][0]可得到初值
   B. 此声明语句不正确
   C. 数组 array 中的每个元素均可得到初值 0

D. 数组 array 中的各元素都可得到初值，但其值不一定为 0

9. 有以下数组定义：

```
char x[]="12345";
char y[]={'1','2','3',',4','5'};
```

则正确的描述是（　　）。

A. 数组 x 和数组 y 的长度相同　　B. 数组 x 的长度大于数组 y 的长度

C. 数组 x 的长度小于数组 y 的长度　　D. 两个数组中存放相同的内容

10. 若有定义 char s1[80],s2[80];，则以下函数调用中，正确的是（　　）。

A. scanf("%s%s",&s1,&s2);　　B. gets(s1,s2);

C. scanf("%s %s",s1,s2);　　D. gets("%s %s",s1,s2);

11. 设已执行预编译命令#include<string.h>，则以下程序段的输出结果是（　　）。

```
char s[]="abcdefg";
printf("%d\n",strlen(s));
```

A. 10　　B. 9　　C. 8　　D. 7

12. 设有数组定义 char array[]="China";，则数组 array 所占的空间为（　　）。

A. 5 字节　　B. 4 字节　　C. 6 字节　　D. 7 字节

13. 输出较大字符串的正确语句是（　　）。

A. if(strcmp(str1,str2)) printf("%s",str1);

B. if(str1>str2) printf("%s",str1);

C. if(strcmp(str1,str2)>0) printf("%s",str1);

D. if(strcmp(str1)>strcmp(str2)) printf("%s",str1);

14. 若想将字符数组 a 的内容存入字符数组 b 中，下列正确的是（　　）。

A. strcat(b,a);　　B. strcpy(b,a);　　C. b=a;　　D. strcpy(a,b);

15. 有声明"char s[20]="Hello";"，在程序运行过程中，要想将数组 s 的内容修改为 Good，则以下语句能够实现此功能的是（　　）。

A. strcpy(s,"Good");　　B. strcat(s,"Good");　　C. s[20]="Good";　　D. s="Good";

二、填空题

1. 请完成以下有关数组描述的填空。

（1）C 语言中，数组元素的下标下限为________。

（2）数组在内存中占一片________的存储区，由________代表它的首地址。

（3）C 程序在执行过程中，不检查数组下标是否________。

2. 若有以下 a 数组，数组元素 a[0]～a[9]中的值为：

9　4　12　8　2　10　7　5　1　3

（1）定义该数组并赋以上初值的语句是________。

（2）该数组中可用的最小下标是________；最大下标是________。

（3）该数组中值最小的元素是________，它的值是________；值最大的元素是________，它的值是________。

3. 已知 int b[8]={11,5,3,21,67,45,77};，则 b[7]的值是_____。

4. 已知 int b[]={1,2,3,4,5,6};，则数组 b 含有_____个元素。

5. 已知 long a[5][8];，则数组 a 共有_____个元素。

6. 若有定义 int a[3][4]={{1,2},{0},{4,6,8,10}};，则初始化后，a[2][1]得到的初值是_____。

三、程序填空

1. 输入5个字符串，将其中最小的打印出来。

```
main()
{  char str[10],temp[10];
   int i;
   ____(1)____;
   for(i=0;i<4;i++)
   {  gets(str);
      if(strcmp(temp;str)>0)
         ____(2)____;
   }
   printf("\nThe first string is:%s\n",temp);
}
```

2. 以下程序把一组由小到大排列的有序数列放在 a[1]～a[*n*]中，a[0]用作工作单元，程序把读入的 *x* 值插入数组 a 中，插入后，数组中的数仍然有序。

```
#include<stdio.h>
main()
{  int a[10]={0,12,17,20,25,28},x,i,n=5;
   printf("Enter a nunnber:");
   scanf("%d",&x);
   a[0]=x;  i=n;
   while(a[i]>x)
      a[____(1)____]=a[i],____(2)____;
   a[____(3)____]=x;n++;
   for(i=1;i<=n;i++)
      printf("%4d",a[i]);
   printf("\n");
}
```

四、程序分析题

1. 分析下列程序的运行结果。

```
#include<stdio.h>
main()
{ int i,x[3][3]={1,2,3,4,5,6,7,8,9};
  for(i=0;i<3;i++)
  printf("%d,",x[i][2-i]);
}
```

2. 分析下列程序的运行结果。

```
#include<stdio.h>
main()
{ int aa[5][5]={{1,2,3,4},{5,6,1,8},{5,9,10,2},{1,2,5,6}};
  int i,s=0;
  for(i=0;i<4;i++)
  s+=aa[i][2];
  printf("%d",s);
}
```

第 7 章 函数

C 语言实际上是一种函数式语言，一个 C 语言源程序由一个 main()函数和其他函数组成。函数本质上是一段程序，用于完成某个特定的功能。除了主函数（main()函数）之外，其他函数均不能独立运行。使用函数之前要先定义函数，使用函数称为函数的调用。在C语言中，可以使用系统提供的能完成各种常用功能的库函数，但大量的函数需要用户自己编写。本章主要介绍如何编写（定义）函数、调用函数以及函数间数据的传递方法，包括函数嵌套调用、递归函数的定义和调用等，还介绍了变量的作用域、生存期等内容。

本章学习目标：

熟练掌握函数的定义方法。

熟练掌握函数的调用和返回值。

熟练掌握函数参数值的传递。

掌握函数的嵌套调用和递归调用。

掌握变量的作用域。

掌握变量的存储类型。

掌握内部函数与外部函数。

7.1 模块化程序设计

7.1.1 模块化程序设计

在实际应用中，典型的商业软件通常由数十万、数百万甚至更多行代码组成。为了降低大规模软件开发的复杂度，需要将规模较大的程序系统划分为多个较小的、相对独立的模块，每个模块都能完成一个特定的功能，这些模块互相协作完成整个程序要完成的功能。这种把大任务分解成若干个较小、较简单的小任务，并提炼出公用任务的方法，称为分而治之（Divid and Conquer）。

模块化程序设计则体现了这种“分而治之”的思想。在结构化程序设计过程中，模块化程序设计的基本思想是按适当的原则把一个情况复杂的问题化为一系列简单的模块进行设计。由于各模块间相互独立，因而在设计其中一个模块时，不会牵连其他模块。

将一个大的程序划分为若干相对独立的模块，正是体现了抽象的原则，把程序设计中的抽象结果转化成模块，不仅可以保证设计的逻辑正确性，而且更适合项目的集体开发。各个模块可由不同的程序员编制，只要明确模块之间的接口关系，模块内部细节的具体实现就可以由程序员单独设计，模块之间不受影响。

在进行模块化程序设计时，应重点考虑以下两个问题。

（1）依据什么原则划分模块？

依据功能划分模块。划分模块的基本原则是使每个模块都易于理解，而按照人类思维的特点，按功能来划分模块最为自然。按功能划分模块时，要求各模块的功能尽量单一，各模块之间的联系尽量少。这样的模块，其可读性和可理解性都比较好，各模块间的接口关系比较简单，修改某一功能时，只涉及一个模块，其他应用程序可以充分利用已有的模块。

（2）如何组织协调好各模块之间的联系？

按层次组织模块。在按层次组织模块时，一般上层模块只指出“做什么”，只有最底层的模块才精确地描述“怎么做”。

在 C 语言中，由函数实现模块的功能。函数是一个自我包含的完成一定相关功能的执行代码段。可以把函数看成一个“黑匣子”，只要将数据送进去，就能得到结果，而函数内部究竟是如何工作的，外部程序是不知道的。外部程序知道的仅限于输入什么给函数以及函数输出什么。函数提供了编制程序的手段，使之容易读、写、排除错误、修改和维护。

C 语言程序提倡把一个大问题划分成一个个子问题，再编制一个个函数对应解决各子问题，因此，C 语言程序一般是由大量的小函数而不是由少量的大函数构成的，即所谓“小函数构成大程序”。C 语言程序的结构如图 7-1 所示。

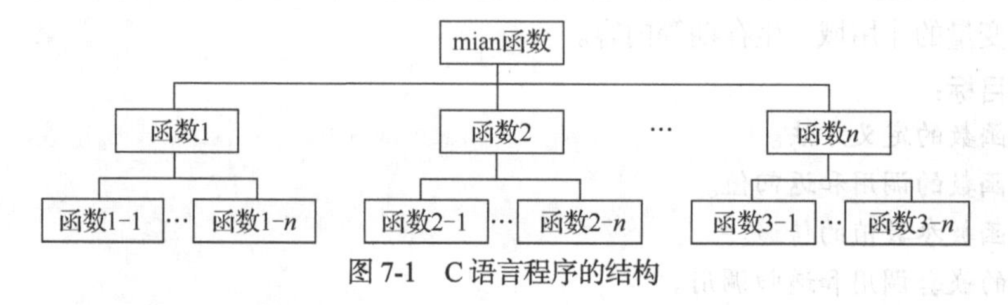

图 7-1　C 语言程序的结构

C 语言提供如下支持模块化软件开发的功能。

（1）函数式的程序结构。程序整体由一个或多个函数组成。每个函数具有各自独立的功能和明显的界面。

（2）允许使用不同存储类型的变量，控制模块内部及外部的信息交换。

（3）具有编译预处理功能，为程序的调试和移植提供方便，也支持模块化程序设计。

7.1.2　函数概述

要编写 C 程序，必须对 C 程序的结构有全面的了解。所有 C 程序都是由一个或多个函数构成的。当 C 程序的规模很小时，可以用一个源文件来实现，本章之前的程序都是由单个源文件构成的。

【例 7-1】计算两个数的和、差、积、商。

编写主函数 mainfile.c 源文件。

```
#include "stdio.h"
int add(int a,int b)                //实现两数之和的 add() 函数
{return(a+b);}
int minus(int a,int b)              //实现两数之差的 minus () 函数
{return(a-b);}
int product(int a,int b)            //实现两数之积的 product () 函数
{return(a*b);}
int division(int a,int b)           //实现两数之商的 division () 函数
{return(a/b);}
```

```
main()
{int a,b;
 printf("Input a:");
 scanf("%d",&a);
 printf("Input b:");
 scanf("%d",&b);
 printf("\n和:");
 printf("%d",add(a,b));
 printf("\n差:");
 printf("%d",minus(a,b));
 printf("\n积:");
 printf("%d",product(a,b));
 printf("\n商:");
 printf("%d\n",division(a,b));
}
```

本程序只有一个 mainfile.c 源文件，在此源文件中，先分别编辑实现两个数之和、差、积、商功能的各个子函数，然后在主函数中调用各个子函数，完成本程序功能。

执行 mainfile.c 文件，输入 a、b 的值分别为 5 和 6，运行结果如下。

```
Input a:5
Input b:6
和:11
差:-1
积:30
商:0
```

当一个C程序的规模较大时，可以由多个源文件组成，但其中只有一个源文件含有主函数，其他的源文件不能含有主函数。每个源文件单独编译，形成独立的模块（.obj 文件），然后链接在一起，形成可执行文件。C 语言的编译器和连接器把构成一个 C 程序的若干源文件有机地耦合在一起，最终生成可执行程序。

【例 7-2】计算两个数的和、差、积、商。

编写主函数 mainfile.c 源文件。

```
#include "stdio.h"
#include "addfile.c"
#include "minusfile.c"
#include "productfile.c"
#include "divisionfile.c"
main()
{int a,b;
 printf("Input a:");
 scanf("%d",&a);
 printf("Input b:");
 scanf("%d",&b);
 printf("\n和:");
 printf("%d",add(a,b));
 printf("\n差:");
 printf("%d",minus(a,b));
 printf("\n积:");
 printf("%d",product(a,b));
 printf("\n商:");
 printf("%d\n",division(a,b));
}
```

编写子函数源文件。

（1）实现两数之和的 addfile.c 文件。

```
int add(int a,int b)
{return(a+b);}
```

（2）实现两数之差的 minusfile.c 文件。

```
int minus(int a,int b)
{return(a-b);}
```

（3）实现两数之积的 productfile.c 文件。

```
int product(int a,int b)
{return(a*b);}
```

（4）实现两数之商的 divisionfile.c 文件。

```
int division(int a,int b)
{return(a/b);}
```

本程序共包含 5 个源文件，分别为 mainfile.c、addfile.c、minusfile.c、productfile.c 和 divisionfile.c。主函数和各个子函数分别保存于不同的源文件中，其中主函数所在的 mainfile.c 文件通过文件包含命令“#include”将各个子函数对应的源文件包含进来，从而调用各个子函数，计算出两个数的和、差、积、商，完成程序功能。

执行 mainfile.c 文件，输入 a、b 的值分别为 5 和 6，运行结果如下。

```
Input a:5
Input b:6
和:11
差:-1
积:30
商:0
```

一个C语言程序可由一个主函数和若干个子函数构成，由主函数调用其他函数，其他函数也可以互相调用。当一个函数调用另一个函数时，前者称为主调函数，后者称为被调函数，同一个函数可以被一个或多个函数调用任意多次。

从用户使用的角度看，函数可分为两类。

（1）标准函数，即库函数，由 C 语言提供，用户可以直接调用，如 printf()、scanf()、sqrt()、strlen()函数。应该说明的是，不同C系统提供的库函数的数量和功能可能有些差异，但基本的库函数是相同的。

（2）自定义函数。自定义函数是程序员在程序中定义的函数，专门用于解决用户的需要。例如，在设计银行软件系统时，需要用到快速查询功能，这样，程序员在编写程序时，需要自定义快速查询函数，以实现此功能。

从函数的作用范围来看，函数可以分为两类。

（1）外部函数。函数在本质上都具有外部性质，除了内部函数之外，其余的函数都可以被同一程序其他源文件中的函数调用。

（2）内部函数。内部函数只限于本文件的其他函数调用它，而不允许其他文件中的函数调用它。

注意

（1）自定义函数不能单独运行。其可以被主函数或其他函数调用，也可以调用其他函数。所有用户函数均不能调用主函数。

（2）每个函数必须单独定义，不允许嵌套定义，即不能在一个函数的内部再定义另一个函数。

7.2 函数的定义

7.2.1 函数的定义形式

用户函数要先定义后使用，函数定义的基本形式为：

```
返回值类型 函数名([类型 形式参数1,类型 形式参数2……])      //函数首部
{   声明部分                                             //函数体
    语句部分
}
```

对于函数首部的说明如下。

（1）函数名作为函数的唯一标识。函数的命名原则是尽量做到“见名知意”，用于说明程序的功能。

（2）函数返回值类型指明了本函数返回给主调函数的数据类型，函数的返回值类型可以是除数组以外的任何类型。当函数返回值类型为void时，表示本函数没有返回值给主调函数。

（3）函数名后有一个括号，在其中给出的参数称为形式参数（简称形参），因为形参是变量，所以必须给出每一个形参的类型说明，即使多个形参的类型相同，也必须分别说明其类型。形参可以是各种类型的变量，各参数之间用逗号分隔。在调用函数时，主调函数将会传递给这些形式参数相应的值。括号内的形参列表也可以省略。当函数名后的括号内为空时，说明本函数不需要从主调函数获取数据，被称作“无参函数”，虽无参数，但括号不可少。

例如，定义一个函数。

```
void Hello()
{   printf("Hello world\n");
}
```

这里，Hello为函数名，是一个无参函数，当其被调用时，输出Hello world字符串。因为此函数无需给主调函数返回任何数值，所以返回值类型为void（空）。

对于函数体的说明如下。

{}作为函数体的定界符，其中包含两部分，分别为声明部分和执行部分。声明部分主要是变量的定义或所调用函数的声明。执行部分由执行语句组成，语句的数量不限，函数的功能正是由这些语句实现的。函数体可以既有说明部分，又有执行部分，也可以只有执行部分，还可以两者皆无（空函数）。

关于函数的定义，需要强调以下几点。

（1）函数首部的末尾没有“；”。

（2）当函数有多个形式参数时，即使这些形式参数的类型完全相同，也必须说明每一个形式参数的类型。

例如，定义一个函数，其功能为求3个整型数中的最大值，函数首部要编写为如下形式。

```
int max(int a,int b,int c)
```

（3）关于函数体内变量的定义。函数体内可能出现的数据有3类：形式参数、全局变量（详见7.6节）和函数体内部定义的变量。在编写函数体内部语句时，若需要除全局变量、形式参数以外的其他辅助变量，则需要单独定义此变量。

【例7-3】定义一个函数，用于求两个数中的大数。

```
#include "stdio.h"
int max(int a,int b)      //子函数max()
```

```
{   int c;                          //函数体中定义的变量，用来存放a、b的最大值
if(a>b)
    c=a;
   else
c=b;
return c;
}
main()
{  int x,y,z;
   printf("input two numbers:\n");
   scanf("%d%d",&x,&y);
   z=max(x,y);
   printf("maxmum=%d",z);
}
```

程序的第1行～第8行为max()函数的定义。第一行中max()函数的返回值类型是int，说明该子函数返回给主调函数的值是一个整数。此函数的两个形式参数a和b，均为整型变量，分别定义其类型。a、b的具体值在函数调用时，由主调函数中的x、y值传递给它们。在{}中的函数体内，实现求a、b中的最大值的功能时，除了用到形式参数a、b外，还需要用到变量c来存放a、b中的最大值，因此，要单独定义变量c，以供函数使用。max()函数体中的return语句是把a、b中的最大值通过变量c返回给主调函数的变量z。最后由主函数输出z的值。

（4）在C程序中，函数的定义可以放在任意位置，既可放在主函数main()之前，也可放在main()函数之后（详见7.3.2小节）。

7.2.2 空函数的定义

定义形式：

```
类型标识符  函数名()
{}
```

例如：

```
fun()
{}
```

调用此函数时，什么也不做。在主调函数中写上fun()表明这里要调用一个函数，而现在这个函数还没有完成，等以后扩充函数功能时补充上。在程序设计中，往往需要确定若干模块，分别由函数来实现。而在最初阶段只设计最基本的模块，其他的模块以后完成。这些函数未编写好，可以先占一个位置，表明以后要在此调用此函数完成相应的功能。这样，程序的结构清晰，可读性好，方便以后扩充功能。空函数在程序设计中常常用到。

7.2.3 函数的返回值

函数的返回值是指函数被调用之后，执行函数体中的程序段所取得的并返回给主调函数的值，如调用正弦函数取得正弦值，调用例7-3的max()函数取得的最大值等。对函数的值(或称函数返回值）有以下说明。

（1）函数的值只能通过return语句返回主调函数。return语句的一般形式为：

```
return 表达式;
return (表达式);
return ;
```

该语句的功能是计算表达式的值，并返回给主调函数。在函数中允许有多个return语句，但每次调用只能有一个return语句被执行，因此只能返回一个函数值。

（2）如果不需要从被调用函数带回函数值，则可以省略 return 语句，这样执行到函数体中的最后一条语句后，自动退出调用函数，而且带回不确定的返回值。

（3）若该函数需要向主调函数返回运行结果值，则应当在定义函数时，指定函数返回值的类型。例如：

```
int max(int x,int y)                    /*函数值为整型*/
char letter(char c1,char c2)            /*函数值为字符型*/
float f(float x)                        /*函数值为单精度实型*/
double min(double x,double y)           /*函数值为双精度实型*/
```

如果函数值为整型，则在函数定义时可以省略类型声明。

（4）不返回函数值的函数，可以明确定义为“空类型”，类型为 void。

例如，函数 s 并不向主函数返函数值，因此可定义为：

```
void s(int n)
{ …
}
```

一旦函数被定义为空类型，就不能在主调函数中使用被调函数的函数值了。例如，在定义 s 为空类型后，在主函数中写下述语句：

```
sum=s(n);
```

就是错误的。

为了使程序有良好的可读性并减少出错，凡不要求返回值的函数都应定义为空类型。

7.3　函数的调用

程序中的自定义函数不能单独运行，有 main()函数程序才能运行，而自定义函数必须被主函数直接或间接调用才能发挥其作用。C 语言程序从主函数开始执行，一直到主函数体结束为止。运行过程为主函数调用自定义函数，自定义函数执行结束时，返回到主调函数中继续执行，直到主函数结束。

7.3.1　函数调用的一般形式

1. 函数调用的一般形式

函数调用的一般形式为：

```
函数名(实参列表)
```

主调函数需要利用函数调用语句来调用自定义函数。在定义函数时，函数名后面括弧中的变量名称为形式参数，在调用函数时，函数名后面括弧中的表达式称为实际参数，即实参。在调用函数时，主调函数把实参的值传递给被调函数的过程，称为参数传递。

关于形参与实参的说明如下。

（1）在内存中，实参与形参占有不同的存储单元。在自定义函数中指定的形参变量，在未被函数调用前，并不占内存中的存储单元。在调用函数时，给形参分配存储单元，并将实参的值传递给对应的形参，调用结束后，形参单元被释放，实参单元仍保留并维持原值。因此，在执行一个被调用函数时，形参的值如果发生改变，并不会改变主调函数的实参值。

（2）实参对形参的数据传递是单向传递，只由实参传给形参，而不能由形参传回来给实参。

（3）如果实参是数组名，则形参类型同数组或指针，此时传递的是数组首地址。

（4）形参只能是变量，而实参可以是常量、变量或表达式，如 max(3,a+b)，但要它们有确定的值。

（5）实参和形参在数量上应严格一致，在类型上应相同或赋值兼容（可进行赋值类型转换）。如果实参为整型，而形参为实型，或者相反，则会发生“类型不匹配”的错误。但编译程序一般不会给出错误信息，即使有时得不到确定结果，也会继续运行下去。字符型与整型可以互相通用。

（6）实参和形参可以同名，但是占用不同的存储单元，在各自所在的函数内部有效。

【例7-4】阅读下面程序，判断程序能否交换主函数中a和b的值。

```
#include "stdio.h"
main()
{  int a=1,b=2;
   swap(a,b);                          /*a和b是实参*/
   printf("实参: a=%d,b=%d\n",a,b);
}
swap(int a,int b)                      /*a和b是形参*/
{  int c;
   c=a;a=b;b=c;                        /*交换形参a和b中的值*/
   printf("形参: a=%d,b=%d\n",a,b);    /*输出形参a和b的值*/
}                                      /*调用完毕，释放a、b、c占用的存储单元*/
```

运行结果为：

```
形参: a=2,b=1
实参: a=1,b=2
```

从运行结果可看到，程序没能交换主函数中 a 和 b 的值。原因是：虽然实参和形参变量名一样，但它们各占有不同的存储单元，而且是单向传递。在调用期间，形参的值改变，而实参的值没有发生变化。调用结束后，形参a、b的存储单元被释放。

2. 函数调用的方式

按照函数在程序中出现的位置，可以有如下两种调用方式。

（1）函数语句。把函数调用作为一条语句，即函数调用的一般形式加上分号即构成函数语句。例如：

```
printf("%d",a);             /*调用printf()函数，完成数据a的输出*/
```

此时只要求函数完成相应的操作，有无返回值都可以。

（2）函数表达式。当函数有返回值时，函数可作为运算对象出现在表达式中，函数返回值参与表达式的运算，这种表达式称为函数表达式。例如：

```
z=3*max(x,y);               /*函数max()是表达式的一部分，它的值乘以3再赋给变量z*/
```

函数表达式可以出现在任何允许表达式出现的地方，例如：

```
y=max(a,max(b,c));
```

若 max()函数的功能为比较两个数值的大小并返回较大值，则其中的 max(b，c)是一次函数调用，它的返回值作为max()另一次函数调用的实参，y的值最终是a、b、c 3个数中最大的。

7.3.2 函数的声明

【例7-5】定义一个函数，用于求两个数中的大数。

```
#include "stdio.h"
main()
{  int max(int a,int b);
   int x,y,z;
   printf("input two numbers:\n");
   scanf("%d%d",&x,&y);
```

```
    z=max(x,y);
    printf("maxmum=%d",z);
}
int max(int a,int b)          //子函数max
{ int c;                      //函数体中定义的变量，用来存放a、b的最大值
if(a>b)
      c=a;
    else
c=b;
return c;
}
```

比较例7-3与例7-5，两个程序实现的功能完全相同，但形式有一定区别。在例7-3中，程序的书写顺序为子函数在前，主函数在后。而在例7-5中，主函数在前，子函数在后，且主函数的函数体内多了一条被称为“函数声明”的语句。在C语言中，若函数的定义出现在其主调函数之后，则需要在主调函数中声明此函数。

1. 函数声明的形式

函数声明格式如下。

```
函数类型 函数名(参数类型1,参数类型2,…,参数类型n);
```

或

```
函数类型  函数名(参数类型1 参数名1,参数类型2,…,参数名n,参数类型n);
```

这种形式就是把定义函数时的函数首部（即第一行）搬过来加一个分号即可。

括号内给出了形参的类型和形参名，或只给出形参类型。这两种方式等价，编译系统不考虑形参名。函数原型便于编译系统检错，以防止可能出现的错误。应当保证函数原型与函数首部的写法一致，即函数类型、函数名、参数数、参数类型和参数顺序必须相同。

2. 函数声明的位置

在所有函数的外部、被调用之前声明函数时，在函数声明后面的所有位置都可以调用该函数。

函数声明也可以放在被调用函数内的声明部分，如果在main()函数内部声明，则只有在main()函数内部才能识别该函数。

3. 函数调用的条件

在一个函数中调用另一函数（即被调用函数）需要具备以下条件。

（1）被调用的函数必须是已经存在的函数（是库函数或用户自己定义的函数）。

（2）如果使用库函数，则一般还应该在本文件开头用#include 命令将调用有关库函数时需要用到的信息包含到本文件中。例如，在使用输入/输出函数时，一般应在本文件开头用：

```
#include"stdio.h" 或 #include<stdio.h>
```

同样，使用数学库中的函数应该用：

```
#include"math.h" 或 #include<math.h>
```

（3）如果使用用户自己定义的函数，而且该函数与调用它的函数（即主调函数）在同一个文件中，则一般还应该在文件的开头或在主调函数中声明被调函数的类型。

【例7-6】 编写函数fun()，求任一整数m的n次方。

```
#include "stdio.h"
main()
{ int m,n;
  long  s;
  long fun(int,int);
  printf("输入m和n的值:");
```

```
  scanf("%d,%d",&m,&n);
  s=fun(m,n);
  printf("s=%ld\n",s);
}
long fun(int m,int n)
{ long int x=1;
  int i;
  for(i=1;i<=n;i++)
      x=x*m;
  return x;
}
```

程序运行：

```
输入 m 和 n 的值：2,3<回车>
```

输出结果为：

```
s=8
```

注意程序中的“long fun(int,int);”，是对被调用函数 fun()的原型声明。

C 语言规定，在以下几种情况下，可以不必在调用函数前对被调用函数做原型声明。

（1）如果函数的返回值是整型或字符型，就可以不必声明，系统对其自动按整型声明。

（2）如果被调用函数的定义出现在主调函数之前，就可以不必声明，因为编译系统已经先知道了已定义的函数，会自动处理。

（3）如果已在所有函数定义之前，在文件的开头，在函数的外部声明了函数原型，则在各个主调函数中，不必对所调用的函数再做原型声明。例如：

```
/*以下 3 行在所有函数之前*/
char letter(char,char);
float f(float,float);
int i(float,float);
main()
{…}
char letter(char c1,char c2)                    /*定义 letter()函数*/
{…}
float f(float x,float y)                        /*定义 f()函数*/
{…}
int i(float j,float k)                          /*定义 i()函数*/
{…}
```

除了以上 3 种情况外，都应该按上述介绍的方法对所调用函数做原型声明，否则编译时会出现错误。

7.4 函数的嵌套调用与递归调用

在 C 语言中，不可以嵌套定义函数，但允许嵌套调用和递归调用函数。

7.4.1 函数的嵌套调用

C 语言的函数定义都是互相平行、独立的，也就是说，在定义函数时，一个函数内不能包含另一个函数。

C 语言程序不能嵌套定义函数，但可以嵌套调用函数，也就是说，在调用一个函数的过程中，又可以调用另一个函数。图 7-2 所示为两层嵌套，其执行过程如下。

（1）执行 main()函数的开头部分。

（2）遇调用 a()函数的操作语句，流程转去 a()函数。

（3）执行 a()函数的开头部分。

（4）遇调用 b()函数的操作语句，流程转去 b()函数。

（5）执行 b()函数，如果再无其他嵌套的函数，则完成 b()函数的全部操作。

（6）返回调用 b()函数处，即返回 a()函数。

（7）继续执行 a()函数中尚未执行的部分，直到 a()函数结束。

（8）返回 main()函数中调用 a()函数处。

（9）继续执行 main()函数的剩余部分直到结束。

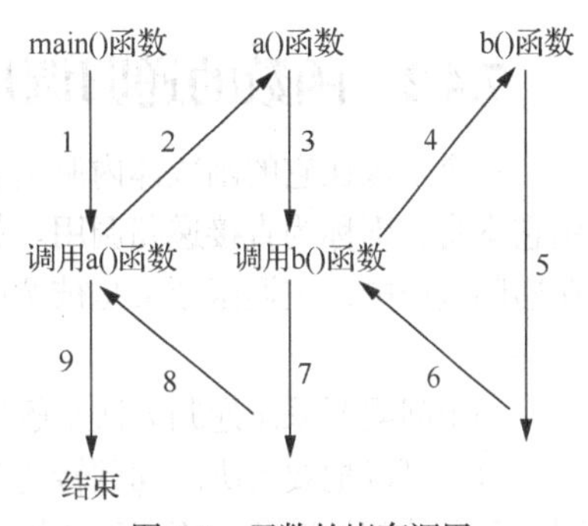

图 7-2 函数的嵌套调用

所有程序都从主函数开始执行，也在主函数结束。

【例 7-7】求 1!+2!+3!+4 !+…+20!。

前面已经讲过求 *n*! ，也讲过求和的算法，此题可以考虑设计一个求 *n*! 的函数 fac()，再设计一个求和的函数 sum()，主函数调用求和 sum()函数，求和函数调用 fac()函数。

程序如下。

```
main()
{  float sum(int);             /* sum()函数的原型声明*/
   float add;
   add=sum(20);                /*主函数调用 sum()函数，求 20 以内的自然数的阶乘和*/
   printf("add=%e",add); /*由于 20 以内的自然数的阶乘和超过 int 型和 long 型能表示的数的范围，所以用 e 格式输出结果*/
}
float sum(int n)               /*求 n 以内的自然数的阶乘和*/
{  float fac(int);             /* fac()函数的原型声明*/
   int k;
   float s=0;
   for(k=1;k<=n;k++)
      s+=fac(k);               /*调用 fac()函数求 k! ，并累加到 s 中*/
   return s;                   /*返回 n 以内的自然数的阶乘和*/
}
float fac(int k)               /*求 k 的阶乘值*/
{  float t=1;
   int n;
      for(n=1;n<=k;n++)
         t*=n;
      return t;                /*返回 k 的阶乘值*/
}
```

运行结果为：

```
s=2.56133e+18
```

7.4.2 函数的递归调用

一个函数在它的函数体内调用它自身称为递归调用，这种函数称为递归函数。如果函数直接调用它本身，则称为直接递归调用。如果函数通过其他函数间接调用它自身，则称为间接递归调用。在递归调用中，主调函数又是被调函数。执行递归函数将反复调用其自身。每调用一次就进入新的一层。

一个问题要采用递归方法来解决时，必须满足以下 3 个条件。

（1）可以把要解决的问题转化为一个新问题，而这个新问题的解决方法仍与原来的解决方法相同，只是处理的对象有规律地递增或递减。

（2）可以应用这个转化过程使问题得到解决。

（3）必定要有一个明确的结束递归的条件，一定要能够在适当的地方结束递归调用，不然可能导致系统崩溃。

递归调用过程分为两个阶段。

（1）递推阶段：将原问题不断地分解为新的子问题，逐渐从未知的向已知的方向推测，最终达到已知的条件，即递归结束条件，这时递推阶段结束。

（2）回归阶段：从已知条件出发，按照“递推”的逆过程，逐一求值回归，最终到达“递推”的开始处，结束回归阶段，完成递归调用。

【例 7-8】用递归调用的方法求 $n!$。

由于 $n!=n\times(n-1)!$，所以要计算 $n!$，就必须先知道 $(n-1)!$，而要求 $(n-1)!$，必须先知道 $(n-2)!$，以此类推，要求 2!，必须先知道 1!，而 1!是 1。以上关系可用如下式子表示。

$$n!=\begin{cases}1 & n=0 \text{ 或 } n=1\\ n\times(n-1) & n>1\end{cases}$$

可以用一个函数来描述上述递归过程。

```
int fac(int n)
{  int c;
   if(n==0||n==1)
      c=1;                              /*n 的值为 0 或 1 时，n!为 1*/
   else c=n*fac(n-1);                   /*n>1 时，调用本函数计算 n!*/
   return c;                            /*c 中存放的是 n!，返回值也是 n!*/
}
main()
{  int n;
   scanf("%d",&n);
   if(n<0)
      printf("Data error!\n");
   else printf("%d!=%d\n",n,fac(n));
}
```

运行结果如下。

```
4 <回车>
4!=24
```

【例 7-9】编程求 Fibonacci 数列的第 n 项。Fibonacci 数列定义如下。

$$F(n)=\begin{cases}1 & n=1\\ 1 & n=2\\ F(n-1)+F(n-2) & n>2\end{cases}$$

分析：Fibonacci 数列的计算具备递归的条件。首先有递推公式 $F(n)=F(n-1)+F(n-2)$，其次有结束递归的条件，即 n=1 或 n=2 时，有确定的值 1。

程序如下。

```
#include<stdio.h>
long fibo(int);
main()
{
long f;
int n;
scanf("%d",&n);
f=fibo(n);
printf("%ld\n",f);
}
long fibo(int n)
{
long f;
if(n==1||n==2)
f=1L;
else
f=fibo(n-1)+fibo(n-2);
return f;
}
```

运行时结果为：

```
8 <回车>
  21
```

7.5　数组作函数参数

数组可以作为函数的参数使用，进行数据传送。数组用作函数参数有两种形式，一种是把数组元素（下标变量）作为实参使用；另一种是把数组名作为函数的形参和实参使用。

7.5.1　数组元素作函数实参

与普通变量一样，数组元素代表内存中的一个存储单元，因此数组元素可以作为函数的实参。在调用函数时，把作为实参的数组元素的值传送给形参，实现单向“值传递”，同普通变量作为函数实参时完全一样。

【例 7-10】从键盘输入两个字符串，使用函数 compchar()进行两者的大小比较。

算法分析：

（1）输入两个字符串，分别存放在 str1 与 str2 中。

（2）设计函数 compchar()比较两字符，返回 ASCII 值之差，赋给主函数的变量 flag。

（3）用 do…while 循环依次比较两个字符串的对应字符，结束的条件是两字符串至少有一个结束，或者比较字符不相等。

（4）当循环结束时，flag 的值为 0 或为第一个不相等的字符的 ASCII 值之差，由此可以判断出字符串的大小。

程序如下。

```
#include<stdio.h>
main()
{  int i,flag;
   int compchar(char,char );
```

```
    char str1[80],str2[80];
    gets(str1);
    gets(str2);
    i=0;
    do
    {  flag=compchar(str1[i],str2[i]);            /*数组元素作实参*/
       i++;
    }while((str1[i]!='\0')&&(str2[i]!='\0')&&(flag==0));
    if(flag==0)
       printf("%s=%s",str1,str2);
    else if(flag>0)
       printf("%s>%s",str1,str2);
    else printf("%s<%s",str1,str2);
    }
int compchar (char c1,char c2)
{  int t;
   t=c1-c2;
   return t;
}
```

输入：

```
very well↙
very good↙
```

输出：

```
very well>very good
```

7.5.2 数组名作函数参数

数组名作为函数参数时，形参和实参都应使用数组名（或第 9 章介绍的指针变量），并且要求实参与形参数组的类型相同、维数相同。在传递参数时，按单向“值传递”方式传递地址，即将实参数组的首地址传递给形参数组，而不是将实参数组的每个元素一一传递给形参的各数组元素。形参数组接收了实参数组首地址后，形参与实参共用相同的存储区域，这样在被调函数中，形参数组的数据发生了变化，主调函数用的实参数组是变化之后的值。

【例 7-11】编写程序实现功能：输入一个字符串，过滤此串，只保留串中的字母字符，并统计新生成串中包含的字母数。例如，输入的字符串为 ab234$df4，新生成的串为 abdf。

```
#include  “stdio.h”
#define N 80
int fun(char str[ ])
{int i,j;
for(i=0,j=0;str[i]!='\0';i++)
if(str[i]<='z'&& str[i]>='a'||str[i]<='Z' && str[i]>='A')
{str[j]=str[i];  j++;}
str[j]='\0';
return( j );     }
main()
{ char str[N]; int num;
  printf("input a string:");  gets(str);
  num=fun(str);
  printf("\nThe new string is :");  puts(str);
printf("\nThe length of the string is :%d",num);    }
```

fun()函数的功能是过滤主函数中的字符串，使其只保留字母字符。在 main()函数中，输入一个字符串，存储在数组 str 中，然后调用 fun()函数。由于是将实参数组 b 的首地址传递给形参数组 a，所以对形参数组 a 的操作必将会影响实参数组 b。

当形参数组的长度与实参数组不一致时，虽不至于出现语法错误（编译能通过），但程序执行结果可能与实际不符，请注意。

7.5.3 多维数组名作函数参数

多维数组也可以作为函数的参数，此时因为编译系统不检查第一维的大小，所以可省去第一维的长度，因此，以下写法都是合法的。

```
int a(int a[3][10])
```

或

```
int a(int a[][10])
```

【例 7-12】计算 $N \times N$ 矩阵的主对角线元素和反向对角线元素之和，并作为函数值返回。

例如，若 $N=3$，有下列矩阵。

1	2	3
4	5	6
7	8	9

```
#include <stdio.h>
#define N 4
fun(int t[][N], int n)
{int i, sum;
 sum=0;
 for(i=0; i<n; i++)
     sum+= t[i][i];
 for(i=0; i<n; i++)
   sum+= t[i][n-i-1] ;
 return sum;
}
main()
{   int t[][N]={1, 2, 3, 4, 5, 6, 7, 8, 9},i,j;
    printf("\nThe original data:\n");
    for(i=0; i<N; i++)
    {for(j=0; j<N; j++) printf("%4d",t[i][j]);
       printf("\n");
    }
    printf("The result is: %d",fun(t,N));
}
```

数组操作经常与指针操作结合在一起，形参和实参都可以使用指针，也可以将指针和数组混合使用（详见第 9 章）。

7.6 变量的作用域

变量的作用域是指变量有效的范围，与变量定义的位置密切相关。作用域是从空间这个角度来描述变量的，按作用域不同，变量可分为局部变量和全局变量。

7.6.1 局部变量

在函数（或复合语句）内部定义的变量，称为局部变量，也称为内部变量。局部变量只能在定义它的函数（或复合语句）内使用，其他函数均不能使用，例如，函数的形参就是局部变量。显然，变量的作用域与其定义语句在程序中出现的位置有直接的关系。注意，在同一个作用域内，不允许有同名的变量出现，而在不同的作用域内，允许有同名变量出现。

局部变量的作用域是从该变量定义处开始至它所在的函数或复合语句的结束处。局部变量有如下特点。

（1）不同的函数可使用相同的局部变量名，它们分别代表不同的对象，分配不同的内存单元，互不干扰。

（2）在同一函数中，不同复合语句中定义的局部变量也可以同名，它们代表不同的对象，也不会互相干扰；在有嵌套的复合语句内，当内外层具有相同的局部变量时，在内层起作用的是内层定义的局部变量，外层定义的变量不可见，被屏蔽。

（3）主函数中定义的变量只能在主函数内部使用，而且也不能在主函数中使用在其他函数中定义的局部变量。

（4）可以在复合语句中定义变量，这些变量只在本复合语句中有效，只要离开该复合语句，该变量就无效，释放内存单元。

【例 7-13】局部变量的作用域。

```
main()
{  int x=1;
   {  int x=3;
      void prt(void);
      prt();                                 x=3 的作用域    x=1 的作用域
      printf("(2) x=%d\n",x);
   }
   printf("(3) x=%d\n",x);
}
void prt(void)
{  int x=5;
   printf("(1) x=%d\n",x);                   x=5 的作用域
}
```

程序运行结果如下。

```
(1) x=5
(2) x=3
(3) x=1
```

本程序定义了多个名为 x 的局部变量，在 main()函数中调用 prt()函数时，在 prt()函数中定义的局部变量 x 屏蔽了其他同名的局部变量。此时输出“（1）x=5”；在程序第 8 行的输出语句中，局部变量 x=3 屏蔽了其他同名的局部变量，此时输出“（2）x=3”；程序的第 10 行为局部变量 x=1 的作用域，因此输出“（3）x=1”。

【例 7-14】写出下面程序的运行结果。

```
#include "stdio.h"
 main()
    {  int k, a=0;
       for(k=1;k<=2;k++)
       {  int a=1;      /*在复合语句内开辟新的 a,故上面的 a 不起作用*/
          a++;
          printf("k=%d,a=%d\n",k,a);
       }                /*释放复合语句内开辟的 a，不能再使用它*/
       printf("k=%d,a=%d\n",k,a);     /*a 是主函数第一条语句中的 a*/
    }
```

运行结果：

```
k=1,a=2
k=2,a=2
k=3,a=0
```

7.6.2　全局变量

在函数之外定义的变量称为外部变量，外部变量是全局变量。全局变量可以由本文件中其他函数共用，它的有效范围为从定义变量的位置开始到本源文件结束。例如：

```
    int a=1,b=2;         /*a、b 为全局变量，以下 3 个函数都可以使用*/
    float f1(int a)      /*定义函数 f1()*/
    {
    int b,c;
        …
    }                    /*a、b、c 只在本函数中使用*/
    int c=0,d=2;         /*c、d 为全局变量，以下两个函数可以使用它们*/
f2(int x,int y)          /*定义函数 f2()*/
    {
    int i,j;
        …
}                        /*x,y,i,j 只在本函数内有效*/
  main()
  {
    int m,n;             /*m,n 只在主函数内有效*/
        …
    }
```

全局变量增加函数间数据联系的渠道。由于同一文件中的所有函数都能引用全局变量的值，因此，如果在一个函数中改变了全局变量的值，就能影响到其他函数，相当于各个函数间有直接的传递通道。由于函数的调用只能带回一个返回值，所以有时可以利用全局变量增加与函数联系的渠道，从函数得到一个以上的返回值。

建议非必要时，不要使用全局变量，原因有以下几点。

（1）全局变量在程序的全部执行过程中都占用存储单元，而不是仅在需要时才开辟单元。

（2）它使函数的通用性降低了，因为函数在执行时，要依赖其所在的外部变量。将一个函数移到另一个文件中，还要将有关的外部变量及其值一起移过去，但该外部变量与其他文件的变量同名时，会出现问题，降低了程序的可靠性和通用性。

（3）使用全局变量过多，会降低程序的清晰性，人们往往难以清楚地判断每个瞬间各个外部变量的值。在各个函数执行时都可能改变外部变量的值，程序容易出错，因此要限制使用全局变量。

如果外部变量在文件开头定义，则在整个文件范围内都可以使用该外部变量，如果不在文件开头定义，则按上面的规定，作用范围只限于定义点到文件终点。如果定义点之前的函数想引用该外部变量，则应该在该函数中用关键字 extern 做外部变量声明，表示这些变量是在该函数后面定义的外部变量。在函数内部，从 extern 声明之处起，可以使用它们。

在同一源文件中，允许全局变量和局部变量同名。在局部变量的作用域内，全局变量不起作用。

【例 7-15】 全局变量的作用域。

```
#include<stdio.h>
```

```
int x;
main()
{  x=10;
   func1();
}
func1()
{  int y;
   y=x;
   func2();
   printf("\nx is %d",x);
   printf("\ny is %d",y);
}
func2()
{  int x;
   for(x=1;x<10;x++)
      putchar('.');
}
```

在本程序中，全局变量 x 在函数 main()和函数 func1()之外定义，但两个函数均可以使用它。在函数 func2()中也定义了一个局部变量 x。当 func2()访问 x 时，它仅访问自己定义的局部变量 x，而不是全局变量 x。

【例 7-16】程序示例。

```
int max(int x,int y)          /*定义 max()函数*/
{
int z;
z=x>y? x:y;
return(z);
}
main()
{
extern int a,b;               /*声明外部变量，不重新开辟内存空间*/
printf("%d",max(a,b));
 }
int a=20,b=7;                 /*定义外部变量，开辟内存空间*/
```

运行结果为：

```
20
```

【例 7-17】程序示例。

```
int a=1;                      /*定义全局变量 a*/
f()
{
int a=2;
printf("f:a=%d\n",a);         /*f 中的局部变量 a 起作用*/
}
g()
{
printf("g:a=%d\n",a);         /*全局变量 a 起作用*/
}
main()
{
int a=3;
printf("main:a=%d\n",a);      /*main 中的局部变量 a 起作用*/
f();
g();
```

```
}
```

运行时输出：

```
main:a=3
f:a=2
g:a=1
```

此程序中的 3 个 a 变量分别占有不同的存储空间，不同函数中的不同变量起作用，只有当函数内部没有定义局部变量时，全局变量才能起作用。

7.7　变量的存储类型

前面介绍了按变量的作用域（即空间），变量可分为全局变量和局部变量。变量还可以按变量值存在的时间（即生存期）来分。

7.7.1　变量的生存期

变量的生存期是指变量值在程序运行过程中存在的时间，即从变量分配存储单元开始到存储单元被收回这一段时间。变量的生存期由变量的存储方式决定。

按变量的生存期，可以将变量分为静态存储变量和动态存储变量。静态存储变量是指变量在程序运行期间分配了固定的存储空间，动态存储变量则是变量在程序运行期间根据需要动态分配存储空间。

C 语言程序运行时，其代码和变量存放在内存和寄存器中，由于寄存器的数量很少，所以内存是 C 语言程序重要的存储区。C 语言程序占用的内存空间（称为用户区）可分为 3 个部分，即程序区、静态存储区和动态存储区，如图 7-3 所示。

程序区
静态存储区
动态存储区

图 7-3　C 程序用户区

程序区存放可执行程序的机器指令；静态存储区存放需要占用固定存储单元的数据，如全局变量；动态存储区存放的数据是动态分配和释放的，包括函数形式参数、自动变量（稍后介绍）以及函数调用时的现场保护和返回地址等。

存储于静态存储区的变量，其生存期从程序运行开始一直延续到程序运行结束。存储于动态存储区和寄存器中的变量，其生存期从变量定义开始到函数（或复合语句）运行结束为止。

C 语言中的每个变量和函数有两个属性：数据类型和数据的存储类型。

对于数据类型（如整型、字符型等），读者已熟悉，存储类型是指数据在内存中存储的方法。

变量的存储类型（也称为存储方式）声明了变量的具体存储位置。因此，存储类型决定了变量的生存期。存储类型分为两大类：静态存储类和动态存储类。定义变量时，可使用 auto（自动）、static（静态）、register（寄存器）和 extern（外部）4 个关键字来声明变量的存储类型，其一般形式为：

```
存储类型　数据类型　变量名表列；
```

或

```
数据类型　存储类型　变量名表列；
```

7.7.2　局部变量的存储类型

定义局部变量时，可以使用 auto、static 和 register 3 种存储类型。

1. 自动变量（auto）

自动变量存储于动态存储区。在定义局部变量时，如果没有指定存储类型，或使用了关键字

auto，定义的变量就是自动存储类型的。例如：

```
void f(int a)
{  auto int b,c;                    /*存储类型符放在类型标识符的左边*/
   …
}
```

其中，变量 a、b、c 为自动变量，但形参 a 不需要用 auto 说明。另外，语句 auto int b,c;等价于：

```
int b,c;                            /*省略 auto*/
```

或

```
int auto b,c;                       /*存储类型符放在类型标识符的右边*/
```

只有函数 f()被调用时，系统才为自动变量 a、b、c 分配存储单元，函数 f()执行结束时，自动释放 a、b、c 所占的存储单元。

2. 静态局部变量（static）

静态局部变量存放在内存的静态存储区。当定义它的函数执行结束时，静态变量的存储区被保留，再次执行该函数时，静态局部变量仍使用原来的存储单元。也就是说，静态局部变量的生存期要延至整个源程序运行结束。

静态局部变量的生存期虽然为整个源程序的运行期间，但其只能在定义该变量的函数内使用。退出该函数后，尽管该变量还继续存在，但不能使用它。

对于基本类型的静态局部变量，若在声明时未赋予初值，则系统自动赋予 0（对数值型变量）或空字符（对字符变量）。而对自动变量不赋初值，其值是不定的。当多次调用一个函数且要求在调用之间保留某些变量的值时，可采用静态局部变量。

【例 7-18】分析下面程序的运行结果。

```
#include "stdio.h"
void f (int c)
{  int a=0;                    /*每次调用时都先赋 0，不保留上一次的值*/
   static int b=0;             /*第一次调用时初值为 0，下次调用时保留上一次的值*/
   a++;
   b++;
   printf("%d:a=%d,b=%d\n",c,a,b);
}
main()
{  int k;
   for(k=1;k<=2;k++)
       f(k);                   /*调用两次函数*/
}
```

运行结果为：

```
1:a=1,b=1
2:a=1,b=2
```

在函数中，虽然 a 和 b 的初值和变化规律都一样，但由于 b 是静态变量，它保留上一次的运算结果，因此第二次调用时，a 和 b 的值就不一样。

对静态局部变量的说明如下。

（1）静态局部变量属于静态存储类型，在静态存储区分配存储单元。在程序整个运行期间都不释放。而自动变量（即动态局部变量）属于动态存储类型，占动态存储区空间而不占固定空间，函数调用结束后即释放。

（2）静态局部变量是在编译时赋初值，即只赋初值一次，在程序运行时它已有初值，以后每次调用函数时，不再重新赋初值，而只是保留上次函数调用结束时的值。对自动变量赋初值，不是在编译时进行的，而在函数调用时进行，每调用一次函数，就重新赋一次初值。

应该看到，用静态存储要多占内存（长期占用不释放，而不能像动态存储那样，一个存储单元可供多个变量使用，节约内存），而且降低了程序的可读性，当调用次数多时，往往弄不清静态局部变量的当前值是什么。因此，如无必要，不要多用静态局部变量。

（3）如果在定义局部变量时不赋初值，则对于静态变量，编译时自动赋初值0（对数值型变量）或空字符（对字符变量），而对于自动变量，它的值不确定。这是由于每次函数调用结束后，存储单元已释放，下次调用时，又重新分配另一存储单元，因此所分配的单元中的值是不确定的。以上结论对数组的初始化也成立。

【例7-19】写出以下程序的运行结果。

```
#include "stdio.h"
main()
{
int k,a[5];
for(k=0;k<5;k++)
printf("%d",a[k]);       /*数组 a 没有赋值，输出一行随机数*/
printf("\n");
printf("First time: \n");
fun();                   /*第一次调用时，为数组 a 的全部元素自动赋 0*/
printf("Second time: \n");
fun();                   /*第二次调用时，保留数组 a 的原值*/
}
fun()                    /*由于定义为静态变量，所以两次调用的结果不同*/
{
int i;
static int a[5];
for(i=0;i<5;i++)
printf("%d",a[i]);
printf("\n");
a[0]++;                  /*改变 a[0]的值*/
}
```

运行结果为：

```
**************
First time:
00000
Second time:
10000
(其中**************代表随机数)
```

3. 寄存器变量（register）

寄存器变量存放于 CPU 的寄存器中，由于在使用寄存器变量时，不需要访问内存，而直接从寄存器中读写，因而常将经常重复使用的变量存放在寄存器中，以加快程序的运行速度。

注意

由于 CPU 中寄存器的数量是有限的，因此使用寄存器变量的数量也是有限的，若超过一定的数量，则自动转为非寄存器变量。另外，不能用第9章介绍的指针来操作寄存器变量，这是因为指针只能指向内存单元，不能指向 CPU 中的寄存器。

【例7-20】输出1～5的阶乘值。

```
int fac(int n)
{
register int i,f=1;     /*i 和 f 使用频繁，因此定义为寄存器变量*/
```

```
    for(i=1;i<=n;i++)
    f=f*i;
    return(f);
}
main()
{
    int i;
    for(i=1;i<=5;i++)
    printf("%d!=%d\n",i,fac(i));
}
```

运行结果为：

```
1!=1
2!=2
3!=6
4!=24
5!=120
```

定义局部变量f和i为寄存器变量，如果*n*的值大，则能节约许多执行时间。

（1）只有自动局部变量和形式参数可以作为寄存器变量，其他（如全局变量）不行。在调用一个函数时，占用一些寄存器以存放寄存器变量的值，函数调用结束，释放寄存器。此后，在调用另一个函数时，又可以利用它来存放该函数的寄存器变量。

（2）一个计算机系统中的寄存器数量是有限的，不能定义任意多个寄存器变量。不同系统允许使用的寄存器数不同。如果没有足够的寄存器来存放指定的变量，则自动按自动变量来处理。寄存器变量的声明应尽量靠近使用它的地方，用完之后尽快释放。

（3）静态局部变量不能定义为寄存器变量，不能写成：

```
register static int a,b,c;
```

不能把变量a、b、c既放在静态存储区，又放在寄存器中，只能居二者其一。

（4）不能对寄存器变量进行求地址运算，因为寄存器变量的值不是存放在内存中的。

7.7.3 全局变量的存储类型

1. 外部变量

外部变量（即全局变量）在函数的外部定义，存放在静态数据区，其生存期与程序相同，因而它的数据在程序运行期间一直存在。它的作用域为从变量定义处开始，到本程序文件的末尾。但可以用extern关键字声明（说明）外部变量，扩展其作用域。一种情况是，在同一源文件中，将作用域扩展到定义之前；另一种情况是，将作用域扩展到一个源程序的其他源文件中。声明外部变量的一般格式如下。

```
extern 类型标识符变量名表列;
```

例如，有一个源程序由如下的F1.c和F2.c两个源文件组成。

F1.c的内容如下。

```
int x,y;                              /*外部变量的定义*/
char z;                               /*外部变量的定义*/
main()
{  extern int a,b;                    /*外部变量声明*/
   …
}
int a,b;
void fun11()
```

```
{ … }
```

F2.c 的内容如下。

```
extern int x,y;                 /*外部变量声明*/
extern char z;                  /*外部变量声明*/
fun21(int a,int b)
{ … }
```

在 F1.c 和 F2.c 两个文件中都要使用 x、y、z 3 个变量，若在两个文件中都进行定义，则在“连接”时会产生“重复定义”的错误。解决问题的办法是在 F1.C 文件中把 x、y、z 都定义为外部变量，在 F2.c 文件中用 extern 把 3 个变量声明为外部变量，表示这些变量已在其他文件中定义，编译系统不再为它们分配内存空间。在 F2.c 中，x、y、z 的作用域从 extern 声明处开始，到文件的结束处为止。在 F1.c 文件中，由于对外部变量 a 和 b 进行了外部变量声明，所以其作用域往前延伸至 extern 声明处。

需要注意的是，外部变量的定义与外部变量的声明是完全不同的。外部变量的定义只能出现一次，它的位置只能在函数之外，其目的是为外部变量开辟内存单元；而外部变量的声明可以出现多次，位置可以在函数内，也可以在函数外，目的是扩展该变量的作用域。

2. 静态外部变量

外部变量定义之前冠以关键字 static 就构成了静态外部变量。外部变量与静态外部变量都存放于静态存储区域。这两者的区别在于，非静态外部变量的作用域是整个源程序，当然在一个源程序由多个源文件组成时，要使用 extern 关键字扩展作用域；而静态外部变量的作用域限制在定义该变量的源文件内，在同一源程序中的其他源文件中不能使用它，因此在其他源文件中，可以定义重名的外部变量，不会引起操作混乱问题。例如，有一个源程序由源文件 F1.c 和 F2.c 组成。

F1.c 的内容如下。

```
static int x,y;                 /*外部变量的定义*/
char z;                         /*外部变量的定义*/
main()
{ … }
```

F2.c 的内容如下。

```
extern int x;                   /*外部变量声明*/
extern char z;                  /*外部变量声明*/
int y;
func (int a,b)
{ … }
```

文件 F1.c 中定义了静态全局变量 x 和 y，虽然在 F2.c 中用 extern 声明 x，但引用它将会产生错误。F2.c 的 y 不同于 F1.c 中的 y。

从以上分析可以看出，static 在不同的地方所起的作用是不同的。例如，把自动局部变量改变为静态局部变量是改变了它的生存期，把外部变量改变为静态外部变量，则是改变了它的作用域。

7.7.4　变量的存储类型小结

1. 变量的存储类型

static：声明静态内部变量或静态外部变量。

auto：声明自动局部变量。

register：声明寄存器变量。

extern：声明变量是已定义的外部变量。

2. 按变量的作用域划分的存储类型

按变量的作用域，有全局变量和局部变量。它们可采取的存储类型如下。

局部变量：
- 自动变量，即动态局部变量（离开函数，值就消失）
- 静态局部变量　（离开函数，值仍保留）
- 寄存器变量　（离开函数，值就消失）
- 形式参数　（可以定义为自动变量或寄存器变量）

全局变量：
- 静态外部变量　（只限本文件使用）
- 外部变量　（非静态的外部变量，允许其他文件引用）

3. 按变量的生存周期划分的存储类型

按变量的生存期，有静态存储和动态存储两种类型。静态存储是在程序整个运行期间始终存在的，动态存储则是在调用函数或进入分程序时临时分配单元的。

动态存储：
- 自动变量　（本函数内有效）
- 寄存器变量　（本函数内有效）
- 形式参数　（本函数内有效）

静态存储：
- 静态局部变量　（本函数内有效）
- 静态外部变量　（本文件内有效）
- 外部变量　（其他文件可引用）

4. 变量的作用域与生存期

如果一个变量在某一范围内能被引用，则称该范围为该变量的作用域。换言之，一个变量在其作用域内都能被有效引用。

一个变量占据内存单元的时间，称为该变量的生存期。或者说，该变量值存在的时间就是该变量的生存期。

常用变量存储类型的作用域和生存期如表7-1所示。

表7-1　变量存储类型

变量存储类型	函数内		函数外	
	作用域	生存期	作用域	生存期
自动变量、寄存器变量	√	√	×	×
静态局部变量	√	√	×	√
静态外部变量	√	√	只限本文件	√
外部变量	√	√	√	√

7.8 内部函数和外部函数

函数都是全局的，因为不能在函数内部定义另一个函数。但是，根据函数能否被其他源文件调用，可以将函数分为内部函数和外部函数。

7.8.1 内部函数

如果一个函数只能被本文件中的其他函数调用，则称它为内部函数。在定义内部函数时，在函数名和函数类型前面加static，其定义的一般形式为：

```
static 类型标识符  函数名(形参表)
```

例如：

```
static int fun(int a,int b)
```

内部函数又称为静态函数。使用内部函数，可以使函数只局限于所在文件，如果在不同的文件中有同名的内部函数，则互不干扰。

7.8.2　外部函数

在定义函数时，如果冠以关键字 extern，则表示此函数是外部函数，外部函数在整个源程序中都有效，其定义的一般形式为：

```
extern 类型标识符　函数名(形参表)
```

例如：

```
extern int fun (int a,int b)
```

函数 fun()可以为其他文件调用，如果在定义函数时省略 extern，则隐含为外部函数。在需要调用此函数的文件中，要用 extern 声明所调用函数的原型（返回值是整型的函数除外）。

7.9　应用举例

【例 7-21】以下语句调用 fun 1 函数的（　　）个参数。

```
fun1(1,x,fun2(a,b,c),(a+b,a-b));
```

分析：函数调用语句的实参以“，”作为分隔符，例 7-21 中的第一个参数是整数 1，第二个参数是变量 x，第三个参数是函数 fun2(a,b,c)的返回值，第四个参数是逗号表达式(a+b,a-b)的运行结果。因此答案是 4。

【例 7-22】以下所列的函数“首部”中，正确的是（　　）。

A. void play(int a,b)　　　　B. void play(int a,int b)

C. void play(a:int,b:int)　　　　D. void play(a as int,b as int)

分析：C 语言关于函数首部的定义形式是，对于多于一个形参的情况，形参之间要以“,”分隔，并且要分别声明每个形参的类型。因此答案是 A。

【例 7-23】以下程序的输出结果是（　　）。

```
#include "stdio.h"
fun(int a,int b,int c)
{c=a * b;}
main()
{int c;
fun(2,3,c);
printf("%d\n",c);
}
```

分析：在例 7-23 中，主函数中的变量 c 没有初始化，因此 c 的初值是一个随机数，当主函数调用子函数 fun()时，将实参 2、3 和变量 c 的值传递给子函数 fun()的变量 a、b、c，因此在子函数被调用期间，形参 a 的值为 2，形参 b 的值为 3，而形参 c 的初值是一个随机数，执行“c=a * b;”语句后，形参 c 的值为 6。由于在函数调用过程中，实参对形参进行单向传递，且子函数调用结束后，形参 a、b、c 的存储空间都被释放，主函数中的变量 c 的值没有变化，仍然是一个随机数。所以输出结果是一个随机数。

【例 7-24】下述程序的输出结果是（　　）。

```
#include<stdio.h>
int fun(int x)
```

```
{  int p;
   if(x==0||x==1)
      return 3;
   else p=x-fun(x-2);
   return p;
}
void main()
{  printf("%d\n",fun(9)); }
```

A. 7　　　　　　　　B. 8　　　　　　　　C. 9　　　　　　　　D. 10

分析：例 7-24 是针对递归函数的理解的。在程序中，调用函数的实参是 9，不满足出口条件，故执行 f=9-fun(7)=9-(7-fun(5))=9-(7-(5-fun(3)))=9-(7-(5-(3-fun(1))))，由 fun(1)=3 得到 fun(9)=7。所以答案是 A。程序中的 fun()函数可简写如下。

```
int fun(int x)
{  if(x==0||x==1)
      return 3;
   return x-fun(x-2);
}
```

或

```
int fun(int x)
{  retum x==0||x==1?3:x-fun(x-2);
}
```

【例 7-25】在主函数中，从键盘输入若干个数放入数组中，用 0 结束输入并放在最后一个元素中。给定程序中 fun()函数的功能是：计算数组元素中正数的平均值（不包括 0）。

例如，数组中的元素依次为 39、-47、21、2、-8、15、0，程序的运行结果为 19.250000。

请改正程序中的错误，使它能得出正确的结果。

```
#include <stdio.h>
double fun (int x[])
{
/**********ERROR**********/
  int sum = 0.0;
  int c=0, i=0;
  while (x[i] != 0)
  {if (x[i] > 0) {
       sum += x[i]; c++;}
   i++;
  }
/**********ERROR**********/
  sum \= c;
  return sum;
}
main()
{int x[1000]; int i=0;
   printf("\nPlease enter some data (end with 0): ");
   do
     {scanf("%d", &x[i]);}
   while (x[i++] != 0);
   printf("%f\n", fun (x));
}
```

分析：例 7-25 考查的第一个知识点是函数的返回值类型。自定义函数 fun()的函数首部确定了本函数的返回值类型是 double。由函数中的返回语句"return sum;"得知，本函数将通过变量 sum 将函数运行结果返回给主函数，因此，变量 sum 的类型应该是 double。因此第一条出错语句应该改为"double sum = 0.0;"。例 7-25 考查的第二个知识点是除法运算符，书写错误，应改为"sum/= c;"。

【例 7-26】在给定程序中，函数 fun()的功能是：计算形参 x 所指数组中 *N* 个数的平均值（规定所有数均为正数）作为函数值返回，并将大于平均值的数放在形参 y 所指的数组中，在主函数中输出。

例如，有 10 个正数：46、30、32、40、6、17、45、15、48、26，平均值为 30.500000，主函数中输出 46、32、40、45、48。

```
#include <stdio.h>
#define N 10
double fun(double x[],double *y)
{int i,j; double av;

/**********FILL**********/
  av=___(1)___;
/**********FILL**********/
  for(i=0; i<N; i++) av = av + ___(2)___;
  for(i=j=0; i<N; i++)

/**********FILL**********/
    if(x[i]>av) y[___(3)___]= x[i];
  y[j]=-1;
  return av;
}
main()
{int i; double x[N],y[N];
  for(i=0; i<N; i++){x[i]=rand()%50; printf("%4.0f ",x[i]);}
  printf("\n");
  printf("\nThe average is: %f\n",fun(x,y));
  for(i=0; y[i]>=0; i++) printf("%5.1f ",y[i]);
  printf("\n");
}
```

分析：本程序中的前 4 行语句主要完成对形参 x 数组元素的求和，av 变量用于存放求和的结果，所以 av 初值应该为 0.0，因此（1）处填"0.0;"，（2）处填"x[i]"。第 5 行～第 6 行，将数组元素依次与 av 比较，将大于 av 的数组元素存放于数组 y 的 y[0],y[1]…中，用变量 j 表示数组 y 下标的变化，因此（3）处填"j"。

【例 7-27】函数 fun()的功能是：把形参 a 所指数组中的偶数按原顺序依次存放到 a[0]，a[1]，a[2]，…中，把奇数从数组中删除，偶数数量通过函数值返回。

例如，若a所指数组中的数据最初排列为9、1、4、2、3、6、5、8、7，则删除奇数后，a所指数组中的数据为 4、2、6、8，返回值为 4。

请在程序的横线处填入正确的内容并把横线删除，使程序得出正确的结果。

```
#include <stdio.h>
#define N 9
int fun(int a[], int n)
{int i,j;
   j = 0;
   for (i=0; i<n; i++)
/**********FILL**********/
     if (___(1)___== 0) {

/**********FILL**********/
```

```
      (2)     = a[i]; j++;
    }
/**********FILL**********/
  return   (3)   ;
}
main()
{int b[N]={9,1,4,2,3,6,5,8,7}, i, n;
  printf("\nThe original data :\n");
  for (i=0; i<N; i++) printf("%4d ", b[i]);
  printf("\n");
  n = fun(b, N);
  printf("\nThe number of even : %d\n", n);
  printf("\nThe even :\n");
  for (i=0; i<n; i++) printf("%4d ", b[i]);
  printf("\n");
}
```

分析：在本程序中，因为要将形参数组 a 中的偶数重新存放到数组 a 中，子函数中第 7 行的 if 语句的功能是筛选出数组 a 中的偶数，因此（1）处填“a[i]%2”。第 8 行用于处理将偶数重新存放到数组 a 的 a[0],a[1],…中，因此数组 a 的下标要重新读数，用变量 j 表示新建立的数组 a 下标的变化，因此（2）处填“j”。for 循环结束，变量 j 中的数值就是新建立的数组 a 中的元素数，即偶数的数量，因此（3）处填“j”。由例 7-27，读者可以思考如何建立一个只存放奇数的数组。

【例 7-28】 编写函数 fun()，其功能是求出二维数组周边元素之和，作为函数值返回。二维数组中的值在主函数中赋予。

例如，二维数组中的值为：

```
1  3  5  7  9
2  9  9  9  4
6  9  9  9  8
1  3  5  7  0
```

则函数值为 61。

```
#include <stdio.h>
#define M 4
#define N 5
int fun (int a[M][N])
{ int i, j, sum = 0;
 for (i = 0; i < M; i++)
   for (j = 0; j < N; j++)
     if ((i == 0)||(i == M - 1)||(j == 0)||(j == N - 1) )
       sum +=  a[i][j];
 return sum;
}
main()
{ int aa[M][N]={{1,3,5,7,9},
                {2,9,9,9,4},
                {6,9,9,9,8},
                {1,3,5,7,0}};
  int i,j,y;
  system("cls");
  printf("The original data is:\n");
  for (i=0;i<M;i++)
  {  for(j=0;j<N;j++) printf("%6d",aa[i][j]);
```

```
    printf("\n");
  }
  y=fun(aa);
  printf("\nThe sum:  %d\n",y);
  }
```

本章小结

本章着重介绍了函数的定义、函数的调用和函数声明；递归函数的定义及调用；函数与函数之间的数据传递。还讨论了模块化程序设计思想、变量及函数的作用域和存储类型。

（1）C 语言函数有两种，一种是由系统提供的标准函数，这种函数用户可以直接使用；另一种是用户自定义函数，这种函数必须先定义后使用。在定义函数时，用 return 语句返回函数的调用结果并返回主调函数，若函数是无返回值函数，则可根据需要决定是否使用 return 语句。

（2）函数声明即为在主调函数中提供被调函数调用的接口信息，其格式就是在函数定义格式的基础上去掉函数体，因而函数定义也能提供有关的接口信息。

（3）函数调用有两种方法：表达式调用和语句调用。函数调用前，必须首先获得接口信息，当被调用函数的定义位于主调函数之后，或位于其他程序文件中时，必须在调用之前给出被调函数的声明。

（4）C 语言以传值的方式传递函数参数，形参变量值的变化不会影响实参变量。数组名作为函数参数时，将实参数组的首地址值传递给形参数组，此时对形参数组的操作将会影响实参数组。

（5）按变量作用域，可以将变量分为全局变量和局部变量。全局变量定义于函数外，用 static 修饰的全局变量只允许被本文件中的函数访问，而没有用 static 修饰的全局变量则可以被程序中的任何函数访问。定义于函数内的变量称为局部变量，只能被定义该变量的函数（或复合语句）访问。用 static 修饰的局部变量称为静态局部变量，可用于在本次调用与下次调用之间传递数据。

（6）用 static 修饰的函数只允许被本文件中的函数调用，而没有用 static 修饰的函数则允许被程序中的任何函数调用。

练习与提高

一、选择题

1. 以下说法不正确的是（　　）。
   A. 函数不能嵌套定义，但可以嵌套调用
   B. main()函数由用户定义，并可以被调用
   C. 程序的整个运行最后在 main()函数中结束
   D. 在 C 语言中，以源文件而不是以函数为单位进行编译
2. 以下说法正确的是（　　）。
   A. 因为形参是虚设的，所以它始终不占用存储单元
   B. 当形参是变量时，实参与它对应的形参占用不同的存储单元
   C. 实参与它对应的形参占用一个存储单元
   D. 实参与它对应的形参同名时，可占用一个存储单元

3. 以下说法不正确的是（　　）。

A. 在 C 语言中允许函数递归调用

B. 函数值类型与返回值类型出现矛盾时，以函数值类型为准

C. 形参可以是常量、变量或表达式

D. C 语言规定，实参变量对形参变量的数据传递是“值传递”

4. 以下函数首部正确的是（　　）。

A. float swap(int x,y)　　B. int max(int a,int b)

C. char scmp(char cl,char c2);　　D. double sum(float x;float y)

5. 在函数中未指定存储类型的变量，其隐含存储类型为（　　）。

A. 静态　　B. 自动　　C. 外部　　D. 存储器

6. 在一个文件中定义的全局变量的作用域为（　　）。

A. 本程序的全部范围

B. 离定义该变量的位置最近的函数

C. 函数内的全部范围

D. 从定义该变量的位置开始到本文件结束

7. 以下函数的返回值类型是（　　）。

```
fun(int x)
{  printf("%d\n",x);
}
```

A. void　　B. int　　C. 没有　　D. 不确定的

8. 在一个函数的复合语句中定义了一个变量，则该变量的有效范围是（　　）。

A. 在该复合语句中　　B. 在该函数中

C. 本程序范围内　　D. 非法变量

9. 数组名作为实参传递时，数组名被处理为（　　）。

A. 该数组长度　　B. 该数组的元素数

C. 该数组的首地址　　D. 该数组中各元素的值

10. 若调用一个函数，且此函数中没有 return 语句，则正确的说法是：该函数（　　）。

A. 没有返回值　　B. 返回若干个系统默认值

C. 能返回一个用户所希望的函数值　　D. 返回一个不确定的值

11. 下面函数调用语句含有的实参数为（　　）。

```
func((exp1,exp2),(exp3,exp4,exp5));
```

A. 1　　B. 2　　C. 4　　D. 5

12. 以下对 C 语言函数的描述，正确的是（　　）。

A. C 程序由一个或一个以上的函数组成

B. C 函数既可以嵌套定义，又可以递归调用

C. 函数必须有返回值，否则不能使用函数

D. C 程序中调用关系的所有函数必须放在同一个程序文件中

13. 以下叙述不正确的是（　　）。

A. 在 C 语言中调用函数时，只能把实参的值传送给形参，形参的值不能传送给实参

B. 在 C 语言的函数中，最好使用全局变量

C. 在 C 语言中，形式参数只是局限于所在函数

D. 在 C 语言中，函数名的存储类型为外部

14. C语言规定，调用一个函数时，实参变量和形参变量之间的数据传递是（　　）。

A. 地址传递　　B. 值传递

C. 由实参传给形参，并由形参传回给实参　　D. 由用户指定传递方式

15. 在C语言程序中，（　　）。

A. 函数的定义可以嵌套，但函数的调用不可以嵌套

B. 函数的定义不可以嵌套，但函数的调用可以嵌套

C. 函数的定义和调用均不可以嵌套

D. 函数的定义和调用均可以嵌套

二、程序填空题

1. 下面程序的功能是用递归法求 *n*!。

```
#include "stdio.h"
main()
{
  /***********FILL***********/
  ___(1)___ ;
  int n;
  long y;
  printf("input an integer number:");
  scanf("%d",&n);
  /***********FILL***********/
  y=___(2)___;
  printf("%d!=%ld\n",n,y);
}

long fac(int n)
{
  long f;
  if(n<0)
     printf("n<0,data error!");
  else if(n==0,n==1)
     f=1;
  else
     /***********FILL***********/
     f=___(3)___;
  return(f);
}
```

2. 以下函数用于找出一个2×4矩阵中的最大值。

```
int maxvalue(int arr[][4])
{  int i,j,max;
   max=arr[0][0];
   for(i=0; ___(1)___ ;i++)
     for(j=0; ___(2)___ ;j++)
       if(arr[i][j]>max)
          max= ___(3)___ ;
   return (max);
}
```

3. 下面是一个求数组元素之和的程序。主程序定义并初始化了一个数组，然后计算数组元素之和，并输出结果。函数 sum()计算数组元素之和。请完成下列程序。

```
#include<stdio.h>
```

```
  ___(1)____
int a[5]={2,3,6,8,10};
main()
{    ___(2)___
     total=sum(5);
     printf("%d\n",total);
}
int sum(int len)
{    ___(3)___ ;
     for(j=0; ___(4)___ j++)
          ___(5)___ ;
     return s;
}
```

4. 在给定程序中，函数 fun()的功能是：将 $N \times N$ 矩阵中元素的值按列右移 1 个位置，右边被移出矩阵的元素绕回左边。

例如，N=3，有下列矩阵。

```
1    2    3
4    5    6
7    8    9
```

计算结果：

```
3    1    2
6    4    5
9    7    8
```

```
#include <stdio.h>
#define N 4
void fun(int t[][N])
{int i, j, x;

/**********FILL**********/
   for(i=0; i<___(1)___; i++)
    {

/**********FILL**********/
        x=t[i][___(2)___] ;
        for(j=N-1; j>=1; j--)
          t[i][j]=t[i][j-1];

/**********FILL**********/
        t[i][___(3)___]=x;
    }
}
main()
{int t[][N]={21,12,13,24,25,16,47,38,29,11,32,54,42, 21,33,10}, i, j;
   printf("The original array:\n");
   for(i=0; i<N; i++)
   {for(j=0; j<N; j++) printf("%2d ",t[i][j]);
     printf("\n");
   }
   fun(t);
   printf("\nThe result is:\n");
   for(i=0; i<N; i++)
```

```
    {for(j=0; j<N; j++) printf("%2d ",t[i][j]);
       printf("\n");
    }
}
```

5. 在给定程序中，函数 fun()的功能是：有 $N\times N$ 矩阵，以主对角线为对称线，对称元素相加并将结果存放在左下三角元素中，右上三角元素置为 0。

例如，若 N=3，有下列矩阵。

1　　2　　3

4　　5　　6

7　　8　　9

计算结果为：

1　　0　　0

6　　5　　0

10　14　　9

```
#include <stdio.h>
#define N 4

/**********FILL**********/
void fun(int t[]___(1)___)
{int i, j;
   for(i=1; i<N; i++)
   {for(j=0; j<i; j++)
      {

/**********FILL**********/
          ___(2)___ =t[i][j]+t[j][i];

/**********FILL**********/
          ___(3)___ =0;
      }
   }
}
main()
{int t[][N]={21,12,13,24,25,16,47,38,29,11,32,54,42, 21,33,10}, i, j;
    printf("\nThe original array:\n");
    for(i=0; i<N; i++)
    {for(j=0; j<N; j++) printf("%2d ",t[i][j]);
       printf("\n");
    }
    fun(t);
    printf("\nThe result is:\n");
    for(i=0; i<N; i++)
    {for(j=0; j<N; j++) printf("%2d ",t[i][j]);
       printf("\n");
    }
}
```

三、程序改错题

1. 在给定程序中，函数 fun()的功能是按以下递归公式求函数值。

$$\text{fun}(n)=\begin{cases}10 & n=1\\ \text{fun}(n-1)+2 & n>1\end{cases}$$

例如，当给 n 输入 5 时，函数值为 18；当给 n 输入 3 时，函数值为 14。

请改正程序中的错误，使它能输出正确结果。

```
#include <stdio.h>

/**********ERROR**********/
int fun (n)
{int c;

/**********ERROR**********/
   if(n=1)
     c = 10 ;
   else
     c= fun(n-1)+2;
   return(c);
}
main()
{int n;
   printf("Enter n : "); scanf("%d",&n);
   printf("The result : %d\n\n", fun(n));
}
```

2. 在给定程序中，函数 fun()的功能是从 s 所指字符串中删除所有小写字母 c。

请改正程序中的错误，使它能输出正确的结果。

```
#include <stdio.h>
void fun(char s[])
{int i,j;
    for(i=j=0; s[i]!='\0'; i++)
      if(s[i]!='c')

/**********ERROR**********/
      s[j]=s[i];

/**********ERROR**********/
    s[i]='\0';
}
main()
{char s[80];
   printf("Enter a string: "); gets(s);
   printf("The original string: "); puts(s);
   fun(s);
   printf("The string after deleted : "); puts(s); printf("\n\n");
}
```

3. 函数功能：生成一个周边元素为 5，其他元素为 1 的 3×3 的二维数组。

请改正程序中的错误，使它能输出正确的结果。

```
#include "stdio.h"
void fun(int arr[][3])
{
  /**********ERROR**********/
  int i,j
  /**********ERROR**********/
  for(i=1;i<3;i++)
    for(j=0;j<3;j++)
   /**********ERROR**********/
      if(i==0&&j==0||i==2||j==2)
        arr[i][j]=5;
```

```
      else
        arr[i][j]=1;
  }
  main()
  {
    int a[3][3],i,j;
    fun(a);
    for(i=0;i<3;i++)
    {
      for(j=0;j<3;j++)
        printf("%d ",a[i][j]);
      printf("\n");
    }
  }
```

4. 编写函数求 2!+4!+6!+8!+10!+12!+14!。

请改正程序中的错误，使它能输出正确的结果。

```
#include "stdio.h"
long  sum(int n)
{
  /**********ERROR**********/
  int i,j
  long t,s=0;
  /**********ERROR**********/
  for(i=2;i<=n;i++)
  {
    t=1;
    for(j=1;j<=i;j++)
    t=t*j;
    s=s+t;
  }
  /**********ERROR**********/
  return(t);
}
main()
{
  printf("this sum=%ld\n",sum(14));
}
```

四、编程题（利用函数实现）

1. 用函数求 *N* 个整数中能被 5 整除的最大数，如存在，则返回这个最大数；如果不存在，则返回 0。

2. 将 1～lim 中的所有奇数存放在数组 aa 中，在函数中返回奇数的数量。

3. 规定输入的字符串中只包含字母和*号。编写函数 fun()，用于删除字符串中的所有*号。编写函数时，不得使用 C 语言提供的字符串函数。例如，字符串的内容为****A*B***C**DEF*G****。

4. 输入一个整数，将各位上的偶数取出，并按与原来从高位到低位相反的顺序组成一个新数。

第8章 指针

指针在C语言中占据重要的地位，是C语言比其他语言功能强大的重要特点之一。用好指针对于编写系统软件很有帮助，它可以帮助程序员准确有效地表达一些复杂的数据结构，能在程序运行过程中随时动态分配内存，指针也为字符串和数组的有效表达提供了灵活的方式和手段，它还可以突破函数只能返回一个值的限制，增强函数的功能和灵活性，指针甚至可以直接处理内存地址，这通常是汇编语言和机器语言才能做到的。

本章将学习指针的相关知识，包括指针的概念及指针的使用方法和注意事项。指针的学习对于掌握和应用C语言非常重要，正确灵活地应用指针，可以设计出高效且简洁的程序，对于较复杂程序的设计优势明显。

指针的概念比较复杂，使用也比较灵活，因此初学时常会出错，请在学习本章内容时多思考、多比较、多上机，在实践中掌握它。

本章学习目标：

掌握指针与指针变量的概念，熟练使用指针与地址运算符。

掌握变量、数组、字符串、函数、结构体的指针以及指向变量、数组、字符串、函数、结构体的指针变量。通过指针引用以上各类型数据。

掌握用指针作函数参数。

了解返回指针值的函数。

了解指针数组、指向指针的指针、main()函数的命令行参数。

8.1 相关概念

为了理解指针的概念，应先了解数据在内存中是如何存储、如何读取的。

8.1.1 变量的地址

前面章节学习了在程序中定义不同类型的变量，在编译程序时会为这些变量分配空间，变量类型不同，分配的空间大小也不同，这些空间位于内存中，系统对其中的每字节都设定了编号，这些编号就是地址。

内存单元的地址与内存单元内容的区别如图8-1所示。假设程序中已定义了3个整型变量i、j、k，编译时，内存用户数据区系统分配地址为2000和2001的2字节给变量i，地址为2002和2003的2字节给变量j，地址为2004和2005的2字节给变量k。

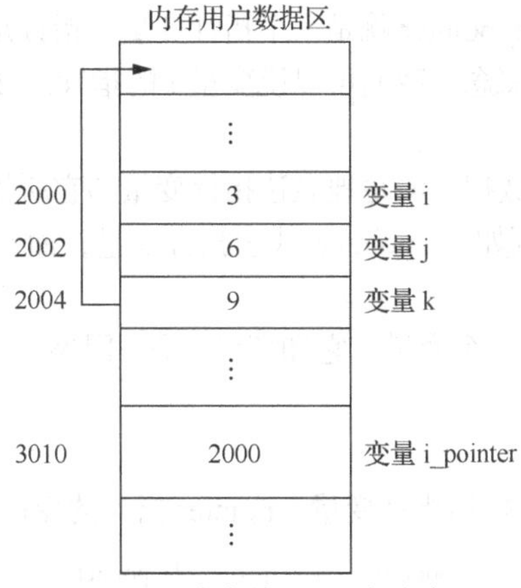

图 8-1　内存单元地址与内容

如果执行赋值语句 i=3;j=6;k=9;，则 3、6、9 分别是 i、j、k 的值，而 2000、2002、2004 分别是 i、j、k 的地址。

8.1.2　数据的访问方式

数据的访问方式有两种：直接访问和间接访问。

直接访问方式是直接给出变量的地址，然后按照变量地址来存取变量的值。前面章节的程序在存取变量的值时，都是在程序中给出变量的名称，通过变量名来完成对变量值的存取操作。这些变量名实际上是对应变量的地址，这一转换过程是在编译过程中完成的，因而对于变量值的存取实际上是通过变量的地址来进行的。例如，对于语句 i=4，执行时会依据变量名 i 和地址的对应关系找出变量 i 对应的地址 2000，然后把数据 4 存入地址 2000 和 2001 对应的单元。对于语句 i=j，执行时也会先找到 i 对应的地址 2000 以及 j 对应的地址 2002，然后到 2002、2003 地址对应的单元中找到对应的数据，存入 2000、2001 对应的单元中。其他语句的执行过程以此类推。

间接访问不是直接给出变量的地址，而是定义了一种被称为指针变量的特殊变量，把需要访问的变量的地址存储在指针变量中，通过指针变量可以得到待访问变量的地址，再由这个地址访问变量的值。例如，访问变量 i 不是直接给出变量地址 2000，而是定义一个指针变量 i_pointer，它对应的地址空间是 3010、3011，把待访问变量 i 的地址 2000 存储在 3010、3011 空间中。而为了完成将变量 i 的地址 2000 存放到指针变量 i_pointer（即 3010、3011）中，可以采用如下语句。

```
i_pointer=&i;
```

语句中的&符号负责取得 i 的地址，这在后面章节中会学到。

语句执行完成后，i_pointer 的值是 2000，即变量 i 占用单元的起始地址。这时可以通过 i_pointer 来间接存取变量 i 的值，具体过程是：先找到 i_pointer（其中存放着 i 的地址）变量，通过变量 i_pointer 得到 i 的地址 2000，再根据地址到地址 2000、2001，取出变量 i 的值。

打个比方，开 A 抽屉有两种办法，一种是将 A 钥匙带在身上，需要时直接找出该钥匙打开抽屉，取出所需的东西，这就是直接访问。另一种办法是为安全起见，将该 A 钥匙放到另一抽屉 B 中锁起来。如果需要打开 A 抽屉，就需要先找出 B 钥匙，打开 B 抽屉，取出 A 钥匙，再打开 A 抽屉，取出 A 抽屉之物，这就是间接访问。

8.1.3　指针和指针变量

每一个变量都有地址，这个地址称为该变量的指针。如果定义一个变量存储这个指针，这个变量就是指针变量。例如，变量 i 的地址是 2000，2000 就是变量 i 的指针，我们定义一个变量

i_pointer 来存储 2000 这个地址，i_pointer 就是一个指针变量。指针是指变量的地址，指针变量是指存储指针的变量，两者是不同的概念。我们可以说变量 i 的指针是 2000，而不能说 i 的指针变量是 2000。

为了更方便地使用指针存储数据，清楚地表达指针变量和它所指向的变量之间的联系，C 语言中用“*”符号表示“指向”，例如，i_pointer 代表指针变量，而*i_pointer 是 i_pointer 指向的变量，如图 8-2 所示。

可以看到，*i_pointer 也代表一个变量，它和变量 i 是一回事。下面两条语句的作用相同。

（1）i=3;

（2）*i_pointer=3;

第（2）条语句的含义是将 3 赋给指针变量 i_pointer 指向的变量。

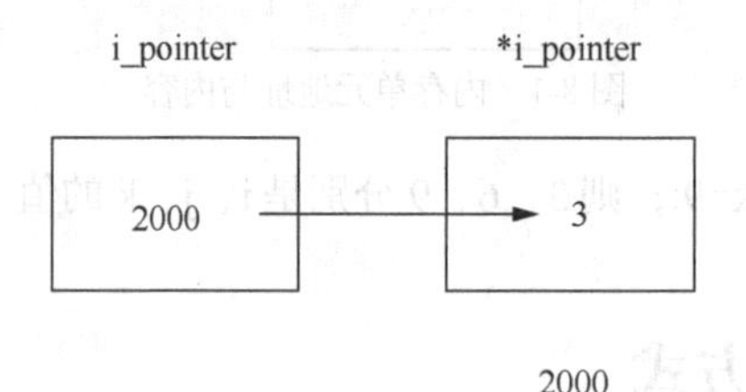

图 8-2　*i_pointer 是 i_pointer 指向的变量

8.2　指针变量的定义和使用

8.2.1　指针变量的定义

C 语言中的所有变量都要先定义后使用，通过定义指定变量类型，依据不同类型分配不同大小的内存单元。指针变量也不例外，要先定义后使用。需要注意的是，前面章节所述的变量存储的是整型、字符型等类型的数据，而指针变量存储的是地址，也就是指针。必须将指针变量的类型定义为指针类型。例如：

```
int  i,j;
int  *pointer_1,*pointer_2;
```

上例中第二行定义两个变量 pointer_1 和 pointer_2，它们都被定义为指针变量，都是指向整型数据的。定义左端的 int 是在定义指针变量时必须指定的基类型。指针变量的基类型用来指定该指针变量可以指向的变量的类型。例如，上面定义的指针变量 pointer_1 和 pointer_2 可以用来指向整型变量 i 和 j，但不能指向实型变量。

定义指针变量的一般形式为：

```
基类型 *指针变量名
```

下面都是合法的定义。

```
float  *pointer_3;                /*pointer_3 是指向实型变量的指针变量*/
char  *pointer_4;                 /*pointer_4 是指向字符型变量的指针变量*/
```

在定义指针变量时应注意以下两点。

（1）指针变量前面的“*”表示该变量的类型为指针。指针变量名是 pointer_1、pointer_2，而不是*pointer_1、*pointer_2。这与以前介绍的定义变量的形式不同。

（2）在定义指针变量时必须指定基类型。指针变量指向的变量的类型即为基类型。一个指针变量只能指向同一个类型的变量。在上面的定义中，pointer_1 和 pointer_2 指向的变量只能是整型变量。只有整型变量的地址才能放到指针变量中。

8.2.2 指针变量的初始化和赋值

和其他类型变量一样，指针变量可以在定义时完成初始化。初始化的值可以通过取地址运算符“&”获得。程序员通常不需要关心初始化值的具体数值是多少，主要关心的是怎样通过地址存取该地址的数据。在C语言中，变量的地址是由编译系统分配的，对用户完全透明，用户不知道变量的具体地址。例如：

```
int a=1;
int *pa=&a;
```

它有两个含义，一是定义指针变量 pa，二是给指针变量 pa 赋初值取 a 的地址，相当于

```
int *pa;pa=&a;
```

&a 的作用是取得 a 的地址。

指针变量可以通过多种方式获得地址。

1. 通过求地址运算符（&）获得地址

例如：

```
int k=1, *q;
```

则赋值语句 q=&k;把变量 k 的地址赋给 q，这时可以说 q 指向变量 k，如图 8-3 所示。地址运算符&只能应用于变量和数组元素。

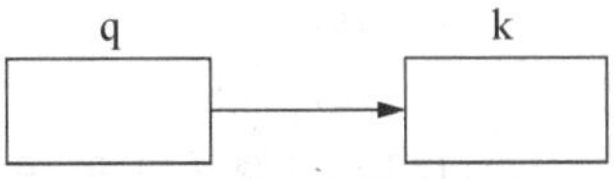

q → k

图 8-3 使指针指向变量

使用 scanf()函数给变量传递地址类的值，之前的程序都是在普通变量前面加上取地址符号&来实现的，有了指针变量之后，可以直接采用指针变量来实现。例如，以前通常写成 scanf("%d",&k);的形式，执行 q=&k;后，也可以写成 scanf("%d",p);的形式。

2. 通过指针变量获得地址

也可以通过指针变量直接获取地址，利用赋值运算把一个指针变量的值赋给另一个指针变量，这两个指针变量就具有同一个值，指向同一个地址。假设变量定义如下。

```
int k,*p=&k, *q;
```

则执行 q=p;可以把 p 的值赋给 q，q 和 p 具有同一个值，都是变量 k 的地址，也就是同样指向了 k，利用 p 和 q 都可以存储 k 的值。

进行赋值运算时，赋值号两边指针变量的基类型必须相同。

3. 通过调用库函数获得地址

C 语言有两个动态分配内存函数，分别是 malloc()和 calloc()。利用它们分配内存后，得到的内存首地址可以放在指针变量中，以便进一步利用。

4. 给指针变量赋空值

空指针值是一个特殊的值，它的具体值为 0，书写为 NULL，NULL 的定义在 stdio.h 中。如果需要，可以给指针变量赋值 NULL，即赋空值。指针变量不赋值是不能用的，可能出现意想不到的状况，因为它的值未定，可能为任何值。当然指针赋值为NULL之后，它有了具体的值，但并非指向地址为 0 的单元，而是不指向任何单元。它解决了指针变量没有值的问题，只是不指向一个具体的单元，在程序中可以写作 p=NULL，则称 p 为空指针。p=NULL;等价于 p=0 或 p='\0';。

指针变量只能存放地址（指针），不要将一个整型量（或任何其他非地址类型的数据）赋给一个指针变量。

下面的赋值是不合法的。

```
pointer_1=100;/*pointer_1 为指针变量,100 为整数*/
```

8.2.3 指针变量的引用

为了有效地使用指针变量，可以利用以下两个运算符。

（1）&：取地址运算符。

（2）*：指针运算符（或称间接访问运算符）。

&和*两个运算符的优先级相同，按自右至左方向结合。

例如，&a 为变量 a 的地址，*p 为指针变量 p 指向的存储单元。

【例 8-1】通过指针变量访问整型变量。

```
main()
{  int a,b;
   int *p1,*p2;
   a=100;b=200;
   p1=&a;                              /*把变量 a 的地址赋给 p1*/
   p2=&b;                              /*把变量 b 的地址赋给 p2*/
   printf("%d,%d\n",a,b);
   printf("%d,%d\n",*p1,*p2);
}
```

运行结果为：

```
100,200
100,200
```

p1=&a;p2=&b;是将 a 和 b 的地址分别赋给 p1 和 p2，不应写成*p1=&a;*p2=&b;。因为 a 的地址是赋给指针变量 p1，而不是*p1（即变量 a），如图 8-4 所示。

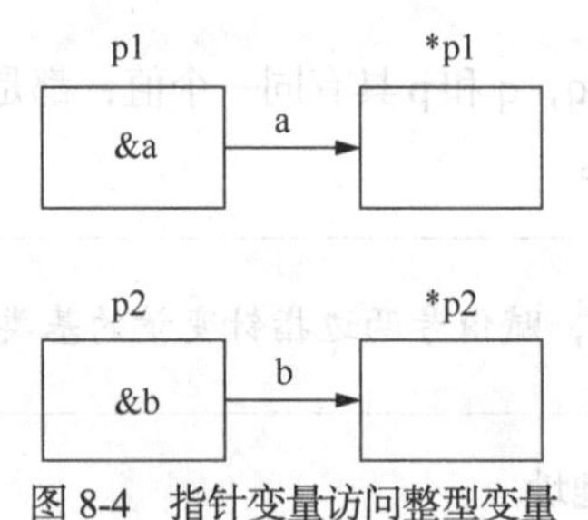

图 8-4 指针变量访问整型变量

下面是一个应用指针变量的例子。

【例 8-2】输入 *a* 和 *b* 两个整数，将它们按由大到小的顺序输出。

```
main()
{  int *p1,*p2,*p,a,b;
   scanf("%d,%d",&a,&b);
   p1=&a;p2=&b;
   if(a<b)
   { p=p1;
     p1=p2;
     p2=p;
```

```
    }
    printf("\na=%d,b=%d\n\n",a,b);
    printf("max=%d,min=%d\n",*p1,*p2);
}
```

运行结果为：

```
5,9<回车>
a=5,b=9
max=9,min=5
```

当输入 a=5，b=9 时，由于 a<b，将 p1 和 p2 交换。交换前的情况如图 8-5（a）所示，交换后的情况如图 8-5（b）所示。

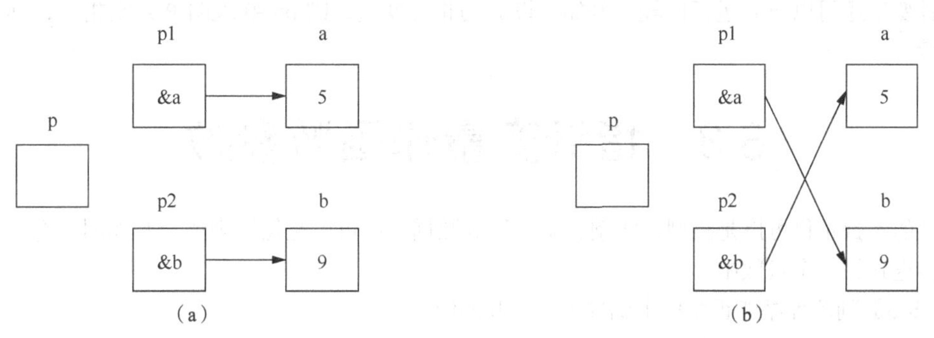

图 8-5 交换前后

a 和 b 并未交换，它们仍保持原值，但 p1 和 p2 的值改变了。p1 的值原为&a，后来变成&b；p2 原值为&b，后来变成&a。因为这样在输出*p1 和*p2 时，实际上是输出变量 b 和 a 的值，所以先输出 9，然后输出 5。

这个问题的算法是不交换整型变量的值，而是交换两个指针变量的值（即 a 和 b 的地址）。

8.2.4 指针的运算

1. 在指针值上加减一个整数

指针可以和整数进行加减运算，对于一个指针变量，通过加上或减去一个整数 *n* 的运算，可以访问它指向的当前位置后面第 *n* 个或前面第 *n* 个位置的数据，是在当前位置向后或向前移动 *n* 个位置。要注意的是，这里移动的 *n* 个位置是指 *n* 个数据的位置，不是简单地移动 *n* 个地址，数据类型不同，每一个位置的数据占用的内存空间大小是不同的。合法的加减运算符都可以应用，假设 pa 是指向数组 a 的指针变量，则 pa+n、pa−n、pa++、++pA.pa−−、−−pa 运算都是合法的写法。

例如：

```
int a[10], *pa;
pa=a;                              /*pa 指向数组 a，也是指向 a[10]*/
pa=pa+3;                           /*pa 指向 a[3]，即 pa 的值为&a[3]*/
```

指针变量的加减运算只能在指向数组或字符串的指针变量中进行，指向其他类型变量的指针变量是不能进行加减运算的，因为指向其他类型变量的指针变量的值不一定是连续的。

2. 指针变量和指针变量的减法运算

指针变量和指针变量的减法运算格式如下。

```
指针变量 1 - 指针变量 2
```

只有指向同一数组的两个指针变量之间才能进行减法运算，否则不能进行运算。

两个指针变量相减所得之差是两个指针所指的数组元素之间相差的元素数。例如：

```
int a[10],*p1,*p2;
pl=&a[2];p2=&a[6];
```

（pl-p2）的结果为整数-4；（p2-p1）的结果为整数4。

3. 指针变量的关系运算

指针变量和指针变量的关系运算规则如下。

```
指针变量1 关系运算符 指针变量2
```

指向同一数组的两个指针变量进行关系运算可以表示其所指数组元素之间的关系。例如：

Pl==p2，表示p1和p2指向同一数组元素。

pl>p2，表示pl处于高地址位置。

指针变量还可以与0进行比较。例如，设P为指针变量，则p==0表明P是空指针，其不指向任何变量。

8.3 指针变量作函数参数

函数的参数不仅可以是整型、实型、字符型等数据，还可以是指针类型。其作用是将一个变量的地址传送到另一个函数中。

【例8-3】判断程序能否交换主函数中a和b的值。

```
main()
{  int a=1,b=2;
   printf("1:a=%d,b=%d\n",a,b);
   swap(&a,&b);                    /*a、b的地址*/
   printf("3:a=%d,b=%d\n",a,b);    /*不能用*p、*q输出a、b的值。p、q已不存在*/
}
swap(int *p,int *q)                /*p、q是指针变量,分别指向a和b。*p、*q分别代表a、b*/
{  int c;
   c=*p; *p=*q;  *q=c;             /*只能用指针p、q访问a、b。此函数中的a、b无效*/
   printf("2:%d,%d\n",*p,*q);      /*相当于输出主函数中a、b的值*/
}
```

运行结果为：

```
1:a=1,b=2
2:2,1
3:a=2,b=1
```

图8-6（a）所示为调用开始前，a、b中的存储情况；图8-6（b）所示为在调用开始时，变量a、b与被调函数中的指针变量p、q之间的关系。在调用期间，图8-6（c）所示为用*p和*q改变a、b中的值；图8-6（d）所示为这种改变一直保留到调用结束。

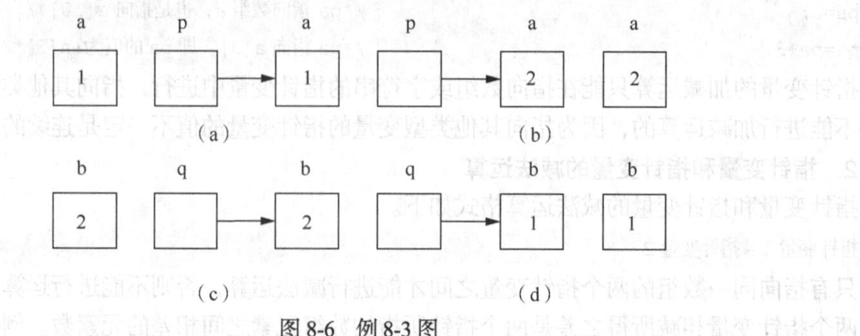

图8-6 例8-3图

例 8-3 中交换 a 和 b 的值，而 p 和 q 的值不变。另外，不要使用没有确定指向的指针变量，例如，把上面的被调函数写成如下形式是不正确的。

```
swap(int *p,int *q)
{  int *c;
   *c=*p;*p=* q;*q=*c;
   printf("2:%d,%d\n",*p,*q); }
```

由于未给 c 赋值，因而变量 c 中的值是一个不确定的值，即 c 指向一个不可预料的存储单元。将*p 的值赋给*c，就有可能改变 c 指向的单元内容，而该单元可能是系统中的有用单元。这样做有可能破坏整个系统的正常工作。

如果 swap()函数定义如下。

```
swap (int *p,int *q)
{  int *c;
   c=p;
   p=q;
   q=c;
   printf("2:%d,%d\n",*p,*q);
}
```

swap()中的参数虽然也是指针，但在函数体中只交换了指针值，而没有交换指针所指的变量值，所以不能改变实参的值。

【例 8-4】将输入的两个整数按从小到大的顺序输出。

例 8-4 要用函数处理，而且用指针类型的数据作函数参数。

程序如下。

```
swap(int *p1,int *p2)  /*交换变量 a 和 b 的值*/
{  int temp;
   temp=*p1;
   *p1=*p2;
   *p2=temp;
}
main()
{  int a,b;
   int *pointer_1,*pointer_2;
   scanf("%d,%d",&a,&b);
   pointer_1=&a;          /*将 a 的地址赋给指针变量 pointer_1, 使 pointer_1 指向 a*/
   pointer_2=&b;          /*将 b 的地址赋给指针变量 pointer_2, 使 pointer_2 指向 b*/
   if(a>b)
      swap(pointer_1,pointer_2);
   printf("\n%d,%d\n",a,b);
}
```

运行结果为：

```
9,7<回车>
7,9
```

实参 pointer_1 和 pointer_2 是指针变量，在函数调用时，将实参变量的值传送给形参变量。采取“值传递”方式，但实际上传的是地址值。传送后，形参 p1 的值为&a，p2 的值为&b。这时，p1 和 pointer_1 都指向变量 a，p2 和 pointer_2 都指向 b。然后执行 swap()函数的函数体，使*p1 和*p2 的值互换，也就是使 a 和 b 的值互换。函数调用结束后，p1 和 p2 不存在（已释放）。最后在 main()函数中输出的 a 和 b 的值是经过交换的值 a=7，b=9。

我们知道，一个函数只能带回一个返回值，如果想通过函数调用得到 *n* 个要改变的值，可以按如下方法进行操作。

（1）在主调函数中设 *n* 个变量。

（2）将这 *n* 个变量的地址作为实参传给所调用函数的形参。

（3）通过形参指针变量，改变这 *n* 个变量的值。

（4）在主调函数中可以使用这些改变了值的变量。

不能通过改变指针形参的值来使指针实参的值也改变。在C语言中，实参变量和形参变量之间的数据传递是单向的“值传递”方式，指针变量作函数参数也要遵循这一规则。调用函数不能改变实参指针变量的值，但可以改变实参指针变量所指变量的值（因为通过形参指针改变了该变量的值，而实参指针也指向该单元。所以，改变了实参指针所指变量的值）。我们知道，函数的调用可以（而且只可以）得到一个返回值（即函数值），而运用指针变量作参数，可以得到多个变化了的值，这不用指针变量是难以做到的。

【例8-5】 输入a、b、c 3个整数，按从大到小的顺序输出。

```
swap (int*pt1,int*pt2)
{  int temp;
   temp=*pt1;
   *pt1=*pt2;
   *pt2=temp;
}
change (int*q1,int*q2,int*q3)
{  if(*q1<*q2) swap(q1,q2);
   if(*q1<*q3) swap(q1,q3);
   if(*q2<*q3) swap(q2,q3);
}
main()
{  int a,b,c,*p1,*p2,*p3;
   scanf("%d,%d,%d",&a,&b,&c);
   p1=&a;p2=&b;p3=&c;
   change(p1,p2,p3);
   printf("\n%d,%d,%d\n",a,b,c);
}
```

运行结果为：

```
9,0,10<回车>
10,9,0
```

8.4 数组的指针和指向数组的指针变量

一个变量有地址，数组元素在内存中占用的存储单元都有相应的地址。指针变量可以指向变量，也可以指向数组和数组元素（把数组起始地址或某一元素的地址放到一个指针变量中）。所谓数组的指针，是指数组的起始地址，数组元素的指针是数组元素的地址。

引用数组元素可以用下标法（如 a[3]）；也可以用指针法，即通过指向数组元素的指针找到所需的元素。使用指针法能提高目标程序质量（占内存少，运行速度快）。

8.4.1 指向数组元素的指针

指向数组元素的指针变量的定义方法与定义指向变量的指针变量相同。例如：

```
int a[10];   /*定义 a 为包含 10 个整型数据的数组*/
```

```
int *p;          /*定义 p 为指向整型变量的指针变量*/
```

如果数组为 int 型，则指针变量也应指向 int 型。下面对该指针元素赋值。

```
p=&a[0];
```

把 a[0]元素的地址赋给指针变量 p，也就是说，p 指向数组 a 的第 0 号元素，如图 8-7 所示。

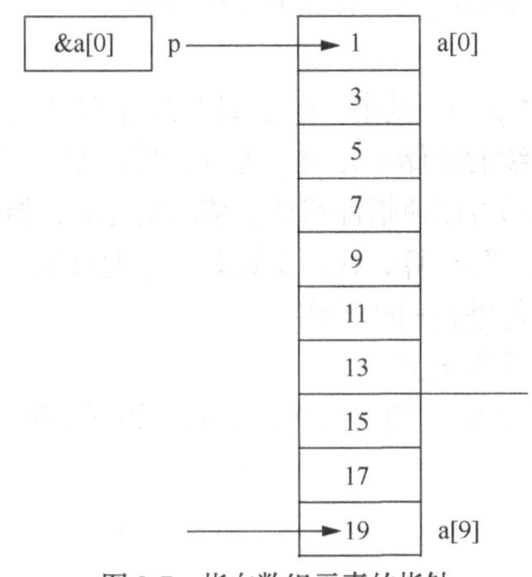

图 8-7　指向数组元素的指针

C 语言规定数组名代表数组的首地址，也就是下标为 0 的元素地址。因此，下面两条语句等价。

```
p=&a[0];
p=a;
```

数组 a 不代表整个数组，上述语句 p=a;是把数组 a 的首地址赋给指针变量 p，而不是把数组 a 各元素的值都赋给 p。

8.4.2　通过指针引用数组元素

假设 p 定义为指针变量，并赋给一个地址，使其指向某一个数组元素。如果有以下赋值语句：

```
*p=1;
```

表示为 p 当前指向的数组元素赋予一个值（值为 1）。如果指针变量 p 已指向数组中的一个元素，则 p+1 指向同一数组中的下一个元素（而不是将 p 值简单地加 1）。例如，数组元素是实型，每个元素占 4 字节，则 p+1 意味着使 p 的值（地址）加 4 字节，以使其指向下一元素。p+1 代表的地址实际上是 p+1×d，d 是一个数组元素所占的字节数（对于整型，d=2；对于实型，d=4；对于字符型，d=1）。

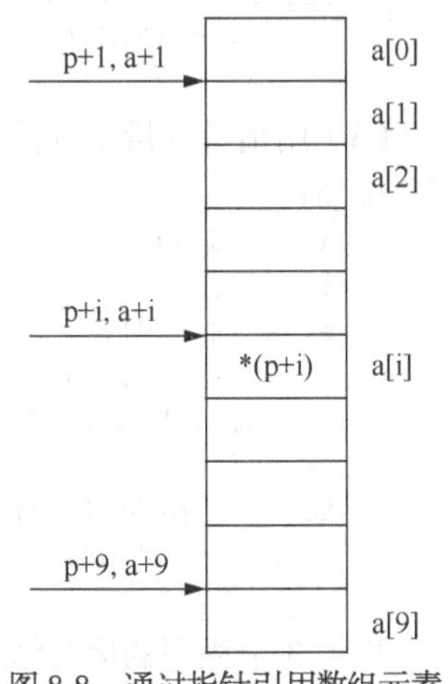

图 8-8　通过指针引用数组元素

如果 p 的初值为&a[0]，那么：

（1）p+i 和 a+i 是 a[i]的地址，或者说，它们指向数组 a 的第 *i* 个元素，如图 8-8 所示。需要说明的是，a 代表数组首地址，a+i 也是地址，计算方法同 p+i，即实际地址为 a+i×d。例如，p+9 和 a+9 的值是&a[9]，其指向 a[9]。

（2）*(p+i)或*(a+i)是 p+i 或 a+i 指向的数组元素，即 a[i]。例如，

(p+5)或(a+5)是 a[5]，*(p+5)=*(a+5)=a[5]。在编译时，把数组元素 a[i]处理成*(a+i)，即按数组首地址加上相对位移量得到要查找元素的地址，然后找出该单元中的内容。例如，若数组 a 的首地址为 2000，设数组为整型，则 a[3]地址的计算过程为：2000+3×2=2006，然后从地址 2006 标识的整型单元取出元素的值，即 a[3]的值。

（3）指向数组的指针变量也可以带下标，如 p[i]与*(p+i)等价。

根据以上叙述，引用一个数组元素有如下 *n* 种方法。

① 下标法，如 a[i]。

② 指针法，如*(a+i)或*(p+i)。其中，a 是数组名，p 是指向数组的指针变量，初值 p= a。

（4）当指针指向一串连续的存储单元时，可以将指针加上或减去一个整数，这种操作称为指针的移动。例如，p++;或 p--;都可以使指针移动。移动指针后，指针不应超出数组元素的范围。

（5）指针不允许进行乘、除运算，移动指针时，不允许加上或减去一个非整数，对指向同一串连续存储单元的两个指针只能进行相减操作。

【例 8-6】输出数组中的全部元素。

假设数组 a 有 10 个整型元素。输出各元素的值有如下 3 种方法。

（1）下标法。

```
main()
{  int a[10];
   int i;
   printf("\n");
   for(i=0;i<10;i++)
      scanf("%d",&a[i]);
   printf("\n");
   for(i=0;i<10;i++)
      printf("%d ",a[i]);
}
```

（2）通过数组名计算数组元素地址，找出元素的值。

```
main()
{  int a[10];
   int i;
   printf("\n");
   for(i=0;i<10;i++)
      scanf("%d",&a[i]);
   printf("\n");
   for(i=0;i<10;i++)
      printf("%d ",*(a+i));
}
```

（3）用指针变量指向数组元素。

```
main()
{  int a[10];
   int *p,i;
   printf("\n");
   for(i=0;i<10;i++)
      scanf("%d",&a[i]);
   printf("\n");
   for(p=a;p<(a+10);p++)
      printf("%d",*p);
}
```

以上 3 个程序的运行结果为：

```
1 2 3 4 5 6 7 8 9 0<回车>
```

```
1 2 3 4 5 6 7 8 9 0
```

对 3 种方法的比较如下。

（1）例 8-6 采用第（1）种和第（2）种方法执行效率相同。C 编译系统将 a[i]转换成*(a+i)进行处理，即先计算元素地址。因此用第（1）种和第（2）种方法查找数组元素比较费时。

（2）第（3）种方法比第（1）种、第（2）种方法快，将指针变量直接指向元素，不需要每次都重新计算地址，像 p++这样的自加运算是比较快的，能大大提高执行效率。

（3）用下标法比较直观，能直接显示是第几个元素。例如，a[5]是数组中序号为 5 的元素（注意：序号从 0 开始）。用地址法或指针变量的方法显示不直观，难以快速判断出当前处理的是哪一个元素。例如，例 8-6 第（3）种方法所用的程序，要仔细分析指针变量 p 的当前指向，才能判断当前输出的是第几个元素。

在使用指针变量时，需要注意如下问题。

（1）指针变量可以使本身的值改变。例如，上述第（3）种方法是用指针变量 p 来指向元素，用 p++使 p 的值不断改变，这是合法的。如果不用 p 而使 a 变化（如用 a++），即将例 8-6 中第（3）种方法的最后两行改为：

```
for(p=a;a<(p+10);a++)
printf("%d",*a);
```

是不行的。因为 a 是数组名，它是数组首地址，它的值在程序运行期间是固定不变的，是常量。所以 a++是错误的。

（2）要注意指针变量的当前值。

【例 8-7】通过指针变量输出数组 a 的 10 个元素。

有以下程序。

```
main()
{  int *p,i,a[10];
   p=a;
   printf("\n");
   for(i=0;i<10;i++)
      scanf("%d",p++);
   printf("\n");
   for(i=0;i<10;i++,p++)
      printf("%d ",*p);
}
```

运行结果为：

```
1 2 3 4 5 6 7 8 9 0<回车>
-20 285 1 -22 2586 -18 0 14915 21596 23619
```

显然输出的数值并不是数组 a 中各元素的值。原因是指针变量 p 的初始值为数组 a 首地址（见图 8-9 中的①），但经过第一个 for 循环读入数据后，p 已指向数组 a 的末尾（见图 8-8 中的②）。因此，在执行第二个 for 循环时，p 的起始值不是&a[0]，而是 a+10。因为执行循环时，每次都要执行 p++，p 指向的是数组 a 下面的 10 个元素。

解决这个问题只要在第二个 for 循环之前加一条赋值语句：

```
p=a;
```

使 p 的初始值回到&a[0]，结果就对了，即程序改为：

```
main()
{  int *p,i,a[10];
   p=a;
   printf("\n");
```

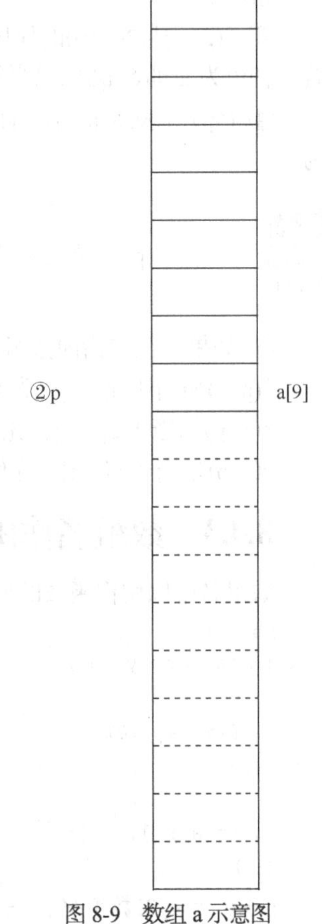

图 8-9 数组 a 示意图

```
    for(i=0;i<10;i++)
       scanf("%d",p++);
    printf("\n");
    p=a;
    for(i=0;i<10;i++,p++)
       printf("%d ",*p);
}
```

运行结果为：

```
1 2 3 4 5 6 7 8 9 0<回车>
1 2 3 4 5 6 7 8 9 0
```

（3）注意指针变量的运算。如果先使 p 指向数组 a（即 p=a），那么：

① p++（或 p+=1），使 p 指向下一元素，即 a[1]。若再执行*p，则取出下一个元素 a[1]值。

② *p++，由于++和*优先级相同，结合方向为自右至左，因此其等价于*(p++)，作用是先得到 p 指向变量的值（即*p），然后使 p+1=>p。

例 8-7 程序中的最后两行语句：

```
for(i=0;i<10;i++,p++)
   printf("%d ",*p);
```

可以改写为：

```
for(i=0;i<10;i++)
   printf("%d ",*p++);
```

它们的作用相同，都是先输出*p 的值，然后使 p 值加 1。这样进行下一次循环时，*p 就是下一个元素的值。

③ *(p++)与*(++p)的作用不同。前者是先取*p 值，再使 p 加 1。后者是先使 p 加 1，再取*p。若 p 初值为 a(即&a[0])，则输出*(p++)时，得 a[0]的值；而输出*(++p)，则得到 a[1]的值。

④ (*p)++表示 p 指向的元素值加 1，即(a[0])++。如果 a[0]=3，则执行(a[0])++后，a[0]的值为 4。

*(p)++是元素值加 1，而不是指针值加 1。

⑤ 如果 p 当前指向数组 a 中的第 *i* 个元素，那么：

*(p--)相当于 a[i--]，先对 p 进行*运算，再使 p 自减。

*(++p)相当于 a[++i]，先使 p 自加，再进行*运算。

*(--p)相当于 a[--i]，先使 p 自减，再进行*运算。

8.4.3 数组名作函数参数

数组名可以用作函数的形参和实参。例如：

```
main()
{  int array[10];
   …
   f(array,10);
   …
}
f(int arr[],int n)
{…}
```

array 为实参数组名，arr 为形参数组名。当用数组名作参数时，如果形参数组中各元素的值发生变化，则实参数组元素的值随之变化。学习指针以后，此问题就容易理解了。

先看数组元素作实参时的情况。如果定义一个函数如下。

```
void swap(int x,int y);
```

假设函数的作用是交换两个形参（x，y）的值，函数调用如下。

```
swap(a[1],a[2]);
```

用数组元素 a[1]和 a[2]作实参的情况与用变量作实参一样，都是“值传递”方式，将 a[1]和 a[2]的值单向传递给 x、y。当 x 和 y 的值改变时，a[1]和 a[2]的值并不改变。

再看用数组名作函数参数的情况。前面介绍过，实参数组名代表该数组首地址，而形参是用来接收从实参传递过来的数组首地址。因此，形参应该是一个指针变量（只有指针变量才能存放地址）。实际上，C 编译都是将形参数组作为指针变量来处理的。例如，上面给出的函数 f()的形参是数组形式的：

```
f(int arr[],int n)
```

但在编译时，是将 arr 按指针变量处理，相当于将函数 f()的首部写成：

```
f(int *arr,int n)
```

以上两种写法是等价的。在调用该函数时，系统会建立一个指针变量 arr，用来存放从主调函数传递过来的实参数组（假设是 array）首地址。如果在 f()函数中用 sizeof 运算符测定 arr 所占的字节数（即 sizeof arr 的值），结果为 2，就证明了系统是把 arr 作为指针变量来处理的。当 arr 接收实参数组的首地址后，arr 指向实参数组的开头，也就是指向 array[0]。因此，*arr 就是 array[0]的值。arr+1 指向 array[1]，arr+2 指向 array[2]，arr+3 指向 array[3]。也就是说，*(arr+1)、*(arr+2)、*(arr+3)分别是 array[1]、array[2]、arrray[3]的值。因为前面介绍过，*(arr+i)和 arr[i]是无条件等价的。因此，在调用函数过程中，arr[0]、*arr 和 array[0]都是数组 array 第 0 号元素的值，以此类推。arr[3]、*(arr+3)、array[3]都是 array 数组第 3 号元素的值，如图 8-10 所示。

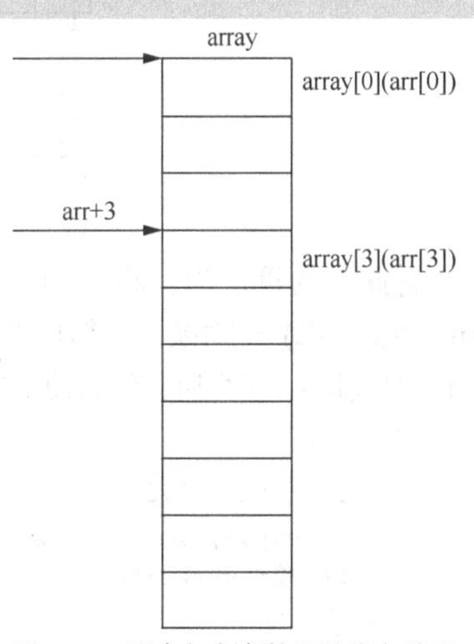

图 8-10 形参与实参数组的指向关系

常用此方法调用一个函数来改变实参数组的值。用变量名作为函数参数和用数组名作为函数参数的对比如表 8-1 所示。

在 C 语言中，调用函数时，虚实结合的方法都是采用值传递方式。当用变量名作为函数参数时，传递的是变量的值；当用数组名作为函数参数时，由于数组名代表的是数组起始地址，因此传递的值是数组首地址，所以要求形参为指针变量。

表 8-1 用变量名作为函数参数和用数组名作为函数参数的对比

实参类型	变量名	数组名
要求形参的类型	变量名	数组名或指针变量
传递的信息	变量的值	地址
通过函数调用能否改变实参的值	不能	能

在用数组名作为函数实参时，既然实际上相应的形参是指针变量，为什么还允许使用形参数组的形式？这是因为在 C 语言中，用下标法和指针法都可以访问一个数组（如果有一个数组 a，则 a[i]和*(a+i)无条件等价）。用下标法表示比较直观，便于理解。因此，用户常用数组名作形参，以便与实参数组对应。从应用的角度看，用户可以认为有一个形参数组，它从实参数组中得到起始地址，

因此形参数组与实参数组共同占同一段内存单元。在调用函数期间，改变形参数组的值，也就是改变实参数组的值。当然在主调函数中可以利用这些已改变的值。

实参数组后代表一个固定的地址，或者说是指针型常量，而形参数组并不是一个固定的地址值。作为指针变量，在函数调用开始时，形参数组的值等于实参数组起始地址，但在函数执行期间，可以再被赋值。例如：

```
f(arr[],int n)
{  printf("%d\n",*arr);          /*输出array[0]的值*/
   arr=arr+3;
   printf("%d\n",*arr);          /*输出array[3]的值*/
}
```

【例 8-8】将数组 a 中的 *n* 个整数按相反顺序存放，如图 8-11 所示。

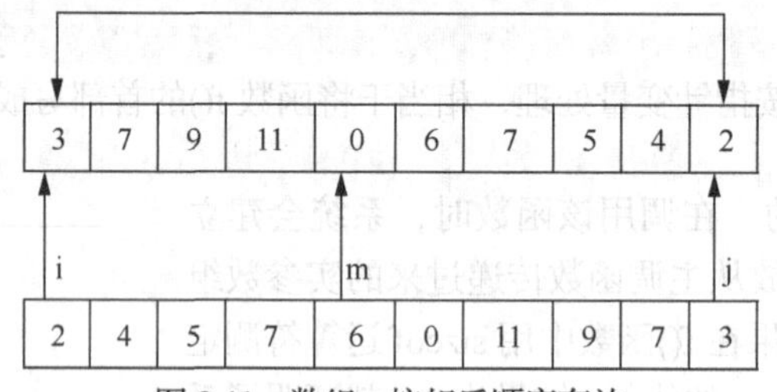

图 8-11　数组 a 按相反顺序存放

解此题的算法为：将 a[0]与 a[n−1]交换，再将 a[1]与 a[n−2]交换……直到将 a[(n−1)/2]与 a[n−int((n−1)/2) −1]对换。用循环处理此问题，设两个位置指示变量 i 和 j，i 的初值为 0，j 的初值为 n−1。将 a[i]与 a[j]交换，然后使 i 的值加 1，j 的值减 1，再将 a[i]与 a[j]对换，直到 i=(n−1)/2 为止。

程序如下。

```
void inv(int x[],int n)          /*形参 x 是数组名*/
{  int temp,i,j,m=(n-1)/2;
   for(i=0;i<=m;i++)
   {  j=n-1-i;
      temp=x[i];
      x[i]=x[j];
      x[j]=temp;
   }
}
main()
{  int i,a[10]={3,7,9,11,0,6,7,5,4,2};
   printf("The original array:\n");
   for(i=0;i<10;i++)
      printf("%d,",a[i]);
   printf("\n");
   inv(a,10);
   printf("The array has been inverted:\n");
   for(i=0;i<10;i++)
      printf("%d,",a[i]);
   printf("\n");
}
```

运行结果为：

```
The original array:
3,7,9,11,0,6,7,5,4,2,
The array has been inverted:
2,4,5,7,6,0,11,9,7,3,
```

主函数中数组名为 a，赋予各元素初值。函数 inv()中的形参数组名为 x。在 inv()函数中，不必具体定义数组元素数，元素数由实参传给形参 n。这样可以增加函数的灵活性。不必要求函数 inv()中的形参数组 x 和 main()函数中的实参数组 a 长度相同。如果在 main()函数中有函数调用语句 inv(a,10)，则表示要求对数组 a 的前 10 个元素实行例 8-8 要求的颠倒排列。如果改为 inv(a,5)，则表示要求将数组 a 的前 5 个元素颠倒排列。此时，函数 inv()只处理 5 个数组元素。函数 inv()中的 m 是 i 值的上限，当 i≤m 时，循环继续执行；当 i>m 时，结束循环过程。例如，若 n=10，则 m=4，最后一次 a[i]与 a[j]的交换是 a[4]与 a[5]交换。

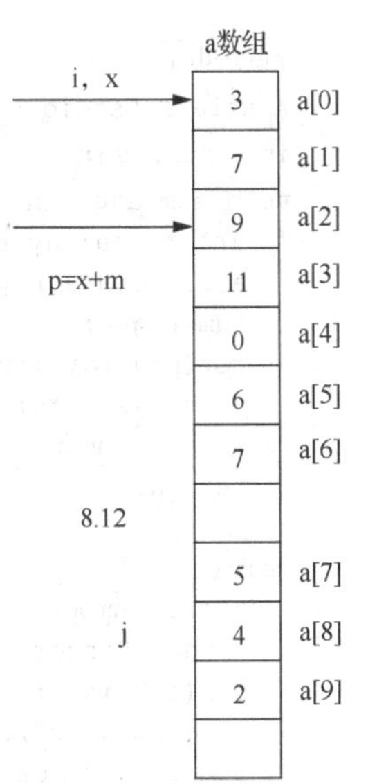

图 8-12　数组 a 中值的交换

对这个程序可以做一些改动。将函数 inv()中的形参 x 改成指针变量。实参为数组名 a，即数组 a 的首地址，将它传给形参指针变量 x，这时 x 指向 a[0]。x+m 是元素 a[m]的地址。设 i 和 j 以及 p 都是指针变量，用其指向有关元素。i 的初值为 x，j 的初值为 x+n−1，如图 8-12 所示。使*i 与*j 交换就是使 a[i]与 a[j]交换。

程序如下。

```
void inv(int *x,int n) /*形参 x 为指针变量*/
{  int *p,temp,*i,*j,m=(n-1)/2;
   i=x;j=x+n-1;p=x+m;
   for(;i<=p;i++,j--)
   {  temp=*i;
      *i=*j;
      *j=temp;
   }
   return;
}
main()
{  int i,a[10]={3,7,9,11,0,6,7,5,4,2};
   printf("The original array:\n");
   for(i=0;i<10;i++)
      printf("%d,",a[i]);
   printf("\n");
   inv(a,10);
   printf("The array has been inverted:\n");
   for(i=0;i<10;i++)
      printf("%d,",a[i]);
   printf("\n");
}
```

运行结果为：

```
The original array:
3,7,9,11,0,6,7,5,4,2,
The array has been inverted:
2,4,5,7,6,0,11,9,7,3,
```

运行结果与前面程序的运行结果相同。

【例 8-9】 对于 10 个数，求出它们的和及平均值。

例 8-9 不要求改变数组元素的值，只要求得到数据的和及平均值。计算较为简单，主要问题在于函数只能返回一个值，不能一次返两个结果，为了能得到两个结果值，采用全局变量在函数之间传递数据。

程序如下。

```
#include "stdio.h"
int  sum,avg;                                       /*全局变量*/
void sum_avg (int array[ ],int n)
{  int *p,*array_end;
   array_end=array+n;
   sum=avg=0;
   for(p=array+1;p<array_end;p++)
      sum=sum+*p;
      avg=sum/n;
   return;
}
main()
{  int i,number[10];
   printf("enter 10 integer numbers:\n");
   for(i=0;i<10;i++)
      scanf("%d",&number[i]);
   sum_avg (number,10);
   printf("\nsum=%d,avg=%d\n",sum,avg);
}
```

运行结果为：

```
enter 10 integer numbers:
-2 14 6 28 0 -3 5 89 67 -34<回车>
sum=172,avg=17
```

在 sum_avg()函数中求出的和以及平均值放在 sum 和 avg 中。利用全局变量的性质，数据在主函数中有效。函数 sum_avg()中的语句 sum=avg=0;完成初始化，保证和值的正确性。

array 是形参数组名，它接收从实参传来的数组 number 的首地址。array 是形参数组的首地址，*array 相当于*(array+0)，即 array[0]。

函数 sum_avg()的形参 array 可以改为指针变量类型。即将该函数首部改为：

```
void sum_avg (int *array,int n)
```

实参也可以不用数组名，而用指针变量传递地址，形参仍用指针变量。程序可改为：

```
int sum,avg;
void sum_avg(int *array,int n)
{  int *p,*array_end;
   array_end=array+n;
   sum=avg=0;
   for(p=array+1;p<array_end;p++)
      sum=sum+*p;
      avg=sum/n;
   return;
   }
main( )
{  int i,number[10],*p;
   p=number;                                    /*使 p 指向 number 数组*/
   printf("enter 10 integer numbers:\n");
   for(i=0;i<10;i++,p++)
      scanf("%d",p);
   printf("the 10 integer numbers:\n");
   for(p=number,i=0;i<10;i++,p++)
      printf("%d ",*p);
   p=number;
   sum_avg(p,10);                               /*实参用指针变量*/
```

```
   printf("\nsum=%d,avg=%d\n",sum,avg);
}
```

运行结果为：

```
enter 10 integer numbers:
-2 14 6 28 0 -3 5 89 67 -34<回车>
the 10 integer numbers:
-2 14 6 28 0 -3 5 89 67 -34
sum=172, avg=17
```

【例 8-10】对于 10 个数，求出它们的最小值。

程序如下。

```
#include "stdio.h"
float min(float *array,int n)
{  int i;
   float min=0;
   min=array[0];
   for(i=1;i<n;i++)
      if(min>array[i])min=array[i];

   return(min);
}
main()
{  float score_1[5]={98.5,97,91.5,60,55};
   float score_2[10]={67.5,89.5,99,69.5,77,89.5,76.5,54,60,99.5};
   printf ("A-min:%6.2f\n",min(score_1,5));
   printf("B-min:%6.2f\n",min(score_2,10));
}
```

运行结果为：

```
A-min:55.00
B-min:54.00
```

可以看出，两次调用函数时，数组大小是不同的。在调用时，用一个实参传递数组大小（传给形参 n），以便在 min()函数中，所有元素都可以访问到。

数组名作函数实参时，调用函数时，只是把数组的首地址传给形参，不为形参另外开辟出一片连续的存储单元，而只开辟出一个指针变量的存储单元，调用仍遵循单向传递。在调用结束后，实参数组的元素值可能会改变，当然在主调函数中，可以利用这些已改变的值。

【例 8-11】已知一维数组中存放互不相同的 10 个整数，从键盘输入一个数，并从数组中删除比该值大的数。

程序如下。

```
#include "stdio.h"
del(int a[10],int t);
main( )
{  int i,t,a[10]={2,4,1,6,5,9,7,0,8,3},k;
   for(i=0;i<10;i++)
      printf("%4d",a[i]);
   printf("\nInput t:\n");
   scanf("%d",&t);
   k=del(a,t);
   for(i=0;i<k;i++) printf("%4d",a[i]);
      printf("\n");
```

```
}
del(int a[10],int t)
{  int i,j=0;
   for(i=0;i<10;i++)if(t>=a[i])
      a[j++]=a[i];
   return j;
}
```

运行结果为：

```
2 4 1 6 5 9 7 0 8 3
Input t:
5<回车>
2 4 1 5 0 3
```

【例 8-12】假定数组 a 中存放由大到小排好的 10 个数，在数组 a 中插入一个数后，数组中的数仍有序。

程序如下。

```
#include "stdio.h"
insert(int *a,int x);;
main()
{

   int i,x,a[11]={21,19,17,15,13,11,9,7,5,3};
   for(i=0;i<10;i++) printf("%4d",a[i]);
   printf("\n");
   printf("Input x:\n");
   scanf("%d",&x);
   insert(a,x);
   for(i=0;i<11;i++) printf("%4d",a[i]);
   printf("\n");
}
insert(int *a,int x)
{  int i,j;
   i=0;
   while(i<10&&a[i]>x) i++;
   for(j=9;j>=i;j--) a[j+1]=a[j];
   a[i]=x;
}
```

运行结果为：

```
21 19 17 15 13 11 9 7 5 3
Input x:
8<回车>
21 19 17 15 13 11 9 8 7 5 3
```

8.4.4　指向多维数组的指针与指针变量

数组是C语言的一种数据类型，同样可以作为数组的元素类型。可以把二维数组看作是一个一维数组，而每一个数组元素仍是一个一维数组。

x[i]和*(x+i)等价，&x[i]和 x+i 等价。

设有数组：

```
int a[3][4]={{1,3,5,7},{9,11,13,15},{17,19,21,23}};
```

（1）a 是二维数组名，是二维数组的起始地址（假设地址为 2000）。

（2）a+1 是数组 a 第 1 行的首地址，或者说 a+1 指向第 1 行（地址为 2008）。

（3）a[0]、a[1]、a[2]是二维数组中3个一维数组（即3行）的名称，因此它们也是地址（分别是0行、1行、2行的首地址）。不要将它们错认为是整型数组元素。例如：

a[0]指向0行0列元素，a[0]的值为地址2000。

（4）a[i]+j是i行j列元素的地址，*(a[i]+j)是i行j列元素的值。例如，a[0]+2和*(a[0]+2)分别是0行2列元素的地址和元素的值。

（5）a[i]与*(a+i)无条件等价，这两种写法可以互换。例如，a[2]和*(a+2)都是2行首地址，即2行0列元素的地址，即&a[2][0]。

（6）a[i][j]、*(a[i]+j)、*(*(a+i)+j)都是i行j列元素的值。

（7）区别行指针与列指针概念。例如，a+1和a[1]都代表地址2008。但a+1是行指针，其指向一个一维数组。a[1](即*(a+1))是列指针，其指向一个元素，是1行0列元素的地址。

（8）可以定义指向一维数组的指针变量，例如：

```
int (*p)[4];                                          /*称p为行指针*/
```

定义p为指向一个含4个元素的一维数组的指针变量。注意区分指向数组元素的指针变量和指向一维数组的指针变量。例如：

```
main()
{  int a[3][4];
   int *p1,(*p2)[4];
   …
   p1=&a[3][4];                                       /*p1是指向元素的指针*/
   p2=a+1;                                            /*p2是行指针*/
}
```

不能写成：

```
p1=a+1; p2=&a[3][4];                             /*类型不一致*/
```

定义指向由 *n* 个元素组成的一维数组的指针变量的一般形式如下：

```
类型名(*指针变量名)[长度];
```

【例8-13】输出二维数组有关的值。

```
#define FORMAT "%d,%d\n"
main()
{  int a[3][4]={1,3,5,7,9,11,13,15,17,19,21,23};
   printf(FORMAT,a,*a);
   printf (FORMAT,a[0],*(a+0));
   printf(FORMAT,&a[0],&a[0][0]);
   printf(FORMAT,a[1],a+1);
   printf(FORMAT,&a[1][0],*(a+1)+0);
   printf(FORMAT,a[2],*(a+2));
   printf(FORMAT,&a[2],a+2);
   printf(FORMAT,a[1][0],*(*(a+1)+0));
}
```

运行结果为：

```
-56,-56 (第0行的首地址和0行0列元素地址)
158,158 (0行0列元素地址)
158,158 (0行首地址和0行0列元素地址)
166,166 (1行0列元素地址和1行首地址)
166,166 (1行0列元素地址)
174,174 (2行0列元素地址)
174,174 (第2行的首地址)
```

```
9,9 (1行0列元素的值)
```

注意

a 是二维数组名，代表数组的首地址，但是不能用*a 得到 a[0][0]的值。*a 相当于*(a+0)，即 a[0]，它是第 0 行地址（本次程序运行时，输出 a、a[0]和*a 的值都是 158，它们都是地址。每次编译分配的地址是不同的）。a 是指向一维数组的指针，可理解为行指针，*a 是指向列元素的指针，可理解为列指针，指向 0 行 0 列元素，**a 是 0 行 0 列元素的值。同样，a+1 指向第 1 行的首地址，但也不能用*(a+1)得到 a[1][0]的值，而应该用**(a+1)求 a[1][0]元素的值。

可以用指针变量指向多维数组及其元素。

【例 8-14】用指针变量输出二维数组元素的值。

```
main()
{  int a[3][4]={1,3,5,7,9,11,13,15,17,19,21,23};
   int *p;
   for(p=a[0];p<a[0]+12;p++)
   {  if((p-a[0])%4= =0) printf("\n");
      printf("%4d",*p);
   }
}
```

运行结果为：

```
 1   3   5   7
 9  11  13  15
17  19  21  23
```

p 是一个指向整型变量的指针变量，它可以指向一般的整型变量，也可以指向整型的数组元素。每次使 p 值加 1，以移向下一元素。if 语句的作用是使一行输出 4 个数据，然后换行。也可以将 p 的值（即数组元素的地址）输出。可将程序改为：

```
main()
{  int a[3][4]={1,3,5,7,9,11,13,15,17,19,21,23};
   int *p;
   for(p=a[0];p<a[0]+12;p++)
   printf("addr=%o,value=%4d\n",p,*p);
}
```

运行结果为：

```
addr=177706,value=1
addr=177710,value=3
addr=177712,value=5
addr=177714,value=7
addr=177716,value=9
addr=177720,value=11
addr=177722,value=13
addr=177724,value=15
addr=177726,value~17
addr=177730,value=19
addr=177732,value=21
addr=177734,value=23
```

计算 a[i][j]在数组中的相对位置的计算公式为 $i\times m+j$。其中 m 为二维数组的列数（二维数组大小为 $n\times m$）。例如，对上述 3×4 的二维数组，它第 2 行第 3 列的元素(a[2][3])与 a[0][0]的相对位置为 2×4+3=11。如果开始时使指针变量 p 指向 a(即(a[0][0])，为了得到 a[2][3]的值，可以用*(p+2*4+3)取值。(p+11)是 a[2][3]的地址。a[i][j]的地址为 a[0]+i*m+j。

【例 8-15】输出二维数组任一行任一列元素的值。

```
main( )
```

```
{  int a[3][4]={1,3,5,7,9,11,13,15,17,19,21,23};
   int(*p)[4],i,j;
   p=a;
   scanf("i=%d,j=%d",&i,&j);
   printf("a[%d][%d]=%d\n",i,j,*(*(p+i)+j));
}
```

输入：

```
i=1,j=2<回车>
```

输出结果：

```
a[1][2]=13
```

程序第3行int(*p)[4]表示p是一个指针变量，它指向包含4个元素的一维数组。注意*p两侧的括号不可缺少，如果写成*p[4]，则方括号[ ]的优先级高，因此p先与[4]结合，p[4]作为数组，然后与前面的*结合，*p[4]是指针数组。

比较以下两条语句。

（1）int a[4];（a有4个元素，每个元素为整型）。

（2）int(*p)[4];。

第（2）条语句表示*p有4个元素，每个元素为整型，也就是p所指的对象是有4个整型元素的数组，即p是行指针。此时，p只能指向一个包含4个元素的一维数组，p的值就是该一维数组的首地址。p不能指向一维数组中的第j个元素。

程序中的p+i是二维数组a第i行的地址（由于p是指向一维数组的指针变量，因此p加1就指向下一个一维数组）。*(p+2)+3 是数组 a 第 2 行第 3 列元素的地址，这是指向列的指针，*(*(p+2)+3)是a[2][3]的值。如果*(p+2)是第2行0列元素的地址，而p+2是第2行的首地址，两者的值相同，那么*(p+2)+3不能写成(p+2)+3。因为(p+2)+3就成(p+5)了，表示第5行的首地址。对于“*(p+2)+3”，括号中的2是以一维数组的长度为单位的，即p每加1，地址就增加8字节（4个元素。每个元素2字节），而(p+2)+3括号外的数字3，不是以p所指的一维数组为长度单位。而是采用p指向的一维数组内部各元素的长度单位，加3就是加6（3×2）字节。p+2和*(p+2)具有相同的值，但(p+2)+3和*(p+2)+3的值就不相同了。

一维数组的地址可以作为函数参数传递，多维数组的地址也可作为函数参数传递。用指针变量作形参以接受实参数组名传递来的地址时，有两种方法：①用指向变量的指针变量；②用指向一维数组的指针变量。

下面通过实例说明用多维数组作函数参数。

【例8-16】一个班有3个学生，各学4门课，计算总平均分，以及第n个学生的成绩。

用函数average()求总平均成绩，用函数search()找出并输出第i个学生的成绩。

程序如下。

```
main()
{  void average(float *p,int n);
   void search(float(*p)[4],int n);
   float score[3][4]={{65,67,70,60},{80,87,90,81},{90,99,100,98}};
   average(*score,12);                    /*求12个分数的平均分*/
   search(score,2);                       /*求第2个学生的成绩*/
}
void average(float *p,int n)
{  float *p_end;
   float sum=0,aver;
   p_end=p+n-1;
   for(;p<=p_end;p++)
```

```
      sum=sum+(*p);
   aver=sum/n;
   printf("average=%5.2f\n",aver);
}
void search(float(*p)[4],int n)
{  int i;
   printf("the score of No.%d are:\n",n);
   for(i=0;i<4;i++)
      printf("%5.2f",*(*(p+n)+i));
}
```

运行结果为：

```
average=82.25
the score of No.2 are:
90.00 99.00 100.00 98.00
```

在函数 main()中，先调用 average()函数求总平均值。在函数 average()中，形参 p 被声明为指向一个实型变量的指针变量。用 p 指向二维数组的各个元素，p 每加 1 就改为指向下一个元素。相应的，实参用*score，即 score[0]，它是一个地址，指向 score[0][0]元素。用形参 n 代表需要求平均值的元素数，实参 12 表示要求 12 个元素值的平均值。函数 average()中的指针变量 p 指向 score 数组的某一元素（元素值为一门课的成绩）。sum 是累计总分，aver 是总分的平均分。因为在函数中输出 aver 的值，所以，函数无须返回值。

函数 search()的形参 p 不是指向一般实型变量的指针变量，而是指向包含 4 个元素的一维数组的指针变量。实参传给形参 n 的值为 2，即找序号为 2 的学生的成绩（3 个学生的序号分别为 0、1、2）。函数调用开始时，将实参 score 的值（代表该数组第 0 行的首地址）传给 p，使 p 也等于 score。p+n 是一维数组 score[n]的首地址，*(p+n)+i 是 score[n][i]的地址，*(*(p+n)+i)是 score[n][i]的值。现在 n=2，i 由 0 变到 3，for 循环输出 score[2][0]～score[2][3]的值。

8.5 字符串的指针和指向字符串的指针变量

除了可以用数组来存储和处理字符串之外，还可以使用指针来处理字符串。

8.5.1 字符串的表示形式

在 C 语言程序中，可以用两种方法实现一个字符串。

（1）用字符数组实现。

【例 8-17】用字符数组实现字符串示例。

```
main()
{  char string[]="I love China!";
   printf("%s\n",string);
}
```

运行结果为：

```
I love China!
```

string 是数组名，它代表字符数组的首地址，如图 8-13 所示。

（2）用字符指针实现。可以不定义字符数组，而定义一个字符指针，用字符指针指向字符串中的字符。

【例 8-18】用字符指针实现字符串示例。

```
main()
{  char *string="I love China!";
```

```
    printf("%s\n",string);
}
```

运行结果为：

```
I love China!
```

C 语言对字符串常量是按字符数组进行处理的，实际上是在内存开辟了一个字符数组，用来存放字符串变量。在程序中定义了一个字符指针变量 string，并把字符串首地址（即存放字符串的字符数组的首地址）赋给它，如图 8-14 所示。

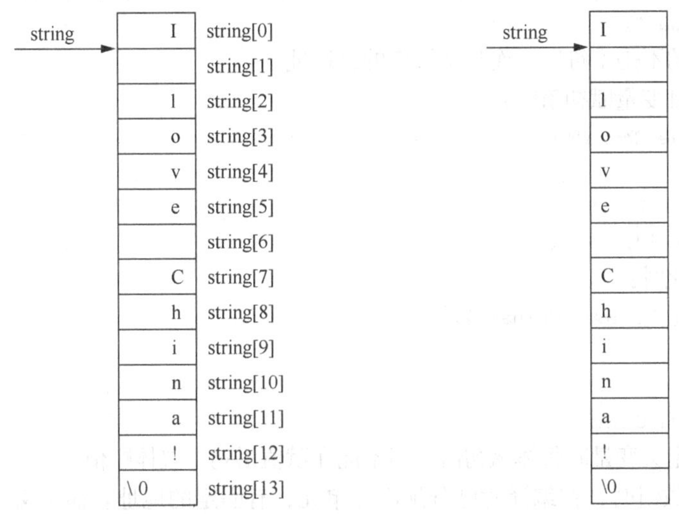

图 8-13　用字符数组实现字符串　　　　图 8-14　用指针实现字符串

在内存中，字符串的最后被自动加了一个 \0，因此在输出时能确定字符串的终止位置。通过字符数组名或字符指针变量可以输出一个字符串，而数值型数组是不能用数组名输出它的全部元素的，只能逐个元素输出。

【例 8-19】将字符串 a 复制到字符串 b 中（用指针变量来处理）。

```
main()
{  char a[]="I am a boy.",b[20],*p1,*p2;
   int i;
   for(p1=a,p2=b;*p1!='\0';
   p1++,p2++) *p2=*p1;          /*只复制有效字符*/
   *p2='\0';                    /*赋字符串结束标志*/
   printf("String a is:%s\n",a);
   printf("String b is:%s\n",b);
}
```

运行结果为：

```
String a is: I am a boy.
String b is: I am a boy.
```

指针变量 p1、p2 指向字符型数据。先使 p1 和 p2 的值分别为数组 a 和 b 的首地址，然后移动 p1、p2 指向其下面的一个元素，直到*p1 的值为\0 为止。

程序必须保证 p1 和 p2 有合理的指向，而且同步移动。

8.5.2　字符指针变量与字符数组的使用

虽然用字符数组和字符指针变量都能实现字符串的存储和运算，但它们之间是有区别的，主要有如下几点。

（1）字符数组由若干个元素组成，每个元素存放一个字符，而字符指针变量存放的是地址（字符串的首地址），并不是将字符串放到字符指针变量中。

（2）在字符数组中，只能对各个元素赋值，不能用如下方法对字符数组赋值。

```
char str[14];
str="I love China!";                /*str是数组名，是常量，不能再被赋值*/
```

而对字符指针变量，可以采用如下方法赋值。

```
char *a;
a="I love China!";
```

但注意赋给a的不是字符串，而是字符串的首地址。

（3）对字符指针变量赋初值时：

```
char *a="I love China!";
```

等价于：

```
char *a;
a="I love China!";
```

而对数组初始化时：

```
char str[14]={ "I love China!"};
```

不能等价于：

```
char str[14];
str[ ]= "I love China!";
```

即数组可以在定义变量时整体赋初值，但不能在赋值语句中整体赋值。

（4）定义一个数组时，在编译时已分配内存单元，有固定的地址。而定义一个字符指针变量时，给指针变量分配内存单元，在其中可以存放一个地址值。也就是说，该指针变量可以指向一个字符型数据，但如果未为其赋予一个地址值，则其并未具体指向哪一个字符数据。例如：

```
char str[10];
scanf("%s ",str);
```

也可用如下形式：

```
char *a;
scanf("%s ",a);
```

编译时，虽然给指针变量a分配一个存储单元，a的地址（即&a）已指定。但a中的值并未确定，在a单元中是一个不可知的值，可能破坏内存中的有用数据，因此会导致严重的后果。所以要先使a有确定值，然后才能把一个字符串输入以a中的值为首地址、连续的内存区中。

（5）指针变量的值是可以改变的。

【例8-20】程序示例。

```
main()
{  char *a= "I love China! ";          /*a指向存放字符I的存储单元*/
   a=a+7;                              /*a指向存放字符C的存储单元*/
   printf("%s",a);                     /*将输出China!*/
}
```

运行结果为：

```
China!
```

数组名代表一个固定的地址，其值是不能改变的。

需要说明的是，定义一个指针变量并使其指向一个字符串后，也可以用下标形式引用指针变量所指的字符串中的字符（与前面介绍的数组类似）。

【例 8-21】程序示例。

```
main()
{  char *a="I LOVE CHINA";
   int i;
   printf("The sixth charcter is %c\n",a[5]);        /*将输出字符 E*/
   for(i=0;a[i]!='\0';i++)
      printf("%c",a[i]);                             /*将输出 I LOVE CHINA*/
}
```

运行结果为：

```
I LOVE CHINA
```

a[i]按*(a+i)处理，从 a 当前位置下移 *i* 个元素位置，取出其所指元素的值。

（6）用指针变量指向一个格式字符串，可以代替 printf()函数中的格式字符串。例如：

```
char *format;
format="a=%d,b=%f\n";
printf(format,a,b);
```

相当于：

```
printf("a=%d,b=%f\n",a,b);
```

因此，只要改变指针变量 format 指向的字符串，就可以改变输入、输出的格式。这种 printf()函数称为可变格式输出函数。

也可以用字符数组。例如：

```
char format[]="a=%d,b=%f\n";
printf(format,a,b);
```

但不能采用赋值语句对数组整体赋值。例如：

```
char format[];
format="a=%d,b=%f\n";
```

因此，用指针变量指向字符串的方式更为方便。

8.5.3　字符指针作函数参数

将一个字符串从一个函数传递到另一个函数，可以用地址传递的方法，即用字符数组名或用指向字符串的指针变量作参数。和前面介绍的数组一样，函数的首部有 3 种说明形式，而且形参也是指针变量。在被调用的函数中，可以改变字符串的内容，在主调函数中，可以得到改变的字符串。

【例 8-22】将字符数组中的每一个小写字母转换成大写字母后输出，其他字符不变。

程序如下。

```
#include<stdio.h>
#include<string.h>
fun(char  *p);
main()
{  char ch[80];
   gets(ch);puts(ch);
   fun(ch);
   puts(ch);
}
fun(char  *p)
{  int i;
   for(i=0;i<strlen(p);i++)
   {
      if(p[i]>='a'&&p[i]<='z')p[i]-=32;
   }
}
```

运行结果为：

```
aSdfgh<回车>
aSdfgh
ASDFGH
```

【例 8-23】从键盘输入一个字符串，计算该字符串中小写字母的数量。

程序如下。

```
#include<stdio.h>
 lenth(char *p);
 main()
 {  int len;
    char a[80];
    gets(a);
    puts(a);
    len=lenth(a);
    printf("%d\n",len);
}
lenth(char *p)
{   int i=0;
    while(*p!='\0')
     {
          if(*p>='a'&&*p<='z')i++;
                    p++;

}
return i;
}
```

运行结果为：

```
AbcdefG<回车>
AbcdefG
5
```

【例 8-24】编写程序，将两个字符串连接起来，去除第二个字符串中的空格。要求不使用 strcat() 函数实现。

程序如下。

```
#include<stdio.h>
scat(char *s1,char *s2);
main()
{  char s1[80],s2[40];
   printf("\n Input string1:");
   gets(s1);
   printf("\n Input string2:");
   gets(s2);
   scat(s1,s2);
   printf("\n New string:%s",s1);
}
scat(char *s1,char *s2)
{  while(*s1 !='\0')  s1++;
   while(*s2!='\0')  {if(*s2!=' '){*s1=*s2;s1++;}s2++;}
   *s1='\0';
}
```

运行结果为：

```
Input string1:string<回车>
Input string2:no blank<回车>
New string:stringnoblank
```

【例 8-25】编写程序，将字符数组 from 中的全部小写字母复制到字符数组 to 中。\0 后面的字符不复制。

程序如下。

```
#include<stdio.h>
#include<string.h>
strcopy(char *from,char *to);
main()
{char from[80],to[80];
  printf("Input string:");
  scanf("%s",from);
  strcopy(from,to);
  printf("Copied string:%s\n",to);
}
strcopy(char *from,char *to)
{  int i,j=0;
  for(i=0;i<=strlen(from);i++)
    if(from[i]>='a'&&from[i]<='z')to[j++]=from[i];
    to[j]=0;
}
```

运行结果为：

```
Input string:AsDtudent<回车>
Copied string:student
```

【例 8-26】编写程序，比较字符数组 s1 和 s2。不要使用 strcmp 函数()。

程序如下。

```
#include<stdio.h>
main()
{  int a;
  char s1[80],s2[80];
  gets(s1);gets(s2);puts(s1);puts(s2);
  a=strcomp(s1,s2);
  if(a>0) printf("(s1:%s)>(s2:%s)\n",s1,s2);
  if(a==0)printf("(s1:%s)=(s2:%s)\n",s1,s2);
  if(a<0) printf("(s1:%s)<(s2:%s)\n",s1,s2);
}
strcomp(char *s1,char *s2)
{while(*s1==*s2&&*s1!='\0')  {s1++;s2++;}
return *s1-*s2;
}
```

运行结果为：

```
one<回车>
two<回车>
one
two
(s1:one)<(s2:two)
```

8.6　函数的指针和指向函数的指针变量

可以用指针变量指向整型变量、字符串、数组，也可以指向一个函数。函数在编译时被分配给一个入口地址，这个入口地址就称为函数的指针。

8.6.1 通过函数的指针调用函数

可以用一个指针变量指向函数，然后通过该指针变量调用此函数。

【例8-27】求a和b中较小的数。

```
#include "stdio.h"
main()
{ int min(int,int);                    /*对min()函数的原型声明*/
  int(*p)(int,int);                    /*定义指向函数的指针变量p*/
  int a,b,c;
  p=min;                               /*将min()函数的入口地址赋给p*/
  scanf("%d,%d",&a,&b);
  c=(*p)(a,b);                         /*实参为a、b，等价于min(a,b)*/
  printf("min=%d\n",c);
}
int min(int x,int y)                   /*定义min()函数*/
{ int z;
  z=x<y?x:y;
  return(z);
}
```

其中：

（1）指向函数指针变量的一般定义形式为：

```
数据类型标识符  (*指针变量名)(类型参数1,类型参数2,…);
```

数据类型标识符是指函数返回值的类型，旧版本允许省略后一个括号中的内容。

（2）函数可以通过函数名调用，也可以通过函数指针调用（即用指向函数的指针变量调用）。

（3）(*p)(int,int)表示定义一个指向函数的指针变量，它不是固定指向哪一个函数的，而只是表示定义这样一个类型的变量，专门用来存放函数的入口地址。在程序中把哪个函数的地址赋给它，它就指向哪个函数。

（4）在给函数指针变量赋值时，只需给出函数名而不必给出参数。例如：

```
p=min;
```

因为是将函数入口地址赋给p，所以不能写成p=min(a,b);的形式。

（5）用函数指针变量调用函数时，只需将（*p）代替函数名即可（p 为指针变量名）。（*p）之后的括号中根据需要写上实参，下面语句表示调用p指向的函数，实参为a和b，得到的函数值赋给c，语句如下。

```
c=(*p)(a,b);
```

（6）对指向函数的指针变量，如p+n、p++、p--等运算是无意义的。

8.6.2 指向函数的指针变量作函数参数

函数的指针变量也可以作为参数，以便传递函数地址，也就是将函数名传给形参，从而利用相同的函数调用语句调用不同的函数。

【例8-28】用函数指针变量实现四则运算。

程序如下。

```
float add(float x,float y)
{  return x+y;
}
float sub(float x,float y)
{  return x-y;
}
```

```
float  mult(float x,float y)
{  return x*y;
}
float divi(float x,float y)
{  return x/y;
}
float result(float x,float y,float (*p)(float,float))
{ float s;
  s=(*p)(x,y);
  return s;
}
main()
{
   float a,b,s;char op;
   printf("please select +,-,*,/ \n");
   scanf("%c",&op);
   printf("please input two operand\n");
   scanf("%f,%f",&a,&b);
   switch(op)
   { case '+':s=result(a,b,add);break;
     case '-':s=result(a,b,sub);break;
     case '*':s=result(a,b,mult);break;
     case '/':s=result(a,b,divi);break;
   }
   printf("%f%c%f=%f\n",a,op,b,s);
}
```

运行结果为：

```
please select +,-,*,/ <回车>
+<回车>
please input two operand <回车>
20,25<回车>20.000000+25.000000=45.000000
```

再次运行结果为：

```
please select +,-,*,/ <回车>
+<回车>
please input two operand <回车>
20,25<回车>20.000000+25.000000=45.000000
```

程序中的 result()函数有一个形参是指向函数的指针变量 pf。在 main()函数中调用 result()函数时，除了将 a 和 b 作为实参将两个数传给函数 result()的形参 x、y 外，还将函数名 add（或 sub 或 mult 或 divi）作为实参传给形参 p。在 result()函数中，根据指向函数的指针变量调用相应的函数 add()、sub()、mult()、divi()完成相应的运算。所以，result()函数一方面从主调函数中接受了不同的功能要求（即不同的运算），另一方面又转向了相应的功能实现函数。

8.7 返回指针值的函数

一个函数不仅可以返回简单类型的数据，而且可以返回指针型的数据，即地址。返回指针值的函数称为指针函数。定义指针函数的形式为：

```
类型标示符 *函数名(参数表)
```

例如：

```
#include<stdio.h>
```

```
char *fun(char *);              /*指针类型也要做原型说明*/
main()
{  char *p="abcde",*q;
   q=fun(p);                    /*只有调用结束后，q才有确定的指向*/
   puts(q);
}
char *fun(char *p)
{  char  *t;
   t=p+1;
   return t;                    /*返回字符串的首地址*/
}
```

输出结果为：

```
bcde
```

8.8 指针数组和指向指针的指针

为了便于处理若干个字符串，使字符串处理更方便灵活，可以使用指针数组和指向指针的指针进行处理。

8.8.1 指针数组的概念

元素均为指针类型数据的数组称为指针数组，也就是说，指针数组中的每一个元素都是指针变量。指针数组的定义形式为：

```
类型标识符  *数组名[数组长度说明]
```

例如：

```
int *p[4];
```

注意

不要写成 int (*p)[4];，这是指向一维数组的指针变量。

例如，图书馆有若干本书，若把书名放在一个数组中（见图 8-15（a）），然后对其进行排序。按一般方法，字符串本身就是一个字符数组，因此要设计一个二维的字符数组才能存放各字符串。但二维数组的列数确定后，每一行的元素数都相等，实际上各字符串（书名）的长度是不相等的。如果按最长的字符串来定义列数，就会浪费许多内存单元，如图 8-15（b）所示。

可以分别定义一些字符串，然后用指针数组中的元素分别指向各字符串，如图 8-15（c）所示。对字符串进行排序，不必改动字符串的位置，只需改动指针数组中各元素的指向（即改变各元素的值，这些值是各字符串的首地址），如图 8-15（d）所示。这样，各字符串的长度可以不同，而且移动指针变量的值（地址）要比移动字符串所花的时间少得多。所以，使用指针数组处理字符串更方便。

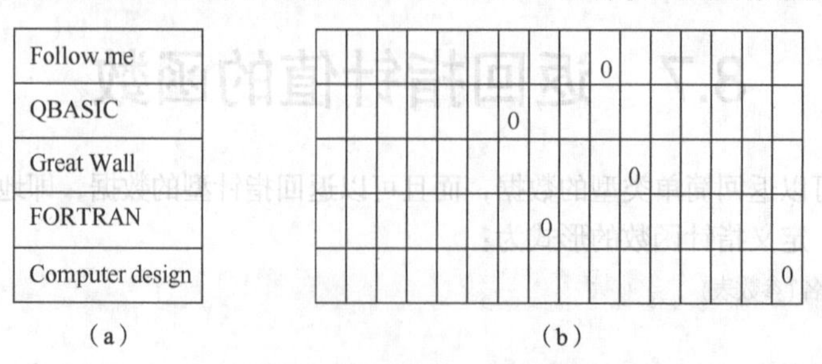

图 8-15　用指针数组处理字符串

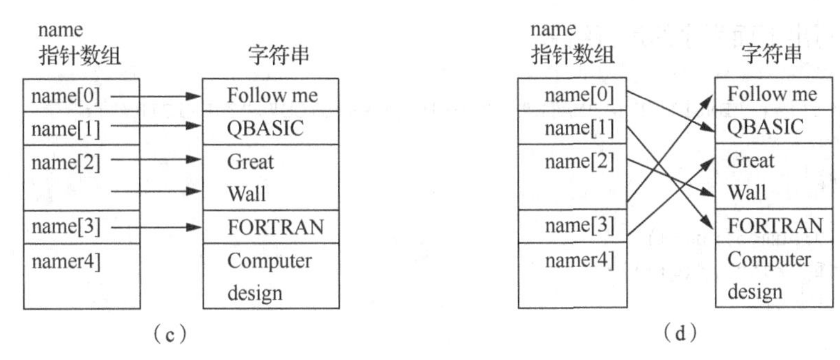

图 8-15 用指针数组处理字符串（续）

【例 8-29】找出 5 个字符串中的最小者，并使下标为 0 的指针数组元素指向它。

程序如下。

```
#include<stdio.h>
#include<string.h>
main( )
{  int i,k;
   char *temp,*str[]={"Follow","QBASIC","Great","FORTRAN","Computer"};
   k=0;
   for(i=1;i<5;i++)
      if(strcmp(str[k],str[i])>0)
         k=i;
   if(k!=0)
   {  temp=str[0];
      str[0]=str[k];
      str[k]=temp;
   }
      printf("The Minimum string is\n%s\n",str[0]);
}
```

运行结果为：

```
The Minimum string is
Computer
```

8.8.2 指向指针的指针

指针变量也有地址，这个地址可以存放在另一个指针变量中。如果变量 p 中存放了指针变量 q 的地址，p 就指向指针变量 q。指向指针数据的指针变量，简称为指向指针的指针。定义指向指针数据的指针变量的形式为：

```
类型 **指针变量;
```

如果有 char、**p、*q="abc";，则 p=&q; 是合法的。

*p 相当于 q，**p 相当于*q，因此**p 中的值为 a，图 8-15（c）中的 name 是一个指针数组（其每一个元素的值都为地址）。数组名 name 代表该指针数组的首地址。可另设一个指针 p（定义如上），让其指向 name 数组的元素，如图 8-16 所示。由于 name 数组的每一个元素都是一个指针型数据，因此 p 就是一个指向指针型数据的指针变量。

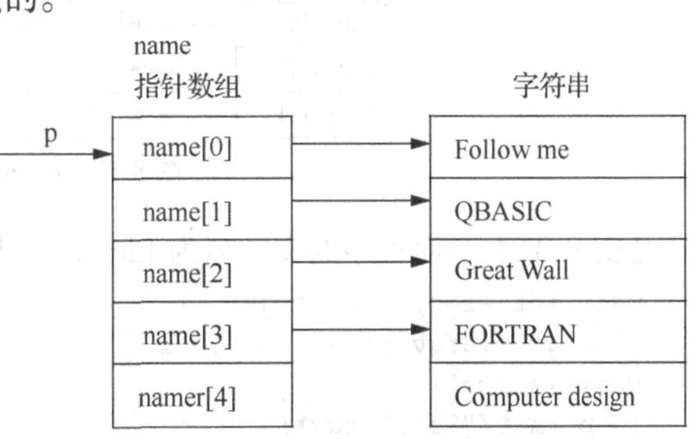

图 8-16 指向指针的指针

【例 8-30】写出下面程序的运行结果。

```
main()
{  char *str[]={ "ENGLISH", "MATH", "MUSIC","PHYSICS","CHEMISTRY"};
   char  **q;
   int num;
   q=str;
   for(num=0;num<5;num++)
      printf("%s\n",*(q++));
}
```

运行结果为：

```
ENGLISH
MATH
MUSIC
PHYSICS
CHEMISTRY
```

本程序的功能是按行输出字符串。str 是一个指针数组，其中每一个元素用来存放一个字符串的首地址，例如，str[0]中存放字符串 ENGLISH 的首地址，str[1]存放字符串 MATH 的首地址……q 用来指向 str 数组中的各个元素，由于各元素是指针类型，因此 q 应当定义为指向指针的指针。开始时，先使 q 指向 str 的开头，即 str[0]；执行第一次循环时，输出第一个字符串（因为 q 指向的元素中存放了第一个字符串的首地址）。然后使 q 加 1，使 q 指向下一个 str 数组元素，执行第二次循环时，输出第二个字符串。

8.8.3 main()函数的命令行参数

在以往的程序中，main()函数的首部一般写成如下形式。

```
main()
```

实际上，main()函数可以有参数。例如：

```
main(int argc,char **argv)
```

argc 和 argv 就是 main()函数的形参。main()函数是由系统调用的，当处于操作命令状态下，输入 main()所在的文件名（经过编译、连接后得到的可执行文件名），系统就调用 main()函数，其实参从命令行得到。命令行的一般形式为：

```
命令名  参数1  参数2  …参数n
```

argc 是指命令行中的参数，参数含文件名，因此 argc≥1，命令行如下。

```
file1 China Beijing
```

argc 的值等于 3。argv 是指向字符指针数组的指针（即指向指针的指针），它指向的指针数组的每一元素都指向一个字符串。如图 8-17 所示，argv[0]指向 filel，argv[1]指向 China，argv[2]指向 Beijing。

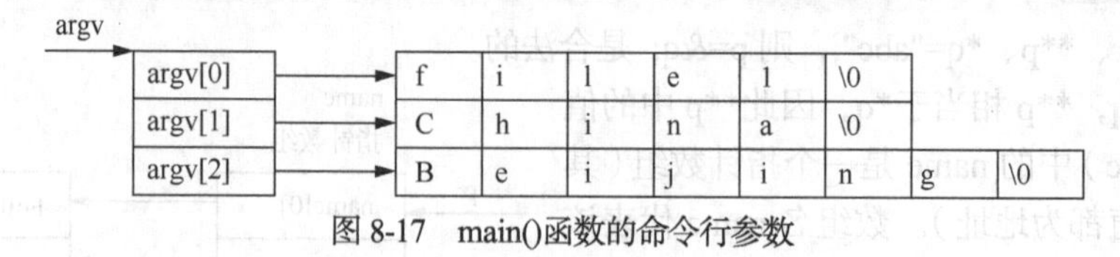

图 8-17　main()函数的命令行参数

【例 8-31】下面程序的文件名为 file.c，写出程序的运行结果。

```
main(int argc,char *argv[ ])
{  argc--;argv++;
while(argc>0)
{  printf("%s",*argv);
   argc--;argv++;
}
```

命令行输入：

```
c: >file Computer and C Language<回车>
```

输出：

```
Computer and C Language
```

8.9 应用举例

【例 8-32】在以下选项中，对基类型相同的指针变量不能进行运算的运算符是（ ）。

A. + B. - C. = D. ==

分析： 在 C 语言中，当指针变量指向某一连续存储单元时，可以对该指针变量进行自加、自减运算或加、减某个整数的算术运算，达到移动指针的目的。此处，当两个基类型相同的指针变量都指向某一连续存储区中的存储单元时，如指向同一数组中的两个元素时，这两个指针可以相减，得到的差值（取绝对值）表示两个指针之间的元素数。除上述运算外，C 语言不允许对指针变量进行任何其他算术运算。因此，本题选 A。

对基类型相同的指针变量进行加运算是非法的。

【例 8-33】若有定义 int a[3][4];，则不能表示数组元素 a[1][1]的是（ ）。

A. *(a[1]+1) B. *(&a[1][1]) C. (*(a+1)[1]) D. *(a+5)

分析： 例 8-33 考查二维数组与指针的关系。值得说明的是，*和&是一种“互相抵消”的运算，一个变量之间可以使用很多的*和&，如*&*&x 还是 x，故选项 B 正确地表示了数组元素。选项 D 中的 a 是行指针，a+5 指向数组的第 5 行，而*(a+5)仍是指向第 5 行的指针，只是基类型为 int 而不是一维数组。C 选项中的*(a+1)相当于 a[1]，所以 C 选项是 a[1][1]，A 选项中的 a[1]+1 相当于第 1 行第 1 列的地址，*(a[1]+1)就是 a[1][1]。因此，本题选 D。

【例 8-34】在以下定义中，标识符 ppp（ ）。

```
int* ppp[3];
```

A. 定义不合法

B. 是一个指针，它指向一个具有 3 个元素的一维数组

C. 是一个指针数组名，每个元素是一个指向整型变量的指针

D. 是一个指向整型变量的指针

分析： 例 8-34 的关键是要分清指针数组与指向一维数组指针之间的不同。由于方括号[ ]的优先级高，所以 ppp 先与[3]结合，是数组，然后与前面的*号结合，因此*ppp[3]是一个指针数组。由此可知，例 8-34 的答案是 C。如果想改变结合次序，可以用括号，例如，想定义一个指针变量 ppp，它指向包含 3 个整数元素的一维数组，则需要把*和 ppp 括起来。

【例 8-35】若有如下定义：

```
char s[100]="abcdefg";
```

则下述函数调用中，错误的是（ ）。

A. strlen(strcat(s,"china")) B. strcat(s,strcpy(sl,"s"))

C. strlen(puts("TOM")) D. !strcmp("",s)

分析： 例 8-35 说明了字符串操作类函数的返回指针特性。一些典型的字符串操作函数返回值是字符指针，如 strcpy(sl,s2)和 strcat(sl,s2)，这两个函数都返回 sl 的值。表达式 strcat(sl,s2)和 strcpy(sl,s2)代表字符串 s1，因此，选项 A 和 B 正确。选项 D 中的连续两个""组成空字符串，调用正确。选项 C 中的错误来自函数 puts()，该函数的返回值是整数而不是字符串，因此外层的函数调用

使用了错误的实参数。故本例答案是 C。

【例 8-36】 对于如下定义：

```
char *a[2]={ "abcd","ABCD"};
```

以下说法中正确的是（　　）。

A. 数组 a 的元素值分别为 abcd 和 ABCD

B. a 是指针变量，它指向含有两个数组元素的字符型数组

C. 数组 a 的两个元素分别存放含有 4 个字符的一维数组的首地址

D. 数组 a 的两个元素各自存放了字符 a 和 A 的地址

分析： 如果将二维数组看作是由一维数组组成的数组，而一维数组名又是指针，那么，也可以不严格地说二维数组是由指针组成的数组。实际上，可以显式地定义这种由指针作元素组成的指针数组。例如：

```
char *a[10];
```

它表示数组 a 的元素 a[m]，或者说*(a+m)，都是一个指针变量，0≤m<10。

例 8-36 考查指针数组的含义。在 C 语言中，指针与地址是等同的概念，故指针数组也就是地址数组，即指针数组的每个元素都是一个地址，可见，选项 A 是错误的。因为数组名不是普通变量，选项 B 错误。选项 C 和 D 比较难以分辨，实质上，这两种说法中的地址值是一致的，只是概念上有差别。可以这样考虑：如果选项 C 正确，则数组元素 a[0]和 a[1]都是指向数组的指针。可以做如下定义：

```
char*a[2]={ "abcd","ABCD"};
char*p[4]=a[0];
```

这显然不合适，a[0]只代表一个字符串而不是数组，况且 a[0]占用的存储空间是 5 而不是 4，这也能说明选项 C 是不正确的。故例 8-36 的正确答案为 D。例 8-36 也可以描述为数组 a 的两个元素各自存放了两个字符串 abcd、ABCD 的首地址。

【例 8-37】 下述函数的功能是计算函数 H()的值，代码如下。

```
H(a,b)=sin(a+b) / cos(b-a) × cos(a+b) / sin(b-a)
double fun(double(*u)(double a),double(*v)(double b),double x,double y)
{  return(____(1)____);
}
double vh(double a,double b)
{  return fun(sin,cos,a,b)*fun____(2)____};
}
```

分析： 例 8-37 考查指向函数的指针的用法。由于函数 vh()是两次调用 fun 表达式的乘积，所以 fun 应是计算一次两个函数的除法。若 fun(sin,cos,a,b)的结果是 sin(a+b)/cos(b−a)，那么，（1）处应该是 u(x+y)/v(y−x)。（1）处的形式确定后，（2）处就很容易确定了，即 cos,sin,a,b。

例 8-37 还可以在（1）处填 v(x+y)/u(y−x)，等同于将函数 fun(sin,cos,a,b)看作是表达式 cos(a+b)/sin(b−a)，这样（2）处保持不变，仍然正确。从正向思维的角度，填第一种答案较好。

答：（1）u(x+y)/v(y−x)　（2）cos,sin,a,b

【例 8-38】 下述函数定义一个指向函数的指针数组并循环接收一个整数 x，在 x 的值为 1、2、3 时，分别输出 sin(0.5)、cos(0.5)和 log(0.5)的值。假定程序中定义的指针数组名为 pt，将程序补充完整。

```
#include<stdio.h>
#include<math.h>
viod main()
{  int x;
```

```
    double(____(1)____)={sin,cos,log};
    do
    {  scanf("%d",&x);
       if(x<1 || x>3)
          continue;
       printf("The value is:%f",(____(2)____);
    }while(x!=-1);
}
```

分析：例 8-38 考查指向函数的指针数组的使用方法，使用这种数组可以简化程序，避免复杂的 switch 语句。因为（1）处后面是初始化值，故（1）处应填数组的定义。在该定义中，形参名是任意的，也可以填数组长度 3。数组定义后，可以认为 pt[0]、pt[1]和 pt[2]就是初始化的 3 个函数 sin、cos 和 log，所以（2）处应填 pt[x-1](0.5)。

答：（1）(*pt[ ])或(*pt[3]) （2）pt[x-1])(0.5)

【例 8-39】下述程序在不移动字符串的条件下，对 *n* 个字符指针所指的字符串进行升序排列。将程序补充完整。

```
#include<stdio.h>
void sort(chat *sa[ ],int n)
{  int i,j,k;
   for(i=0;i<n-1;i++)
   {  k=i;
      for(j=i+1;j<n;j++)
         if(____(1)____)
            k=j;
      if(i!=k)
      {  char *t=____(2)____;
         (____(3)____) ;
         sa[k]=t;
      }
   }
}
```

分析：例 8-39 考查指针数组的应用。函数 sort()采用的排序方法是选择排序法。由程序中的循环可知，在对 i 的循环中，j 的范围是后 *n* 个、后 *n*-1 个、……、后 1 个元素。因此，每次内层循环必然是求出最小值并将其与所处理区间的第一个元素交换。而且，后面是否进行元素交换需要判定的条件 i!=k 也说明了这一点，故（1）处应填 strcmp(sa[k],sa[j])>0，（2）处与（3）处的元素交换很容易，因为题目要求不移动字符串，所以应进行指针的交换。最后的 sa[k]=t;决定了（2）处、（3）处所填的内容。

答：（1）strcmp(sa[k],sa[j])>0 （2）sa[i] （3）sa[i]=sa[k]

【例 8-40】阅读程序回答问题。

```
#include<stdio.h>
void main()
{  int a[3][4]={{1,2,3,4,},{3,4,5,6},{5,6,7,8}};
   int i;
   int(*p)[4]=a,*q=a[0];
   for(i=0;i<3;i++)
   {  if(i%2==0)
         (*p)[i]=*q+1;
      else p++,++q;
   }
   for(i=0;i<3;i++)
```

```
        printf("%d", a[i][i]);
    }
```

（1）程序定义了两个指针 p、q，它们各是什么指针？p++、q++的作用是什么？

（2）程序的结果是什么？

分析：例 8-40 考查二维数组指针的引用方法。程序使用了两种指针，关键是分清指针的基类型。程序中的 p 是一维整型数组的指针，指向二维数组的行指针；p++指向二维数组的下一行；q 是指向整型数据的指针；q++指向数组的下一个元素。程序的循环运行如下。

i=0 时，执行(*p)[i]=*q+1;，相当于 a[0][0]=*q+1=a[0][0]+1=2，p 和 q 的值不变。

i=1 时，执行 p++,q++;，使 p 的值为 a[1]，q 的值为&a[0][1]。

i=2 时，(*p)[i]=a[1][2]=*q+1=a[0][1]+1=3，p 和 q 的值不变。

所以，问题（1）的答案为：p 是指向一维整型数组的指针，q 是指向整型数据的指针。p++指向二维数组的下一行，q++指向数组的下一个元素。

问题（2）的答案为：2，4，7。

【例 8-41】分析下列程序的运行结果。

```
#include "stdio.h"
void f1(int *p1,int y)
{  *p1=*p1+y;
}
main()
{  int x,y;
   scanf("%d%d",&x,&y);
   f1(&x,y);
   printf("x+y=%d\n",x);
}
```

main()函数调用 f1()函数时，函数的参数传递是 x 地址，使 p1 指向 x，对*pl 的操作实际就是对 x 的操作。f1()执行结束时，回收 p1 的空间，但是在函数 f1()中已通过 p 改变了 x 的值。因为本程序的功能是求两个数的和，所以输入 3、4，程序运行结果为：

```
x+y=7
```

【例 8-42】分析程序的运行结果。

```
#include<stdio.h>
main()
   {  int a[5]={2,4,6,8,9};①
   int *num[5]={&a[0],&a[1],&a[2],&a[3],&a[4]};②
   int **p,i;③
   p=num;
   for(i=0; i<5;i++)
   {  printf("%d\t",**p);
      p++;
   }
}
```

程序说明：

（1）语句①定义一个数组 a[5]，并对其初始化。

（2）语句②利用语句①的结果，定义指针数组 num[5]并进行初始化。

（3）语句③定义二级指针 p，由于 num 为数组名，即&num[0]值，运行 p=num;后，建立如图 8-18 所示的关系。通过**p，可以逐个输出内容。

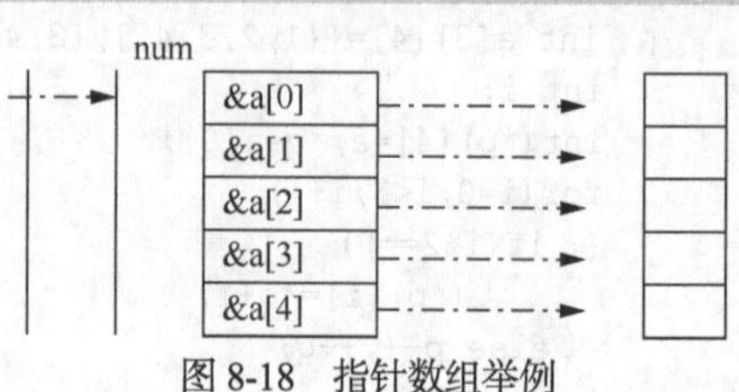

图 8-18　指针数组举例

运行结果为：

```
2 4 6 8 9
```

【例 8-43】编程，采用递归法将数组 a 中的元素逆置。

```
 main( )
 { int a[6],i,j;
for(i=0;i<6; i++)
     scanf("%d",a+i);
   invert(a,0,5);
   for(i=0; i<6; i++)
     printf("%d,",a[i]);
   printf("\n");
}
invert(int *s,int i,int j)
{ int t;
  if(i<j)
  {
    invert(s,i+l,j-1);
    t=*(s+i);*(s+i)=*(s+j);*(s+j)=t;
  }
}
```

调用 invert()函数，将数组 a 中的元素逆置。invert()函数采用了递归法。在 invert()函数中，把 s[I]～s[j]范围内的值逆置转换成一个新的问题：先把 s[i+1]～s[j−1]范围内的值逆置，然后把 s[i]和 s[j]中的值对调，即可完成 s[i]～s[j]范围内的值逆置。而解决 s[i+1]～s[j−1]范围内的值逆置与原来问题的解决方法相同。这种操作的结束条件是，当逆置的范围为 0 时，操作结束，即当 i>=j 时，递归结束。由此分析可以看到，对一维数组中的内容进行逆置，可以采用递归的方法。

（1）第一层调用时，s 得到数组 a 的首地址，因而使 s 指向数组 a 的第 0 个元素 a[0]，i 从实参中得到整数 0，j 从实参中得到整数 5，分别代表进行逆置的起始元素下标和最后元素的下标，即逆置的范围，因为 i<j，所以执行函数调用 inven(s,i+1,j−1)；进行第二层调用，这时 3 个实参的值分别如下。

① 数组 a 的首地址。

② i+l 的值为 1。

③ j-1 的值为 4。

（2）进入第二层调用，这一层的 s 得到数组 a 的首地址，i 得到上一层的实参值 1，j 得到上一层的实参值 4，因为 i<j，所以执行函数调用语句 invert(s,i+l,j−1)；进行第三层调用，这时 3 个实参的值分别如下。

① 数组 a 的首地址。

② i+l 的值为 2。

③ j-1 的值为 3。

（3）进入第三层调用，这一层的 s 得到数组 a 的首地址，i 接受上一层的实参值 2，j 接受上一层的实参值3。因为i<j，所以再执行函数调用语句 inven(s,i+l,j−1)；进行第四层调用。这时3个实参的值分别如下。

① 数组 a 的首地址。

② i+l 的值为 3。

③ j-1 的值为 2。

（4）进入第四层调用，由于 i>j，逆置范围为“空”，所以什么也不做，并使递归调用终止，返回上一层调用。

（5）返回第三层调用，接着执行 t=*(s+i);*(s+i)=*(s+j);*(s+j)=t;。这一层 s 指向数组 a 的起始地址，i 的值为 2，j 的值为 3，上述语句使得 a[2]和 a[3]的值对调，然后返回上一层调用。

（6）返回第二层调用，在这一层，s 指向数组 a 的起始地址，i 的值为 1，j 的值为 4，语句使得 a[1]和 a[4]中的值对调，然后返回上一层调用。

（7）返回第一层调用，在这一层，s 指向数组 a 的起始地址，i 的值为 0，j 的值为 5，语句使得 a[0]和 a[5]的值对调，返回上一层主调程序。至此，数组 a 中的值逆置完毕。

本章小结

指针是 C 语言的一个重要的概念，也是 C 语言中需要重点掌握的内容。

（1）指针。指针是一种数据类型，指针值是存储单元的地址，指针变量是存储地址的变量，指针变量在使用前必须先定义。

（2）与指针有关的数据类型。与指针有关的数据类型如表 8-2 所示，n 为整型常量。

表 8-2　与指针有关的数据类型

定义语句	含义	主要功能
int *p	定义 p 为指向整型变量的指针变量	（1）作为函数参数，改变主调函数中的整型局部变量的值 （2）可指向整型数组的首地址，间接访问整个数组，或在函数间传递一维数组
char *p	定义 p 为指向字符型变量的指针变量	可指向字符串的首地址，间接访问整个字符串，或在函数间传递字符串
int (*p)[n]	定义 p 为指向具有 *n* 个元素的一维数组的指针变量	可指向二维整型数组的第 0 行，间接访问二维数组的各行，从而访问各元素或在函数间传递二维数组
char *p[n]	定义 p 为具有 *n* 个元素的指针数组，各元素都是指向字符型数据的指针	数组每个元素可存放字符串的首地址，可以有效处理多个字符串
char (*p)()	定义 p 为指向函数的指针，函数的返回值是字符型	间接调用 p 指向的函数，或在函数调用时传递一个函数的入口地址，以提高所调用函数的通用性
char *p()	定义 p 为返回指针值的函数，返回的指针为指向字符型数据的指针	返回指向字符串首地址的指针，可以从被调用函数得到一个字符串
char **p	定义 p 为指向字符型指针的指针	可以指向字符型指针数组的首元素，间接访问整个指针数组，或在函数间传递指针数组

（3）指针运算。

① 取地址运算符（&）用于求变量的地址，指针运算符（*）表示指针所指的内容。

② 指针变量可以加（减）一个整型数。

③ 可以取另一个同类型指针变量的值。

④ 指针变量可以是空值，即 int *p=NULL;。

⑤ 两个指针可以相减。

⑥ 如果两个指针指向同一个数组，则可以进行比较。

练习与提高

一、选择题

1. 若在定义语句“int a,b,c,*p=&c;”之后，接着执行以下选项中的语句，则能正确执行的语句是（　　）。

A. scanf("%d",a,b,c);　　B. scanf("%d",p);
C. scanf("%d",&p);　　D. scanf("%d%d%d",a,b,c);

2. 若有定义“int x=0,*p=&x;”，则语句“printf("%d\n",*p);”的输出结果是（　　）。

A. 随机值　　B. p 的地址　　C. x 的地址　　D. 0

3. 若有定义“int x,*pb;”，则以下正确的赋值语句是（　　）。

A. pb=&x;　　B. pb=x;　　C. *pb=*x;　　D. *pb=&x;

4. 若有定义语句“double a,*p=&a;”，则以下叙述中，错误的是（　　）。

A. 定义语句中的*号是一个说明符
B. 定义语句中的*p=&a 把变量 a 的地址作为初值赋给指针变量 p
C. 定义语句中的*号是一个地址运算符
D. 定义语句中的 p 只能存放 double 类型变量的地址

5. 设有定义“int i,*p=&i;”，以下 scanf 语句中，能正确为变量 i 读入数据的是（　　）。

A. scanf("%d",&p);　　B. scanf("%d",*p);　　C. scanf("%d",p);　　D. scanf("%d",i);

6. 设已有定义“float x;”，则以下定义指针变量 p 且赋初值的正确语句是（　　）。

A. float p=&x;　　B. float *p=&x;　　C. float *p=1024;　　D. int *p=(float)x;

7. 若有如下定义和语句，则输出结果是（　　）。

```
int **pp,*p,a=10,b=20;
pp=&p;p=&a;p=&b;printf("%d,%d\n",*p,* pp);
```

A. 10,20　　B. 10,10　　C. 20,10　　D. 20,20

8. 若有定义“int x,*pb;”，则以下正确的赋值表达式是（　　）。

A. pb=&x　　B. pb=x　　C. *pb=&x　　D. *pb=*x

二、填空题

1. 若有定义“char ch;”，定义指针 p，并使其指向变量 ch 的初始化语句是________（必须使用一条语句）。

2. ________称为指针运算符，________称为取地址运算符。

3. 若两个指针变量指向同一个数组的不同元素，则可以进行减法运算和________运算。

4. 若 d 是已定义的双精度变量，再定义一个指向 d 的指针变量 p 的语句是________。

5. 以下程序的执行结果是________。

```
main()
  {  int a,b,*p=&a,*q=&b;
     a=10;
     b=20;
     *p=b;
     *q=a;
     printf("a=%d,b=%d\n",a,b);
  }
```

6. 若有定义“char ch;”，则

（1）使指针 p 可以指向变量 ch 的定义语句是________。

（2）使指针 p 指向变量 ch 的赋值语句是________。

（3）通过指针 p 给变量 ch 读入字符的 scanf()函数调用语句是________。

（4）通过指针 p 给变量 ch 赋字符的语句是________。

（5）通过指针 p 输出 ch 中字符的语句是________。

三、编程题（要求用指针方法实现）

1. 编写程序，输入 15 个整数存入一维数组，然后按逆序重新存放后再输出。

2. 输入一个一维实型数组，输出其中的最大值、最小值和平均值。

3. 输入一个 3×6 的二维整型数组，输出其中的最大值、最小值及其所在行、列下标。

4. 输入 3 个字符串，输出其中最大的字符串。

5. 输入 2 个字符串，将其连接后输出。

6. 编写程序，使用指针比较两个字符串的大小。

7. 输入一行文字，统计其中字母、数字以及其他字符各有多少。

8. 输入 3 个整数，按从大到小的顺序输出。

9. 已知两个数组中分别存放有序数列，试编写程序，将这两个数列合并成一个有序数列。合并时不得使用重新排序的方法。

10. 编写程序，输入月份，输出该月份的英文。例如，输入 3，输出 March，要求用指针数组处理。

第9章 结构体与共用体

在程序设计中，把一些关系密切而数据类型不同的数据组织在一起组合成一个有机的整体，这类数据称为结构体。共用体是一种类似于结构体的构造型数据类型，它允许不同长度的数据共享同一个存储空间。

结构体和共用体都是“构造”而成的数据类型，必须先定义其类型，然后才能使用。本章将介绍这两种构造类型数据的使用。

本章学习目标：

掌握结构体的定义和引用方法。

掌握结构体数组的定义和引用方法。

了解使用指向结构体的指针处理链表建立动态数据结构的作用和意义。

掌握指向结构体的指针和使用指向结构体的指针处理链表的方法。

了解共用体。

9.1 结构体类型

结构体是一种“构造”而成的数据类型，在使用之前必须先定义结构体的类型，然后再定义结构体类型变量。

9.1.1 结构体概述

通过前面章节的学习，我们认识了整型、实型、字符型等C语言的基本数据类型，也了解了数组这种构造型的数据类型，它可以包含一组同一类型的元素。

但仅有这些数据类型是不够的。有时需要将不同类型的数据组合成一个有机的整体，以便于引用。这些组合在一个整体中的数据是互相联系的。例如，一个学生的学号、姓名、性别、年龄、成绩、家庭地址等，都与某学生相联系，如图9-1所示。可以看到性别（sex）、年龄（age）、成绩（score）、地址（addr）都是属于学号为10010和名为Li Lan的学生的。如果将num、name、sex、age、score、addr分别定义为互相独立的简单变量，则难以反映它们之间的内在联系。应当把它们组织成一个组合项，在一个组合项中包含若干个类型不同（当然也可以相同）的数据项。C语言允许用户自己指定这样一种数据结构，称为结构体（structure）。其相当于其他高级语言中的“记录”。

num	name	sex	age	score	addr
10010	LiLan	M	19	90.5	Beijing

图 9-1 结构体类型示例

C 语言没有提供图 9-1 所示的这种现成的数据类型，如果程序中要用到这种数据结构，用户就必须在程序中建立所需的结构体类型。“结构体”这个词是根据英文单词 structure 译出的。有些书把 structure 译为“结构”或“构造体”。

9.1.2 结构体类型的定义

一个结构体类型由若干“成员”组成，每一个成员可以是一个基本数据类型或者一个结构体类型。定义结构体类型的一般形式为：

```
struct 结构体名
{  类型标识符 成员名 1;
   类型标识符 成员名 2;
   …;
   类型标识符 成员名 n;
};
```

其中，struct 是关键字，“结构体名”和“成员名”都是用户定义的标识符，成员表是由逗号分隔的类型相同的多个成员名。花括号后的分号是不可少的。

例如，可将学生数据定义为一个结构体。

```
struct student
{  int num;
   char name[20];
   char sex;
   int age;
   float score;
   char addr[30];
} ;                          /*注意：不要忽略最后的分号*/
```

在定义结构体类型时，应注意如下几点。

（1）定义过程指定了一个新的结构体类型 struct student，其中 struct 是声明结构体类型时必须使用的关键字，在定义时不能省略。它向编译系统声明，这是一个“结构体类型”，包括 num、name、sex、age、score、addr 等不同类型的数据项。

（2）struct student 是一个类型名，它和系统提供的标准类型，如 int、char、float、double 等一样，都具有同样的地位和作用。它们都可以用来定义变量的类型，但结构体类型需要由用户指定。

（3）成员类型可以是除本身结构体类型之外的任何已有类型，也可以是任何已有类型（包括本身类型在内）的指针类型，即构成嵌套的结构。

（4）结构体是一种复杂的数据类型，是数目固定、类型不同的若干成员的集合，结构体类型的定义只是列出了该结构体的组成情况，编译系统并未因此而分配存储空间，当定义了结构体类型的变量或数组后，编译系统才会分配存储空间。

（5）“结构体名”用作结构体类型的标志，又称“结构体标记”（structure tag）。上面结构体声明中的 student 就是结构体名。大括号内是该结构体中的各个成员，由它们组成一个结构体。例如，上例中的 num、name、sex 等都是成员。对各成员都应进行类型声明，每一个成员也称为结构体的一个域。成员命名规则与变量相同。

（6）当一个结构体类型定义在函数之外时，它具有全局作用域；若定义在任一对花括号之内，则具有局部作用域，其作用范围是所在花括号构成的块。

（7）结构体中的成员可以和程序中的其他变量同名；不同结构体中的成员也可以同名。例如，可以在程序中定义一个变量 num，其与 struct stu 中的 num 没有联系，互不干扰。

（8）如果两个结构体的成员类型、名称、数量相同，但结构体名不同，则也是两个不同的结构类型。

9.1.3　结构体变量的定义

数据类型和变量是两个不同的概念。有了结构体类型之后，为了能在程序中使用结构体类型的数据，还应当定义结构体类型的变量，并在其中存放具体的数据。可以采取如下 3 种方法定义结构体变量。

1. 先定义结构体类型，再定义变量

例如，上面定义了一个结构体类型 struct student，可以用它来定义变量。例如：

```
struct student   student1,student2;
```

struct student 是一个用户自定义的类型名，定义 student1 和 student2 为 struct student 类型变量，即它们具有 struct student 类型的结构，如图 9-2 所示。

student1：	10001	Zhang Xin	M	19	90.5	Shanghai
student2：	10002	Wang Li	F	20	98	Beijing

图 9-2　studentl 和 student2 类型结构

定义结构体变量后，系统会为其分配内存单元。例如，student1 和 student2 在内存中各占 59（2+20+1+2+4+30=59）字节。

应当注意，将一个变量定义为标准类型（基本数据类型）与定义为结构体类型的不同之处在于，后者不仅要求指定变量为结构体类型，而且要求指定为某一特定的结构体类型（如 struct student 类型）。因为这样可以定义出许多种具体的结构体类型。而在定义为整型时，只需指定为 int 型即可。

如果程序规模比较大，往往将对结构体类型的声明集中放到一个文件（以.h 为扩展名的头文件）中。如果源文件需用到此结构体类型，则可用#include 命令将该头文件包含到本文件中。这样做便于装配、修改和使用。

2. 定义结构类型的同时定义变量

例如：

```
struct student
{  int num;
   char name[20];
   char sex;
   int age;
   float score;
   char addr[30];
}student1,student2;
```

它的作用与方法 1 相同，即定义了两个 struct student 类型的变量 student1、student2。这种形式的定义的一般形式为：

```
struct 结构体名
{  成员表列
}  变量名表列;
```

3. 直接定义结构类型变量

其一般形式为：

```
struct
{  成员表列
}变量名表列;
```

即不出现结构体名。

关于结构体类型，有如下几点需要说明。

（1）类型与变量是不同的概念。只能对变量赋值、存取或运算，而不能对一个类型赋值、存取或运算。在编译时，不为类型分配空间，只为变量分配空间。

（2）对结构体中的成员（即“域”），可以单独使用，其作用与地位相当于普通变量。关于对成员的引用方法见 9.2 节。

（3）成员也可以是一个结构体变量。例如：

```
struct date                                    /*声明一个结构体类型*/
{  int month;
   int day;
   int year;
};
struct student
{  int num;
   char name[20];
   char sex;
   int age;
   struct date birthday;                       /*birthday是struct date类型*/
   char addr[30];
}student1,student2;
```

先声明一个 struct date 类型，代表“日期”，其包括 3 个成员：month（月）、day（日）、year（年）。然后在声明 struct student 类型时，将成员 birthday 指定为 struct date 类型。struct student 的结构如图 9-3 所示。已声明的类型 struct date 与其他类型（如 int、char）一样，可以用来定义成员的类型。

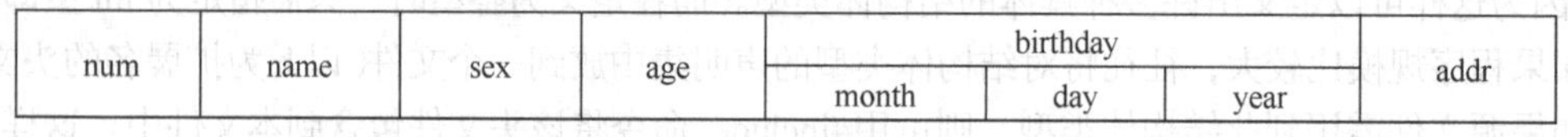

图 9-3　struct student 的结构

（4）成员名可以与程序中的变量名相同，二者不代表同一对象。例如，可以在程序中另定义一个变量 num，它与 struct student 中的 num 是两回事，互不干扰。

9.2　结构体变量的初始化和引用

9.2.1　结构体变量的初始化

和其他类型变量一样，结构体变量可以在被定义时指定初始值。

【例 9-1】对结构体变量初始化。

```
main()
{  struct student
   {  long int num;
      char name[20];
      char sex;
      char addr[20];
   }a, b={10101,"Li Lin",'M',"103 Beijing Road"};
   a=b; printf("NO.:%ld\nname:%s\nsex:%c\naddress:%s\n",a.num,a.name,a.sex,a.addr);
```

```
}
```

运行结果如下。

```
NO. :10101
Name:Li Lin
Sex:M
Address:103 Beijing Road
```

例 9-1 对结构体变量 b 做了初始化赋值，然后把 b 的值整体赋予 a，最后用 printf()函数输出 a 各成员的值。

9.2.2　结构体变量的引用

定义结构体变量以后，当然可以引用这个变量，但应遵守如下规则。

（1）不能将一个结构体变量作为一个整体进行输入输出。例如，已定义 student1 和 student2 为结构体变量并为它们赋值。不能这样引用：

```
printf("%d,%s,%c,%d,%f,%s\n",student1);
```

只能对结构体变量中的各个成员分别进行输入输出。引用结构体变量中成员的方式为：

```
结构体变量名.成员名
```

例如，student1.num 表示 student1 变量中的 num 成员，即 student1 的 num（学号）项。可以对变量的成员赋值，例如：

```
student1.num=10101;
```

“.”是成员（分量）运算符，它在所有的运算符中优先级最高，因此可以把 student1.num 作为一个整体来看待。上面赋值语句的作用是将整数 10101 赋给 student 1 变量中的成员 num。

（2）如果成员本身又属于一个结构体类型，则要用若干个成员运算符，找到最低一级的成员。只能对最低级的成员进行赋值、存取和运算。例如，对上面定义的结构体变量 student1，可以这样访问各成员：

```
student1.num
student1.Birthday.month
```

不能用 student1.birthday 来访问 student1 变量中的成员 birthday，因为 birthday 本身是一个结构体变量。

（3）对结构体变量的成员可以像普通变量一样进行各种运算（根据其类型决定可以进行的运算）。例如：

```
student2.score=student1.score;
sum=student1.score+student2.score;
student1.age++;
++student1.age;
```

“.”运算符的优先级最高，因此 student1.age++是对 student1.age 进行自加运算，而不是先对 age 进行自加运算。

（4）可以引用结构体变量成员的地址，也可以引用结构体变量的地址。例如：

```
scanf("%d",&student1.num);              /*输入 student1.num 的值*/
printf("%o",&student1);                 /*输出 student1 的首地址*/
```

但不能用以下语句整体读入结构体变量。例如：

```
scanf("%d,%s,%c,%d,%f,%s",&student1);
```

结构体变量的地址主要用作函数参数，传递结构体的地址。

9.3 结构体数组

一个结构体变量可以存放一组数据（如一个学生的学号、姓名、成绩等数据）。如果有 10 个学生的数据需要参加运算，显然应该使用数组，这就是结构体数组。结构体数组与前面介绍的数值型数组的不同之处在于，每个数组元素都是一个结构体类型的数据，它们都分别包括各个成员（分量）项。

9.3.1 定义结构体数组

定义结构体数组和定义结构体变量的方法相仿，只需说明其为数组即可。例如：

```
struct student
{
   int num;
   char name[20];
   char sex;
   int age;
   float score;
   char addr[30];
};
struct student stu[3];
```

以上定义了一个数组 stu，其元素为 struct student 类型数据，数组有 3 个元素。也可以直接定义一个结构体数组。例如：

```
struct
{  int num;
   …
}stu[3];
```

或者：

```
struct
{  int num;
   …
}stu[3];
```

数组的结构如图 9-4 所示。

	num	name	sex	age	score	addr
stu[0]	10101	Li Lin	M	18	87.5	103 Beijing Road
stu[1]	10102	Zhang Fun	M	19	99	130 Shanghai Road
stu[2]	10104	Wang Ming	F	20	78.5	1010 Zhongshan Road

图 9-4　结构体数组 stu[3]

结构体数组各元素在内存中是以行为主序方式连续存放，即在内存中先存放第一个元素的成员数据，再存放第二个元素的成员数据。

9.3.2 结构体数组的初始化

与其他类型的数组一样，可以初始化结构体数组。例如：

```
struct student
{  int num;
   char name[20];
   char sex;
```

```
    int age;
    float score;
    char add[30];
}stu[3]={{10101,"LiLin",'M',18,87.5,"103 Beijing Road"},{10102,"Zhang fun",'M',
19,99,"130 Shanghai Road"},{10104,"Wang Min",'F',20,78.5,"1010 Zhongshan Road"}};
```

定义数组 stu 时，元素数可以不指定，即写成如下形式：

```
stu[ ]={…},{…},{…};
```

编译时，系统会根据给出初值的结构体常量数来确定数组元素数。

当然，数组的初始化也可以使用如下形式。

```
struct student
{  int num;
   …
};
struct student stu[]={{…},{…},{…}};
```

即先声明结构体类型，然后定义数组为该结构体类型，在定义数组时初始化。

从上面可以看到，结构体数组初始化的一般形式是在定义数组的后面加上：

```
={初值表列};
```

9.3.3　结构体数组应用

下面通过一个简单的例子说明结构体数组的定义和引用。

【例 9-2】编写统计候选人得票的程序。设有 3 个候选人，每次输入一个得票的候选人的名字，要求最后输出各人得票结果。

程序如下。

```
#include<string.h>
struct person
{  char name[20];
   int count;
}leader[3]={{"Li",0},{"Zhang",0},{"Fun",0}};
main()
{  int i,j;
   char leader_name[20];
   for(i=1;i<=10;i++)
   {  scanf("%s",leader_name);
      for(j=0;j<3;j++)
         if(strcmp(leader_name,leader[j].name)==0)
            leader[j].count++;
   }
   printf("\n");
   for(i=0;i<3;i++)
      printf("%5s:%d\n",leader[i].name,leader[i].count);
}
```

运行结果为：

```
Li<回车>
Li<回车>
Fun<回车>
Zhang<回车>
Zhang<回车>
Fun<回车>
```

```
Li<回车>
Fun<回车>
Zhang<回车>
Li<回车>
Li:4
Zhang:3
Fun:  3
```

程序定义一个全局的结构体数组 leader，它有 3 个元素，每一个元素包含两个成员 name（姓名）和 count（票数）。在定义数组时使其初始化，将 3 位候选人的票数先置零。

在主函数中定义字符数组 leader_name，它代表候选人的姓名，在 10 次循环中，每次先输入一个候选人的姓名，然后把它与 3 个候选人的姓名对比，看与哪一个候选人的姓名相同。注意 leader_name 和 leader[j].name 相比，leader[j]是数组 leader 的第 j 个元素，它包含两个成员项，leader_name 应该和 leader 数组第 j 个元素的 name 成员相比。若 j 为某一值时，输入的姓名与 leader[j].name 相等，就执行 leader[j].count++，由于成员运算符.优先于自增运算符+，因此它相当于(leader[j].count)++，使 leader[j]的成员 count 的值加 1。在输入和统计结束之后，将 3 人的名字和得票数输出。

9.4 指向结构体类型数据的指针

一个结构体变量的指针就是该变量占据的内存段的起始地址。可以设一个指针变量，用来指向一个结构体变量，此时该指针变量的值是结构体变量的起始地址。指针变量也可以用来指向结构体数组中的元素。

9.4.1 指向结构体变量的指针

下面通过一个简单的例子说明指向结构体变量的指针变量的应用。

【例 9-3】指向结构体变量的指针的应用。

```
#include<string.h>
struct student
{  long num;
   char name[20];
   char sex;
   float score;
};
main()
{
   struct student stu_1;
   struct student  *p;
   p=&stu_1;
   stu_1.num=10101;
   strcpy(stu_1.name,"Li Lin");
   stu_1.sex='M';
   stu_1.score=89.5;
   printf("No.:%ld\nname:%s\nsex:%c\nscore:%f\n",stu_1.num,stu_1.name,stu_1.sex,stu_1.score);
  printf("No.:%ld\nname:%s\nsex:%c\nscore:%f\n",(*p).num,(*p).name,(*p).sex,(*p).score);
}
```

在主函数中声明了 struct student 类型，然后定义一个 struct student 类型的变量 stu_1。还定义一

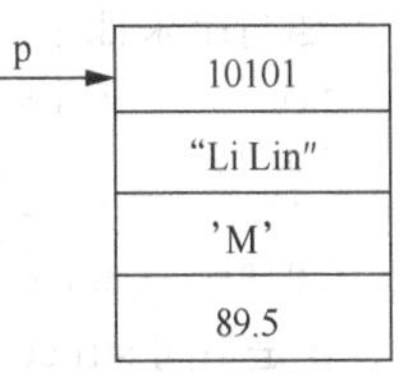

图9-5 例9-3示意图

个指针变量p，它指向一个struct student类型的数据。在函数的执行部分将结构体变量stu_1的起始地址赋给指针变量p，也就是使p指向stu_1，如图9-5所示，然后对stu_1的各成员赋值。第一个printf()函数是输出stu_1各成员的值。用stu_1.num表示stu_1中的成员num，以此类推。第二个printf()函数也用来输出stu_1各成员的值，但使用的是(*p).num的形式。(*p)表示p指向的结构体变量，(* p).num是p指向的结构体变量中的成员num。注意，*p两侧的括号不可省略，因为成员运算符.优先于*运算符，所以*p.num就等价于* (p.num)。

程序运行结果为：

```
No.:10101
name:Li Lin
sex:M
score:89.500000
No.:10101
Name:Li Lin
Sex:M
Score:89.500000
```

可见两个printf()函数输出的结果相同。

在C语言中，为了使用方便和显示直观，可以用p->num代替(*p).num，它表示*p指向的结构体变量中的num成员。同样，(*p).name等价于p->name。也就是说，如下3种形式是等价的。

```
结构体变量.成员名
(*p).成员名
p->成员名
```

上面程序中最后一个printf()函数中的输出项表列可以改写为：

```
p->num,p->name,p->sex,p->score
```

其中"->"称为指向运算符。

分析如下几种运算。

p->n　　得到p指向的结构体变量中的成员n的值。

p->n++　　得到p指向的结构体变量中的成员n的值，用完该值后使其加1。

++p->n　　得到p指向的结构体变量中的成员n的值，先使之加1（先加），再使用。

9.4.2 指向结构体数组的指针

前面介绍过使用指向数组或数组元素的指针和指针变量。同样，对结构体数组及其元素也可以用指针或指针变量来指向。

【例9-4】指向结构体数组的指针的应用。

```
struct student
{  int num;
   char name[20];
   char sex;
   int age ;
}
stu[3]={{10101,"LiLin",'M',18},{10102,"ZhangFun",'M',19},{10104,"WangMin",'F',20}};
main()
{  struct student *p;
   printf("No.    Name     sex      age\n");
   for(p=stu ;p<stu+3; p++)
   printf("%5d%-20s%2c%4d\n",p->num,p->name,p->sex,p->age);
}
```

运行结果如下。

```
NO.     Name        sex     age
10101   Li Lin      M       18
10102   Zhang Fun   M       19
10104   Wang Min    F       20
```

p 是指向 struct student 结构体类型数据的指针变量。在 for 语句中先使 p 的初值为 stu，也就是数组 stu 的起始地址，如图 9-6 所示的 p 的指向。在第一次循环中输出 stu[0]的各个成员值，然后执行 p++，使 p 自加 1。p 加 1 意味着 p 增加的值为结构体数组 stu 的一个元素所占的字节数（在例 9-4 中为 2+20+1+2=25 字节）。执行 p++后，p 的值等于 stu+1，p 指向 stu[1]的起始地址，如图 9-6 所示的 p'的指向。在第二次循环中输出 stu[1]的各成员值。在执行 p++后，p 的值等于 stu+2，其指向如图 9-6 所示的 p"。再输出 stu[2]的各成员值。执行 p++后，p 的值变为 stu+3，已不再小于 stu+3 了，不再执行循环。

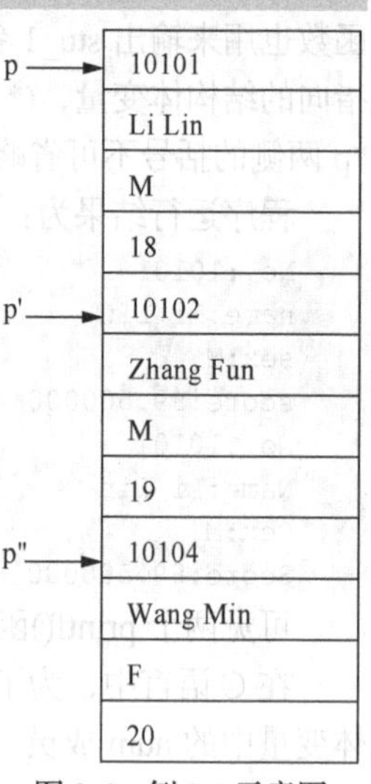

图 9-6　例 9-4 示意图

注意如下两点。

（1）如果 p 的初值为 stu，即指向第一个元素，则 p 加 1 后，p 指向下一个元素的起始地址。例如：

(++p)->num 先使 p 自加 1，然后得到它指向元素中的 num 成员值（即 10102）。

(p++)->num 先得到 p->num 的值（即 10101），然后使 p 自加 1，指向 stu[1]。

注意以上二者的不同。

（2）程序已定义了 p 是一个指向 struct student 类型数据的指针变量，它用来指向一个 struct student 型的数据（在例 9-4 中，p 的值是 stu 数组的一个元素（如 stu[0]，stu[1]）的起始地址），不应该用来指向 stu 数组元素中的某一成员。例如，下面的用法是不正确的。

```
p=stu[1].name
```

编译时将给出警告信息，表示地址的类型不匹配。不要认为 p 是存放地址的，可以将任何地址赋给它。如果地址类型不相同，则可以用强制类型转换。例如：

```
p=(struct student * ) stu[0].Name;
```

此时，p 的值是 stu[0]元素的 name 成员的起始地址。可以用 printf("%s",p);输出 stu[0]中成员 name 的值，但是 p 仍保持原来的类型。执行 printf("%s",p+1);则会输出 stu[1]中 name 的值。执行 p+1 时，p 的值增加了结构体 struct student 的长度。

9.4.3　结构体变量和指向结构体的指针作函数参数

将一个结构体变量的值传递给另一个函数有 3 种方法。

（1）用结构体变量的成员作参数。例如，用 stu[1].num 或 stu[2].name 作函数实参，将实参值传给形参。用法和使用普通变量作实参一样，属于“值传递”方式。注意，实参与形参的类型保持一致。

（2）用结构体变量作实参。老版本的 C 系统不允许用结构体变量作实参，ANSI C 取消了这一限制。但是用结构体变量作实参时，采取的是“值传递”的方式，将结构体变量所占的内存单元的内容全部顺序传递给形参。形参也必须是同类型的结构体变量。在函数调用期间，形参也要占用内存单元。这种传递方式在空间和时间上的开销较大，如果结构体的规模很大，则开销是很大的。此外，由于采用值传递方式，如果在执行被调用函数期间改变了形参（也是结构体变量）的值，该值就不能返回主调函数，这样往往造成使用上的不便。因此一般较少使用这种方法。

（3）用指向结构体变量（或数组）的指针作实参，将结构体变量（或数组）的地址传给形参。

【例 9-5】有一个结构体变量 stu 内含学生学号、姓名和三门课的成绩。要求在 main()函数中赋值，在另一函数 print()中将其打印输出。

这里用结构体变量作函数参数。

```
#include<string.h>
#define FORMAT "%d\n%s\n%f\n%f\n%f\n"
struct student
{  int num;
   char name[20];
   float score[3];
};
main()
{  void print(struct student);
   struct student stu;
   stu.num=12345;
   strcpy(stu.name,"Li Li");
   stu.score[0]=67.5;
   stu.score[1]=89;
   stu.score[2]=78.6;
   print(stu);
}
void print(struct student stu)
{ printf(FORMAT,stu.num,stu.name,stu.score[0],stu.score[1],stu.score[2]);
  printf("\n");
}
```

运行结果为：

```
12345
Li Li
67.500000
89.000000
78.599998
```

struct student 被定义为外部类型，这样同一源文件中的各个函数都可以用其来定义变量的类型。main()函数中的 stu 定义为 struct student 类型变量，print()函数中的形参 stu 也定义为 struct student 类型变量。在 main 函数中对 stu 的各成员赋值。在调用 print()函数时，以 stu 为实参向形参 stu 实行“值传递”。在 print 函数中输出结构体变量 stu 各成员的值。

【例 9-6】将例 9-5 改用指向结构体变量的指针作实参。

```
#define FORMAT "%d\n%s\n%f\n%f\n%f\n"
struct student
{  int num;
   char name[20];
   float score[3];
}
struct student  stu={12345,"Li Li",67.5,89,78.6};
main()
{  void print(struct student * );          /*将形参类型修改为指向结构体的指针变量*/
   print(&stu);                            /*实参改为 stu 的起始地址*/
}
void print(struct student *p)              /*修改形参类型*/
{  printf(FORMAT,p->num,p->name,p->score[0],p->score[1],p->score[2]);
   printf("\n");
}
```

此程序改为在定义结构体变量stu时赋初值，这样程序可简化些。print()函数中的形参p被定义为指向struct student类型数据的指针变量。注意，在调用print()函数时，用结构体变量stu的起始地址&stu作实参。在调用函数时，将该地址传送给形参p（p是指针变量）。这样，p就指向stu。在print()函数中输出p指向的结构体变量的各个成员值，即stu的成员值。

main()函数中对各成员赋值也可以改用scanf()函数实现，如下：

```
scanf("%d%s%f%f%f",&stu.num,stu.name,&stu.score[0],&stu.score[1],&stu.score[2]);
```

输入时用如下形式输入。

```
12345   Li_Li   67.5   89   78.6
```

输入项表列中的stu.name前没有&符号，因为stu.name是字符数组名，本身代表地址，不应写成&stu.name。

用指针作函数参数比较好，能提高运行效率。

9.5 用指针处理链表

链表是采用动态存储分配的一种重要数据结构，一个链表中存储的是一批类型相同的相关数据。

9.5.1 链表概述

链表是一种常用的重要的数据结构，它是动态存储分配单元的一种结构。图9-7所示为最简单的一种链表（单向链表）结构，链表有一个“头指针”变量，图9-7中以head表示，它存放一个地址，该地址指向第一个元素。链表中的每一个元素称为“节点”，每个节点都应包括两部分：一部分为用户所需的实际数据，另一部分为下一个节点的地址。可以看出，head指向第一个节点，第一个节点又指向第二个节点……直到最后一个节点，该节点不再指向其他节点，称该节点为“表尾”，其地址部分放一个NULL（表示“空地址”），链表到此结束。

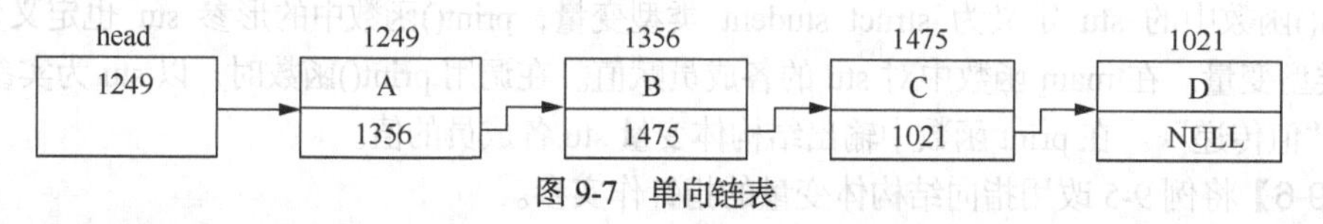

图9-7　单向链表

可以看到，链表中各节点在内存中可以不是连续存放的。要找某一节点，必须先找到上一个节点，根据它提供的下一节点地址才能找到下一个节点。如果不提供“头指针”（head），则整个链表都无法访问。

这种链表的数据结构必须利用指针变量才能实现，即一个节点中应包含一个指针变量，用它存放下一个节点的地址。例如，可以设计这样一个结构体：

```
struct student
{  int num;
   float score;
   struct student *next;
};
```

其中成员num和score用来存放节点中的有用数据（用户需要用到的数据），相当于图9-7所示节点中的A、B、C、D。next是指针类型的成员，它指向struct student类型数据（这就是next所指的结构体类型）。用这种方法可以建立链表，如图9-8所示。

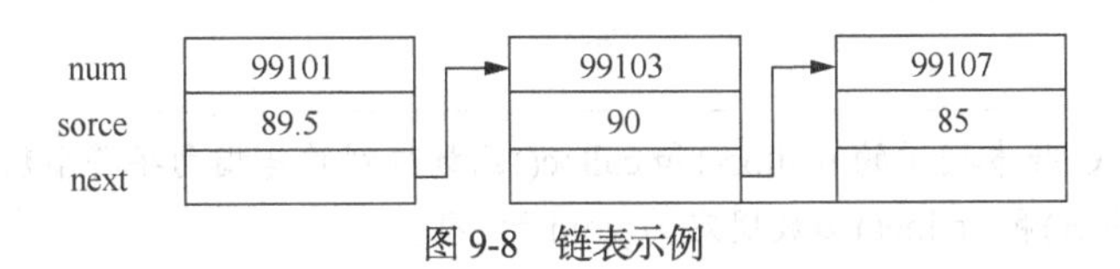

图 9-8　链表示例

其中每一个节点都属于 struct student 类型，它的成员 next 存放下一节点的地址，程序设计人员可以不用具体知道地址值，只要保证将下一个节点的地址放到前一节点的成员 next 中即可。

图 9-9 所示的带头节点的链表，头节点的结构与其他节点相同，但它只存放第一个节点的地址，而不存放其他有用数据。空链表也有一个头节点，如图 9-10 所示。

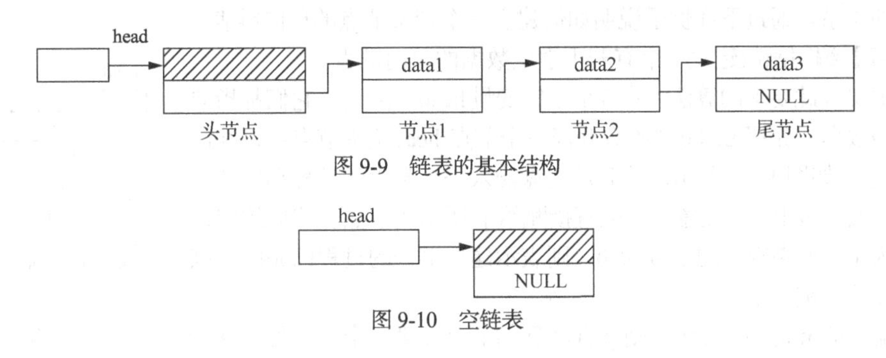

图 9-9　链表的基本结构

图 9-10　空链表

上面只是定义了一个 struct student 类型，并未实际分配存储空间。链表结构是动态分配存储单元的，即在需要时，随时开辟一个节点的存储单元，不再需要时随时释放。动态分配存储单元的方法能合理使用空间，因此节省内存，这一点与数组不同。

9.5.2　处理动态链表所需的函数

前面讲过，链表结构是动态分配存储单元的，即在需要时才开辟一个节点的存储单元。那么怎样动态开辟和释放存储单元？C 语言编译系统的库函数提供了以下相关函数。

1. malloc()函数

其函数原型为：

```
void *malloc(unsigned int size);
```

其作用是在内存的动态存储区中分配一个长度为 size 的连续空间。此函数的值（即“返回值”）是一个指向分配域起始地址的指针（基类型为 void）。如果此函数未能成功地执行（如内存空间不足），则返回空指针（NULL）。

2. calloc()函数

其函数原型为：

```
void *calloc(unsigned n,unsigned size);
```

其作用是在内存的动态区存储中分配 *n* 个长度为 size 的连续空间。函数返回一个指向分配域起始地址的指针；如果分配不成功，则返回 NULL。

用 calloc()函数可以为一维数组开辟动态存储空间，*n* 为数组元素数，每个元素的长度为 size。

3. free()函数

其函数原型为：

```
void free(void *p);
```

其作用是释放 p 指向的内存区，使这部分内存区能被其他变量使用。p 是调用 calloc()或 malloc()函数时返回的值。free()函数无返回值。

以前的 C 版本提供的 malloc()和 calloc()函数得到的是指向字符型数据的指针。ANSI C 提供的 malloc()和 calloc()函数规定为 void *类型。

9.5.3 链表的基本操作

1. 建立链表

所谓建立链表，是指从无到有地建立起一个链表，即一个一个地输入各节点数据，并建立起前后相连接的关系。通过下面例子说明如何建立一个带头节点的单向链表。

【例 9-7】编写函数建立一个有若干学生数据的单向链表。

先考虑实现此要求的算法。设 3 个指针变量 head、p、q，它们都指向结构体类型数据。先用 malloc()函数开辟一个节点 head（头节点），并使 p、q 指向它，如图 9-11 所示，然后从键盘输入一个学生的学号和成绩分别赋给临时变量 n 和 s。注意，不能直接赋给 p 所指的节点。我们约定，学号不会为 0，如果输入的学号为 0，则表示建立链表的过程已完成，该节点不应连接到链表中。

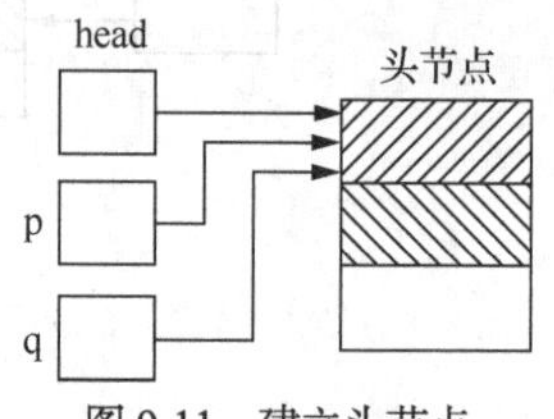

图 9-11　建立头节点

如果输入的 n 值不等于 0，则 p 开辟新的节点（第一个节点见图 9-12（a）），并将临时变量的值赋给该节点。

将 p 的值赋给 q->next，也就是使头节点的 next 成员指向第一个节点（见图 9-12（b）），即实现了头节点与第一个节点的连接。接着，使 q=p，也就是使 q 指向第一个节点（见图 9-12（c））。再从键盘输入数据放在临时变量 n 和 s 中。如果 n 的值不等于 0，则 p 又去开辟新的节点（第二个节点，见图 9-13（a）），并将 n 和 s 的值赋给该节点。

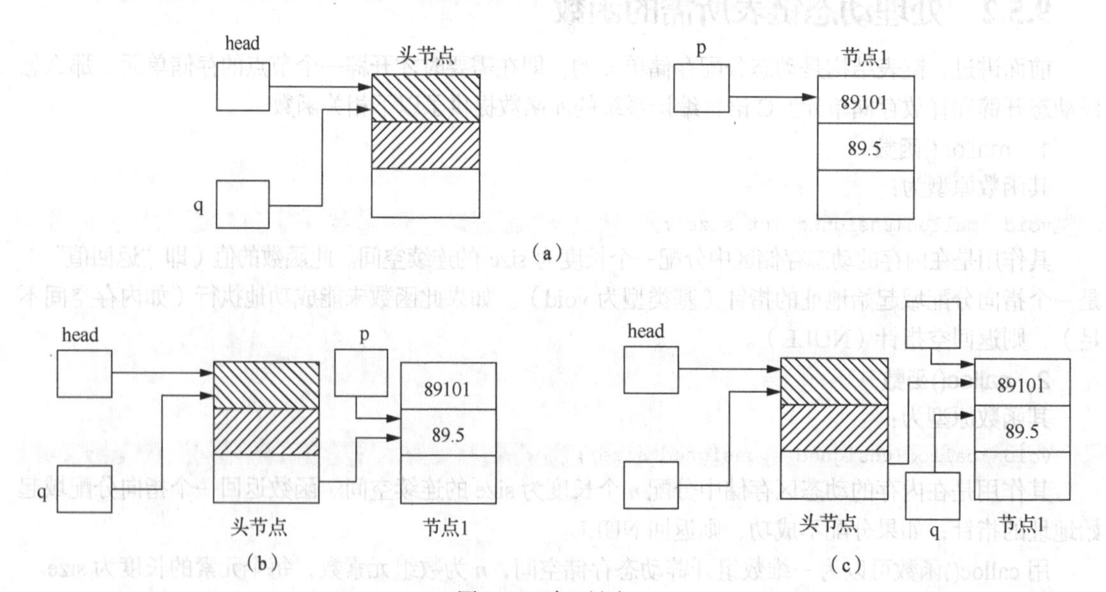

图 9-12　建立链表 1

将 p 的值赋给 q->next，实现第一个节点与第二个节点的连接（见图 9-13（b））。接着，执行 q=p，使 q 指向第二个节点（见图 9-13（c））。以此类推，可以建立中间的节点并连接。当 n 的值为 0 时，不再执行循环，因此 p 不再开辟新的节点。退出循环后，将 NULL 赋给 q->next（即建立尾节点（见图 9-14），建立链表过程至此结束。

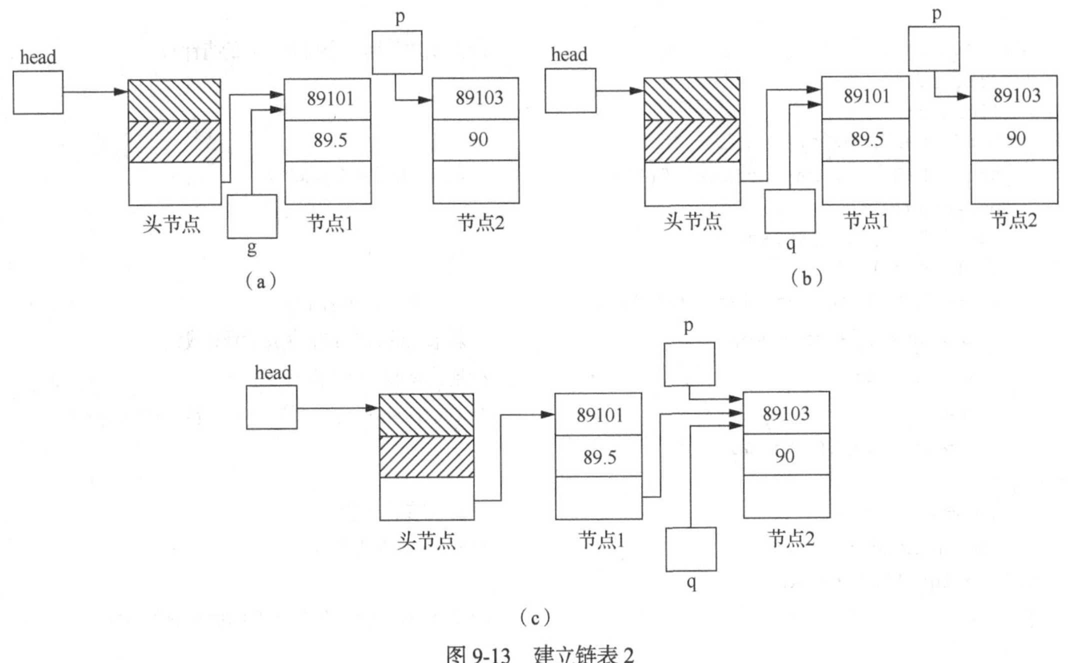

图 9-13　建立链表 2

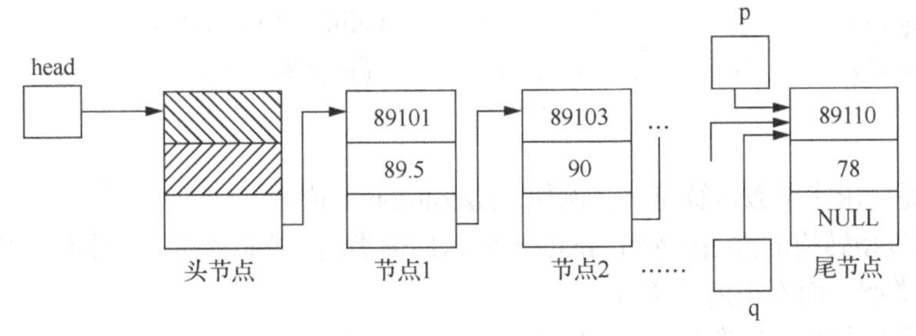

图 9-14　建立尾节点

根据以上分析，算法可以分成如下几步。

（1）头指针 head 开辟一个空间，并使指针 p 和 q 指向 head 开辟的空间。

（2）输入学号和成绩。

（3）如果学号不等于 0，则 p 开辟新的空间；否则程序流程转到步骤（7）。

（4）将数据存入新节点的成员变量中。

（5）根据指针 q 和 p 连接新旧两个节点后，使 q 指向 p 开辟的空间。

（6）输入学号和成绩，并转到步骤（3）。

（7）给 p 的 next 成员赋 NULL。

在程序中，head 的作用是记住链表的首地址，p 的作用是开辟新的空间，而 q 是记住 p 开辟新空间前的节点地址。

建立链表的程序如下。

```
#include<stdio.h>
typedef struct student
{  long num;
   float score;
   struct student *next;
}LIST;                                     /*定义结构体类型，并起新的名称 LIST*/
```

```
LIST *creat()                                        /*此函数带回一个指向链表的指针*/
{  long n;
   float s;
   LIST *head,*p,*q;
   head=(LIST * ) malloc(sizeof(LIST));              /*head 开辟一个空间*/
   p=q=head;
   scanf("%ld,%f ",&n,&s);
   while(n!=0)
   {  p=(LIST*) malloc(sizeof(LIST));                /*p 开辟一个新空间*/
      p->num=n;p->score=s;                           /*新节点的数据域中存放学号和成绩*/
      q->next=p;                                     /*连接新旧两个节点*/
      q=p;                                           /*(或 q->next;)，使 q 指向最后一个节点*/
      scanf("%ld,%f",&n,&s);
   }
   q->next =NULL;                                    /*链表结束标志*/
   return(head);                                     /*head 指向头节点*/
void print(LIST *head)
{    }                                               /*函数体是空的,在例 9-8 给出其函数体*/
main()
{  LIST *head;
   head=creat();                                     /*调用函数建立链表*/
   print(head);                                      /*输出链表*/
}
```

其中：

（1）sizeof 是“求字节数运算符”。例如，sizeof(double)的值为 8。

（2）用强制类型转换的方法改变了 malloc 的返回值类型，在转换时，*号不可省略；否则转换成 struct student 类型，而不是指针类型。

（3）creat()函数带回一个链表起始地址。

2. 输出链表

【例 9-8】将链表中各节点的数据依次输出。

算法：根据头指针 head，使 p 指向第一个节点，输出 p 所指的节点，然后使 p 后移一个节点，再输出，直到链表的尾节点。函数如下。

```
void print(LIST *head)                               /*head 指向头节点*/
{  LIST *p;
   p=head->next;                                     /*p 指向第一个节点*/
   while(p!=NULL)
   {  printf("%ld%5.1f\n",p->num, p->score);
      p=p->next;                                     /*p 指向下一个节点*/
   }
}
```

3. 链表节点的插入

【例 9-9】设链表中各节点中的成员项 num（学号）是按学号由小到大排列的。将一个节点插入链表中，使插入后的链表仍有序排列。

步骤如下。

（1）查找插入位置。

（2）插入新节点，即新节点与插入节点前后的节点连接。

程序如下。

```
#include<stdio.h>
typedef struct student
{ … } LIST;
LIST *creat()
{ … }
void print(LIST *head)
{ … }
insert(LIST *head,LIST *stud)
{  LIST  *p,*q;
   q=head;
   p=head->next;
   while(p!=NULL && stud->num>p->num)
   {  q=p;
      p=p->next;                                    /*查找插入位置*/
   }
   stud->next=p;
   q->next=stud;
}
/*以上两行的功能是将要插入的节点分别与前后节点连接,这两条语句的先后顺序不能颠倒*/
main()
{  LIST *head,stu;
   head=creat();
   print(head);
   scanf("%ld,%f",&stu.hum,&stu.score);
   insert(head,&stu);
   print(head);
}
```

先执行 main()函数，建立和输出链表。建立链表后，head 指向头节点。从键盘输入准备插入的学生的学号和成绩，该结构体变量名为 stu。然后调用 insert()函数，将 stu 的首地址传给形参 stud。建立两个指针变量 p 和 q，先使 q 也指向头节点，p 指向节点 1，如图 9-15（a）所示。while 循环的作用是查找插入位置，例 9-9 要求按学号由小到大插入，只要 p 不是指向尾节点（即 p!=NULL）且新节点的学号大于 p 节点的学号（即 stud->num>p->num），就执行循环体。图 9-15 所示的就是此情况，新节点中的学号 89107 大于 p 指向的节点的学号 89101。在循环体中，使 q 指向 p 当前指向的节点，而 p 则指向下一个节点（通过 p=p->next 语句实现）。如此将新节点的学号与链表中学生的学号逐个比较，直到找到应插入的位置。如果新节点的学号大于链表中全部节点的学号，则应将新节点插入链表的末尾。图 9-15(b)所示为找到了应插入的位置。此时，stud->num 的值为 89107，而 p->num 的值为 89109，不满足循环条件 stud->num>p->num，不再执行循环体（p 和 q 不再后移）。执行 while 循环下面的语句，将 p 的值赋给 stud->next，作用是使新节点也指向 p 当前指向的节点，如图 9-15（c）所示，然后执行 q->next=stud，将新节点的地址赋给 q 当前指向的节点中的 next 成员，作用是使 q 指向的节点不再指向原来所指的节点（即 p 所指的节点），而指向新节点，如图 9-15（d）所示。

以上过程可以用日常生活中的事情比喻。幼儿园的老师带一队小朋友手拉手排队去公园，按从低到高的顺序排好队，老师就是头节点，如果中途来了一名新生，先按身高找到应插入的位置（其过程为将其逐个与其他小朋友相比，如果比队列中的某一小朋友高，就往后移动，和下一个小朋友比，直到找到一个小朋友比他高为止）。然后让前后两个小朋友松开手，让前面一个小朋友的一只手拉新生的手，让新生的另一只手去拉后面一个小朋友的手，这就完成了插入的过程。

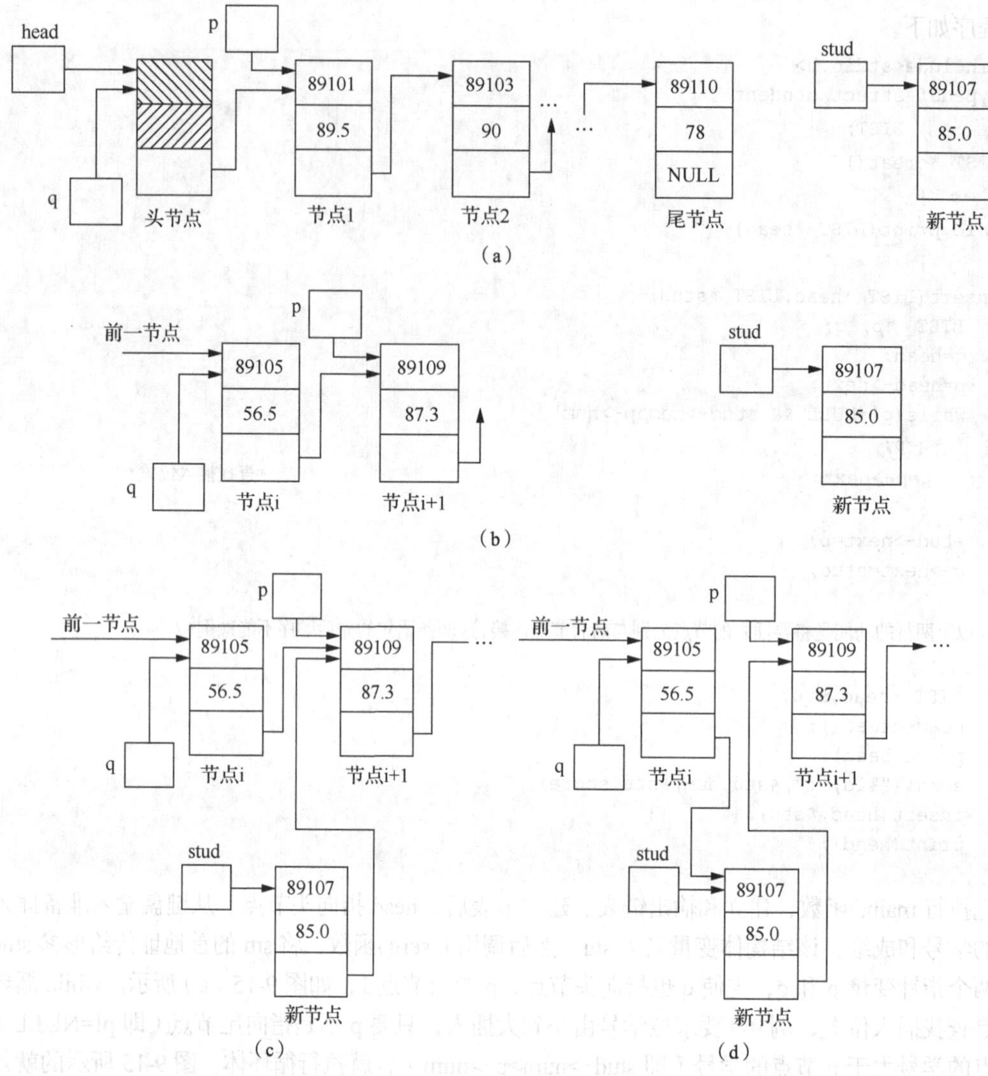

图 9-15　插入新节点

4. 链表节点的删除

【例 9-10】编写函数删除指定的节点，假设学号作为删除节点的标志。

这相当于一队小朋友中有一人想离队，经老师同意后，他的双手与前后两个小朋友脱离，离开队列。原来在其前面的小朋友的手去拉原来在其后面的小朋友的手，这就是删除节点的操作。

步骤如下。

（1）查找删除节点的位置。

（2）删除节点，即将该节点的前一个节点与后一个节点连接。

```
#include<stdio.h>
typedef struct student
{…}LIST;
LIST *creat()
{…}
void print(LIST *head)
{…}
int del(LIST *head,long num)
```

```
{  LIST  *p,*q;
   if(head->next==NULL)                         /*如果是空链表，则输出空链表的信息后退出函数*/
   {  printf("List is null!\n");
      return 0;
   }
   q=head;                                      /*q 指向头节点*/
   p=head->next;                                /*p 指向第一个节点*/
   while(p!=NULL && num!=p->num  )
   {  q=p;
      p=p->next;
    }                                           /*查找要删除的节点*/
   if(p==NULL)                                  /*没找到要删除的节点,给出信息后结束调用*/
   {  printf("Not been found. \n");
      return 0;
   }
   else
   {  q->next=p->next;
      free(p);                                  /*释放 p 所指的空间*/
      return 1;
   }
}
main()
{  int a;
   long num;
   LIST *head;
   head=creat();
   print(head);
   scanf("%ld",&num);
   a=del(head,num);
   if(a!=0) print(head);                        /*如果删除成功，则输出链表*/
}
```

从以上几个操作可以看出，对链表进行操作，关键是掌握好移动指针，使指针指向下一个节点，而且如何连接两个节点。

结构体和指针的应用领域很广，除了单向链表之外，还有环形链表、双向链表，以及队列、树、栈、图等数据结构。有关这些问题的算法可以学习“数据结构”课程。

9.6　共用体

有时需要将几种不同类型的变量存放到同一段内存单元中。例如，把一个整型变量、一个字符型变量、一个实型变量存放在同一个地址开始的内存单元中，如图 9-16 所示。以上 3 个变量在内存中占的字节数不同，但都从同一地址开始（图 9-16 中设地址为 1000）存放。也就是使用覆盖技术，几个变量互相覆盖。这种使几个不同的变量共占同一段内存的结构称为共用体结构。定义共用体类型变量的一般形式为：

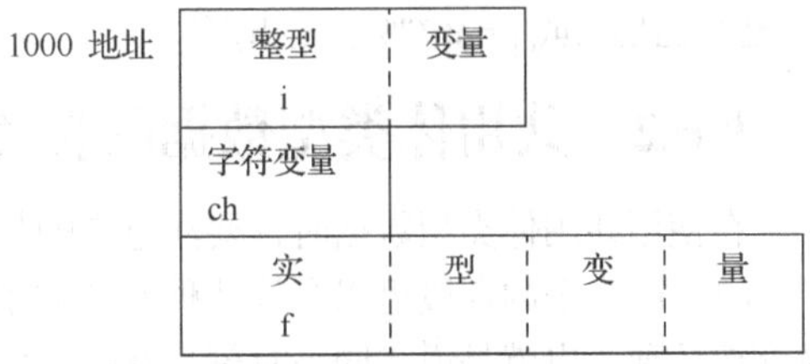

图 9-16　共用体结构

```
union 共用体名
{  成员表列
```

```
    变量表列;
}
```

例如：

```
union data
{  int i;
   char ch;
   float f;
}a,b,c;
```

也可以将类型声明与变量定义分开。

```
union data
{  int i;
   char ch;
   float f;
};
union data a,b,c;
```

即先定义一个union data类型，再将a、b、c定义为union data类型。当然也可以直接定义共用体变量。例如：

```
union
{  int i;
   char ch;
   float f;
}a,b,c;
```

可以看到，共用体与结构体的定义形式相似，但它们的含义是不同的。

结构体变量所占的内存是各成员所占的内存之和。每个成员分别占用自己的内存单元。

共用体变量所占的内存等于成员中占用内存最大的成员所占的内存。例如，上面定义的共用体变量占4字节（因为一个实型变量占4字节），而不是占2+1+4=7字节。

有时候把union译为“联合”“联合体”或“共同体”。

9.6.1 共用体变量的引用方式

只有先定义了共用体变量，才能引用成员。不能引用共用体变量，只能引用共用体变量中的成员。例如，前面定义了a、b、c为共用体变量，下面的引用方式是正确的。

a.i：引用共用体变量中的类型变量i。

a.ch：引用共用体变量中的字符变量ch。

a.f：引用共用体变量中的实型变量t。

不能只引用共用体变量，例如，printf("%d",a);是错误的。a 的存储区有好几种类型，分别占用不同大小的存储区，仅写共用体变量名 a，难以使系统确定究竟输出的是哪一个成员的值，应写成printf("%d",a.i)或printf("%c",a.ch)等。

9.6.2 共用体类型数据的特点

在使用共用体类型数据时，要注意它的如下特点。

（1）同一个内存段可以存放几种不同类型的成员，但在同一时刻只能存放其中一种，而不是同时存放几种。也就是说，同一时刻只有一个成员起作用，其他的成员不起作用，即不是同时都存在和起作用。

（2）共用体变量中起作用的成员是最后一次存放的成员，在存入一个新的成员后，原有的成员会失去作用。有如下赋值语句：

```
a.i=1;
```

```
a.c='a';
a.f=1.5;
```

在完成以上 3 个赋值运算以后，只有 a、f 是有效的，a、i 和 a、c 已经无意义了。此时用 printf("%d",a.i)是不行的，而用 printf("%f",a.f)是可以的，因为最后一次的赋值是向 a、f 赋值。因此，在引用共用体变量时，应注意当前存放在共用体变量中的成员究竟是哪个。

（3）共用体变量的地址及其各成员的地址都是同一地址。例如，&a、&a.i、&a.c、&a.f 都是同一地址。

（4）不能对共用体变量名赋值，也不能引用变量名来得到一个值，更不能在定义共用体变量时对其进行初始化。例如，下面语句是不对的。

```
union
{  int i;
   char ch;
   float f;
}a={1,'a',1.5};     /*不能初始化*/
a=1;                /*不能对共用体变量赋值*/
m=a;                /*不能引用共用体变量名以得到一个值*/
```

（5）不能把共用体变量作为函数参数，也不能使函数带回共用体变量，但可以使用指向共用体变量的指针（与结构体变量这种用法相仿）。

（6）共用体类型可以出现在结构体类型定义中，也可以定义共用体数组。反之，结构体可以出现在共用体类型定义中，数组也可以作为共用体的成员。

共用体与结构体有很多类似之处，但也有本质区别。

9.7　枚举类型

枚举类型是 ANSI C 新标准增加的。如果一个变量只有几种可取的值，则可以定义为枚举类型。枚举是指将变量的值一一列举出来，变量的值只限于在列举出来的值的范围内。声明枚举类型用 enum 开头。

枚举类型的定义如下。

```
enum 枚举类型名{枚举值表};
```

在枚举值表中应列举出所有的可能值，这些值称为枚举元素或枚举常量。例如：

```
enum weekday{sun,mon,tue,wed,thu,fri,sat};
```

声明一个枚举类型 enum weekday，可以用此类型来定义变量。例如：

```
enum weekday workday,week_end;
```

其中，workday 和 week_end 被定义为枚举变量，它们的值只能是 sun～sat 中的一个。例如：

```
workday=mon;
week_end=sun;
```

是正确的。当然，也可以直接定义枚举变量。例如：

```
enum {sun,mon,tue,wed,thu,fri,sat}workday,week_end;
```

其中，sun、mon、…、sat 等称为枚举元素或枚举常量。它们是用户定义的标识符。这些标识符并不自动代表什么含义。例如，不能因为写成 sun，就自动代表“星期天”。其实不写 sun 而写成 sunday 也可以。用什么标识符代表什么含义，完全由程序员决定，并在程序中做相应处理。

（1）在 C 语言编译中，对枚举元素按常量处理，故称枚举常量。它们不是变量，不能对它们赋值。例如，sun=0;mon=1;是错误的。

（2）枚举元素作为常量是有值的，C 语言编译按定义时的顺序使它们的值为 0，1，2，…。

在上面定义中，sun 的值为 0，mon 的值为 1……sat 的值为 6。如果有如下赋值语句：

```
workday=mon;
```

则 workday 变量的值为 1，这个整数是可以输出的。例如：

```
printf("%d",workday);
```

将输出整数 1。

也可以改变枚举元素的值，在定义时指定，例如：

```
enum weekday{sun=7,mon=1,tue,wed,thu,fri,sat}workday,week_end;
```

定义 sun 为 7，mon 为 1，以后顺序加 1，sat 为 6。

（3）枚举值可以用来做判断比较。例如：

```
if(workday==mon)…
if(workday>sun)…
```

枚举值的比较规则是按其在定义时的顺序号进行比较。如果定义时没有人为指定，则第一个枚举元素的值为 0。故 mon>sun，sat>fri。

（4）一个整数不能直接赋给一个枚举变量。例如：

```
workday=2;
```

是不对的。它们属于不同的类型。应先进行强制类型转换才能赋值。例如：

```
workday=(enum weekday)2;
```

它相当于将顺序号为 2 的枚举元素赋给 workday。例如：

```
workday=tue;
```

甚至可以是表达式。例如：

```
workday=(enum weekday)(5-3);
```

【例 9-11】口袋中有红、黄、蓝、白、黑 5 种颜色的球若干个。每次从口袋中先后取出 3 个球，问得到 3 种不同颜色球的可能取法，打印出每种排列情况。

N-S 流程图如图 9-17 所示。球只能是 5 种颜色之一，而且要判断各球是否同颜色，可以用枚举类型变量处理。

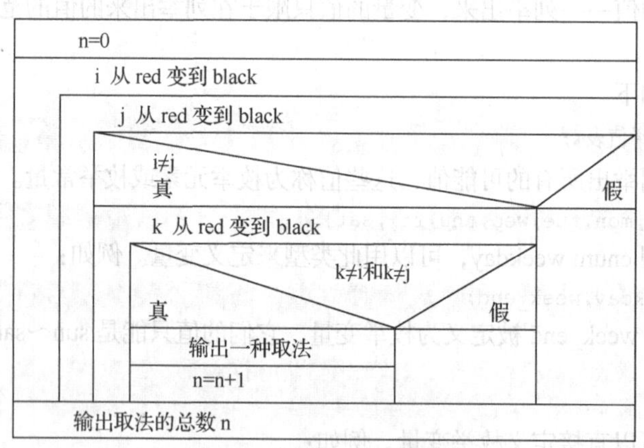

图 9-17　例 9-11 N-S 流程图

设取出的球为 i、j、k。根据题意，i、j、k 分别是 5 种色球之一，并要求 i≠j≠k。可以用穷举法，即列举每一种可能的方法，查看哪一组符合条件。

下面的问题是如何“输出一种取法”。这里有一个问题：如何输出 red、blue 等单词。不能写成 printf(“%s”,red)来输出 red 字符串。为了输出 3 个球的颜色，应经过 3 次循环，第 1 次输出 i 的颜色，第 2 次输出 j 的颜色，第 3 次输出 k 的颜色。在 3 次循环中，先后将 i、j、k 赋予 pri。然后根据 pri 的值输出颜色信息。在第 1 次循环时，pri 的值为 i；如果 i 的值为 red，则输出字符串

red，以此类推。

程序如下。

```
main()
{   enum color{red,yellow,blue,white,black};
    enum color i,j,k,pri;
    int n,loop=0;
    n=0;
    for(i=red;i<=black;i++)
       for(j=red;j<=black;j++)
          if(i!=j)
          {   for(k=red;k<=black;k++)
             if((k!=i)&&(k!=j))
             {   n=n+1;
                 printf("%-4d",n);
                 for(loop=1;loop<=3;loop++)
                 {   switch(loop)
                     {   case 1:pri=i;break;
                         case 2:pri=j;break;
                         case 3:pri=k;break;
                         default:break;
                     }
                         switch(pri)
                         {   case  red:printf("%-10s","red");break;
                             case  yellow:printf("%-10s","yellow");break;
                             case  blue:printf("%-10s","blue");break;
                             case  white:printf("%-10s","white");break;
                             case  black:printf("%-10s","black");break;
                             default:break;
                         }
                 }
                 printf("\n");
             }
          }
    printf("\ntotal:%5d\n",n);
}
```

运行结果为：

```
1        red          yellow       blue
2        red          yellow       white
3        red          yellow       black
…        …            …            …
58       black        white        red
59       black        white        yellow
60       black        white        blue
total:60
```

在例 9-11 中，不用枚举变量，而用常数 0 代表“红”，1 代表“黄”……也可以。但显然用枚举变量更直观，因为枚举元素不但选用了“见名知意”的标识符，而且将枚举变量的值限制在定义时规定的几个枚举元素范围内，如果赋予它一个其他的值，则会出现出错信息，便于检查。

9.8 用 typedef 定义类型

除了可以直接使用 C 提供的标准类型名（如 int、char、float、double、long 等）及其声明的结构体、共用体、指针、枚举类型外，还可以用 typedef 声明新的类型名来代替已有的类型名。例如：

```
typedef  int  INTEGER;
typedef  float  REAL;
```

指定用 INTEGER 代表 int 类型，REAL 代表 float。这样，如下两个语句等价：

```
int i,j;float a,b;
INTEGER i,j;REAL a,b;
```

这样可以使熟悉 FORTRAN 的用户能用 INTEGER 和 REAL 定义变量，以适应他们的书写习惯。

如果在一个程序中，一个整型变量用来计数，例如：

```
typedef int COUNT;
COUNT i,j;
```

即将变量 i、j 定义为 COUNT 类型，而 COUNT 等价于 int，因此 i、j 是整型。在程序中，将 i、j 定为 COUNT 类型，可以明显看出它们的功能是计数。

可以声明结构体类型：

```
typedef struct
{  int month;
   int day;
   int year;
}DATE;
```

声明新类型名 DATE，代表上面指定的一个结构体类型。这时可以用 DATE 定义变量：

```
DATE birthday;                          /*不要写成 struct DATE birthday*/
DATE *p;                                /*p 为指向此结构体类型数据的指针*/
```

还可以进一步定义：

```
typedef int NUM[100];                   /*声明 NUM 为整型数组类型*/
NUM n;                                  /*定义 n 为整型数组变量*/
typedef char *STRING;                   /*声明 STRING 为字符指针类型*/
STRING p,s[10];                         /*p 为字符指针变量，s 为指针数组*/
typedef int(*POINTER)()                 /*声明 POINTER 为指向函数的指针类型，该函数返回整型值*/
POINTER p1,p2;                          /*p1、p2 为 POINTER 类型的指针变量*/
```

归纳起来，声明一个新的类型名的方法如下。

（1）按定义变量的方法写出定义体（如 int i;）。

（2）将变量名换成新类型名（如将 i 换成 COUNT）。

（3）在最前面加 typedef（如 typedef int COUNT）。

（4）用新类型名定义变量。

以上述的数组类型定义为例进行说明。

（1）按定义数组变量形式书写 int n[100];。

（2）将变量名 n 换成指定的类型名 int NUM[100];。

（3）在前面加上 typedef，得到 typedef int NUM[100];。

（4）定义变量 NUM n。

同样，对于字符指针类型，也分 4 步实现。

（1）按定义字符指针变量形式书写 char *p;。

（2）将变量名换成指定的类型名 char *STRING;。

（3）在前面加上 typedef 得到 typedef char *STRING;。

（4）定义变量 STRING p,s[10];。

习惯上常把用 typedef 声明的类型名用大写字母表示，以便与系统提供的标准类型标识符相区别。

其中：

（1）typedef 可以用于声明各种类型名，但不能用来定义变量。用 typedef 可以声明数组类型、字符串类型，使用比较方便。例如，定义数组原来用“int a[10],b[10],c[10],d[10];”，由于都是一维数组，大小也相同，所以可以先将此数组类型声明为一个名称：

```
typedef int ARR[10];
```

然后用 ARR 定义数组变量：ARR a,b,c,d;。

ARR 为数组类型，包含 10 个元素。因此，a、b、c、d 都被定义为一维数组，含 10 个元素。

可以看到，用 typedef 可以将数组类型和数组变量分离，利用数组类型可以定义多个数组变量。同样，可以定义字符串类型、指针类型等。

（2）用 typedef 只是对已经存在的类型增加一个类型名，并没有创建新的类型。例如，前面声明的整型类型 COUNT，是对 int 型另增加一个新名称。例如：

```
typedef int NUM[10];
```

把原来用“int n[10];”定义的数组变量的类型用一个新的名称 NUM 表示。无论用哪种方式定义变量，效果都是一样的。

（3）typedef 与#define 有相似之处，如“typedef int COUNT;”和“#define COUNT int”的作用都是用COUNT代表int。但事实上，它们是不同的。#define是在预编译时处理的，只能做简单的字符串替换，而 typedef 是在编译时处理的，实际上它并不是做简单的字符串替换。例如：

```
typedef int NUM[10];
```

并不是用 NUM[10]代替 int，而是采用如同定义变量的方法来声明一个类型（就是将原来的变量名换成类型名）。

（4）当不同源文件中用到同一类型数据（如数组、指针、结构体、共用体等类型数据）时，常用 typedef 声明一些数据类型，把它们单独放在一个文件中，然后在需要用到它们的文件中用#include 命令将其包含进来。

（5）使用 typedef 有利于程序的通用与移植。有时，程序会依赖于硬件特性，用 typedef 便于移植。例如，有的计算机系统 int 型数据占 2 字节，数值范围为-32 768～32 767，而有些系统则以 4 字节存放一个整数，数值范围约为 ± 21 亿。如果把一个 C 语言程序从一个以 4 字节存放整数的计算机系统移植到以 2 字节存放整数的系统中，按一般办法需要将定义变量中的每个 int 改为 long。例如，将“int a,b,c;”改为“long a,b,c;”，如果程序中有多处用 int 定义变量，要改动多处，则可以用一个 INTEGER 来声明 int。

```
typedef  int  INTEGER;
```

程序中的所有整型变量都用 INTEGER 定义，在移植时只需改动 typedef 定义体即可。

```
typedef  long  INTEGER;
```

9.9　应用举例

【例 9-12】下述程序的运行结果是（　　）。

```
#include<stdio.h>
struct st
{  int n;
   int *m;
}*p;
```

```
void main( )
{  int d[5]={10,20,30,40,50};
   struct  st  arr[5]={100,d,200,d+1,300,d+2,400,d+3,500,d+4};
   p=arr;
   printf("%d\t",++p->n);
   printf("%d\t",(++p)->n);
   printf("%d\n,++(*p)->m));
}
```

A. 101 200 21　　B. 101 20 30　　C. 200 101 21　　D. 101 101 10

分析：例 9-12 考查结构体指针的引用方法。回答此题应了解->运算符的优先级高于其他运算符，如++和*等。表达式++p->n 的值为 p->n+1=arr[0].n+1=101，计算后，p 值不变，arr[0].n 值增 1。表达式(++p)->n 的值为(arr+1)->n=arr[1].n=200，计算后，p 的值增 1，指向 arr[1]。表达式++(*p->m)的值为++(*arr[1].m)=*arr[1].m+1=d[1]+1=21，计算后，p 值不变，d[1]值增 1。答案是 A。

【例 9-13】对于如下的结构体定义，为变量 person 的出生年份赋值的正确语句是（　　）。

```
struct date
{  int year;
   int month;
   int day;
};
struct worklist
{  char name[20];
   char sex;
   struct date birthday;
}person;
```

A. year=1976　　B. birthday.year=1976

C. person.birthday.year=1976　　D. person.year=1976

分析：例 9-14 考查嵌套定义的结构体成员的引用。首先，直接使用结构体成员而无所属关系是一种典型的错误，系统将认为它是普通变量而非结构体成员。其次，不论结构体嵌套的层次有多少，都只能从最外层开始，逐层用“.”运算符展开，注意展开时，必须使用变量名而不是结构体名。其实，只有这种展开方式才能清楚地说明成员的所属关系，故选项 C 正确。答案是 C。

【例 9-14】若有以下结构体定义：

```
struct example
{  int x;
   int y;
}v1;
```

则正确的引用或定义是（　　）。

```
example.x=10;
example v2;v2.x=10;
struct v2;v2.x=10;
struct example v2={10};
```

分析：例 9-14 考查基本的结构体定义和引用方法。选项 A 的错误是通过结构体名引用结构体成员，选项 B 的错误是将结构体名作为类型名使用，选项 C 的错误是将关键字 struct 作为类型名使用。选项 D 是定义变量 v2 并对其初始化的语句，初始值只有前一部分，这是允许的。答案是 D。

【例 9-15】对于下述说明，不能使变量 p->b 的值增 1 的表达式是（　　）。

```
struct  st
{  int a;
   int *b;
}*p;
```

A. ++p->b　　B. *++((p++)->b)　　C. p->b++　　D. (*p->b)++

分析：例 9-15 考查结构体指针的引用方法。了解运算符的优先级对于解答例 9-15 有一定的帮助。事实上在 C 语言中，.和->是优先级最高的一类运算符。

选项 A 中表达式的含义是使 p->b 增 1 后所指向单元的值。

选项 B 中表达式(p++)->b 的值为 p->b，第一个++运算使 p->b 增 1，整个表达式的值是增 1 后的 p->b 所指向单元的值。在该表达式计算后，p 增 1。

选项 C 中表达式的值是使 p->b 增 1 后所指向单元的值。

选项 D 中的表达式类似于(*x)++，其值为 x 指向单元的值，计算后使该值增 1，但 x（即 p->b）并不增加。答案是 D。

【例 9-16】下面程序的功能为：在一个有头节点的递减有序的单链表中插入一个数据，链表仍然有序。请将程序补充完整。

```
struct data
{  int x;
   struct data *next;
};
void insert( struct data *head,int  a)
{  struct data  *p,*q;
   p=head;
   while(____(1)____)
      p=p->next;
   q=(struct data*)nalloc(sizeof(struct data));
   q->x=a;
   q->next=p->next;
   ____(2)____;
}
```

分析：例 9-16 要在递减有序的单链表中插入一个数据，首先要找到插入的位置，因为插入时要修改前一个节点的指针域，所以要寻找指向前一个节点的指针 p，然后生成新节点，把新节点插入链表中 p 所指的节点之后。函数 insert()中定义了指针 p，使 p 指向头节点，利用 p 扫描链表找到插入的位置。为了在 p 所指节点的后面插入新节点，在扫描时用 p->next->x 与 a 相比，当 p->next!=NULL 并且 p->next->x>a 时，p=p->next。当 p->next==NULL 或 p->next->x<=a 时，说明找到了位置，然后生成新节点 q，让 q 指向 p 的下一个节点，p->next 指向 q。所以本题答案是：

（1）p->next!=NULL && p->next->x>a

（2）p->next=q

【例 9-17】编程实现输入一个班级（假设 50 人）学生的学号、姓名及 4 门课程的成绩，求每个学生的总分和平均分。

此程序的算法不难，注意使用结构体类型，把每个学生的信息作为一个整体。

```
#define N 50
#include<stdio.h>
struct student
{  int number;                                      /*学号*/
   char name[10];                                   /*姓名*/
   float score[4];                                  /*4 门课程成绩*/
   float total;                                     /*总分*/
   float ave;                                       /*平均分*/
};
main()
{  struct student stu[N],*p;
   int i,k;
```

```
    for(i=0,p=stu;p<stu+N;p++,i++)                      /*输入学生的信息*/
    {  printf ("the%d student\n",i);
       printf("number&name:");
       scanf("%d%s",&p->number,p->name);
       printf("score(4):");
       for(p->total=0,k=0;k<4;k++)
       {  scanf("%f",&p->score[k]);
          p->total+=p->score[k];
       }
       p->ave=p->total/4;
    }
    for (i=0;i<N;i++)
    {  printf("number:%6dkn",stu[i].number);
       printf("name:%s\n",stu[i].name);
       printf("score:");
       for(k=0;k<4;k++)
       printf("%6.2f",stu[i].score[k]);
       printf("\ntotal=%10.2f",stu[i].total); printf(average=%10.2f\n",stu[i].ave);
    }
}
```

本章小结

结构体和共用体是两种构造类型数据，是用户定义的新数据类型。

（1）结构体和共用体有很多相似之处，它们都由成员组成，成员可以具有不同的数据类型。可采用先定义类型再定义变量、同时定义类型和变量以及直接定义变量 3 种方法定义结构体变量和共用体变量。同样可通过结构体（共用体）变量名.成员名、结构体（共用体）指针变量->成员名、（*结构体（共用体）指针变量）.成员名 3 种形式引用结构体（共用体）成员。

（2）在结构体中，各成员都占有自己的内存空间，它们是同时存在的。一个结构体变量的总长度等于所有成员的长度之和。在共用体中，所有成员不能同时占用它的内存空间，它们不能同时存在，共用体变量的长度等于最长的成员的长度。

（3）结构体变量可以作为函数参数，函数也可返回指向结构体的指针变量。而共用体变量不能作为函数参数，函数也不能返回共用体变量，但可以使用指向共用体变量的指针，也可使用共用体数组。

（4）结构体定义允许嵌套，结构体中也可用共用体作为成员，形成结构体和共用体的嵌套。

（5）链表是一种重要的数据结构，它适用于实现动态的存储分配。本章主要介绍单向链表，此外还有双向链表、循环链表等。

（6）枚举是指将变量的值一一列举出来，变量的值只限于列举出来的值的范围内。

（7）用 typedef 定义的类型可以增强程序的可读性和可移植性。

练习与提高

一、选择题

1. 以下程序的运行结果是（　　）（已知 int 类型占 2 字节）。

```
#include<stdio.h>
```

```
main()
{  struct date
   {  int year,month,day;
   }today;
   union
   {  long a;
      int b;
      char c;
   }m;
   printf("%d %d\n",sizeof(struct date),sizeof(m));
}
```

A. 6　4　　B. 8　5　　C. 10　6　　D. 12　7

2. 若有以下定义和语句，则不正确的引用是（　　）。

```
struct student
{  int age;
   int num;
};
struct student stu[3]={{1001,20},{1002,19},{1003,21}};
main()
{  struct student *p;
   P=stu;
   …
}
```

A. (p++)->num　　B. p++　　C. (*p).num　　D. p=&stu.age

3. 设有以下语句，则表达式的值为 6 的是（　　）。

```
struct st
{  int n;
   struct st *next;
};
static struct st a[3]={5,&a[1],7,&a[2],9, '\0'},*p;
p=&a[0];
```

A. p++->n　　B. p->n++　　C. (*p).n++　　D. ++p->n

4. 以下程序的输出结果是（　　）。

```
struct st
{  int x;
   int *y;
}*p;
int dt[4]={510,20,30,40};
struct st aa[4]={50,&dt[0],60,&dt[0],60,&dt[0],60,&dt[0]};
main()
{  p=aa;
   printf("%d %d %d\n",++(*p->y),(++p)->x,++p->x);
}
```

A. 510　20　30　　B. 511　60　51　　C. 51　60　11　　D. 60　70　31

5. 设有以下说明和定义（已知 int 类型占 2 字节）。

```
typedef union
{  long i;
   int k[5];
   char e;
}DATE;
struct date
{  int cat;
   DATE cow;
```

```
    double dog;
}too;
DATE max;
```

则下列语句的执行结果是（　　）。

```
printf("%d",sizeof(struct date)+sizeof(max));
```

A. 26　　B. 30　　C. 18　　D. 8

二、程序填空题

1. 结构体数组中存有 3 个人的姓名和年龄，以下程序输出 3 个人中最年长者的姓名和年龄，在横线上填入正确的内容。

```
static struct man
{  char name[20];
   int age;
}person[]={{"li-ming",18},{"wang-hua",19},{"zhang-ping",20}};
main()
{  struct man *p,*q;
   int old=0;
   for(____(1)____;____(2)____;p++)
     if(old<p->age)
       {  q=p;
          ____(3)____
       }
   printf("%s%d", ____(4)____);
}
```

2. 以下函数的功能是统计链表中的节点数，其中 head 为指向第一个节点的指针。在横线上填入正确的内容。

```
struct link
{  char data;
   struct link *next;
};
int count_not(struct link *head)
{  struct link *p;
   int c=0;
   p=head;
   while(____(1)____)
   {  ____(2)____;
      p=____(3)____ ;
   }
}
```

三、程序改错题

1. 函数 fun()的作用是求出单向链表节点（不包括头节点）数据域中的最大值，并且作为函数值返回。以下为程序部分代码，请改正函数 fun()中指定部位的错误，使它能得出正确的结果。

```
#include <stdio.h>
typedef struct aa
{ int data;
  struct aa *next;
} NODE;
int fun (NODE *h)                                    /*h 为单向链表头节点*/
{   int max=-1;
    NODE *p;
/**********ERROR**********/
```

```
    p=h ;
    while(p)
  {  if(p->data>max)
        max=p->data;
/**********ERROR**********/
        p=h->next ;
  }
  return max;
}
```

2. 给定程序段中的函数 Creatlink()的功能是创建带头节点的单向链表，并为各节点数据域赋 0～m-1 的值。请改正函数 Creatlink()中指定部位的错误，使它能得出正确的结果。

```
#include <stdio.h>
typedef struct aa
{ int data;
  struct aa *next;
} NODE;
NODE *Creatlink(int n, int m)
{ NODE *h=NULL, *p, *s;
  int i;
/**********ERROR**********/
   p=(NODE)malloc(sizeof(NODE));
   h=p;
   p->next=NULL;
   for(i=1; i<=n; i++)
   {   s=(NODE *)malloc(sizeof(NODE));
       s->data=rand()%m; s->next=p->next;
       p->next=s; p=p->next;
    }
/**********ERROR**********/
    return p;
}
```

四、程序设计题

定义一个结构体变量（包括年、月、日）。计算该日在本年中是第几天，注意闰年问题。

试利用结构体类型编写程序，实现输入一个学生的数学期中成绩和期末成绩，然后计算并输出其平均成绩。

试利用指向结构体的指针编写程序，实现输入 3 个学生的学号、数学期中成绩和期末成绩，然后计算这 3 个学生的平均成绩并输出成绩表。

若有一个链表 s，其每个节点包括学号、姓名、性别、年龄。编写函数实现如下功能：输入一个学生的信息，如果链表中没有此学生的信息，则把学生信息放在链表的最后，并输出此链表中的学生信息。

若有两个链表 a 和 b，设节点中包含学号、姓名。编写函数实现如下功能：从链表 a 中删除与链表 b 中有相同学号的那个节点。

第10章 文件

在前面的各章中我们已经多次使用了文件，如源程序文件、目标文件、可执行文件、库文件等。计算机系统中的程序和数据资源需要借助外部存储设备才能长期保存，而C语言需要通过一些文件操作函数来保存程序和数据资源。本章将介绍文件的相关概念，以及文件的建立和使用。

本章学习目标：

了解C语言文件的概念。

掌握C语言文件的建立和使用。

掌握C语言文件的读/写操作及相关函数。

10.1 文件的概念

文件（File）是程序设计中的一个重要概念。文件一般是指存储在外部介质上的一组相关数据的集合。一批数据是以文件的形式存放在外部介质（如磁盘）上的。操作系统是以文件为单位对数据进行管理的，也就是说，如果想查找存储在外部介质上的数据，就必须先按文件名找到指定的文件，然后从该文件中读取数据。要在外部介质存储数据也必须先建立一个文件（以文件名标识），才能向它输出数据。

我们在编程时用到的输入和输出，都是以终端为对象的，即从终端键盘输入数据，运行结果输出到终端上。从操作系统的角度看，每一个与主机相连的输入输出设备都被看作是一个文件。例如，终端键盘是输入文件，显示屏和打印机是输出文件。

在程序运行时，常常需要将一些数据（运行的最终结果或中间数据）输出到磁盘上存储，以后需要时，再从磁盘中输入计算机内存，这就要用到磁盘文件。

C 语言把文件看作是一个字符的序列，即由一个个字符的数据顺序组成。根据数据的组织形式，可分为 ASCII 文件和二进制文件。ASCII 文件又称文本文件，它的每一字节放一个 ASCII 代码，代表一个字符。二进制文件是把内存中的数据按其在内存中的存储形式原样输出到磁盘上存放。假设有整数 12345 在内存中占 2 字节，如果按 ASCII 形式输出，则占 5 字节；而按二进制形式输出，在磁盘上只占 2 字节。用 ASCII 形式输出与字符一一对应，1 字节代表一个字符，因而便于逐个字符处理，也便于输出字符，但一般占存储空间较多，而且要花费转换时间（二进制形式与 ASCII 间的转换）。用二进制形式输出数值，可以节省外存空间和转换时间，但 1 字节并不对应一个字符，不能直接输出字符形式。一般中间结果数据需要暂时保存在外存上，以后又需要输入内存的，常用二进制文件保存。

一个 C 文件是一个字节流或二进制流。在 C 语言中，对文件的存取是以字符（字节）为单位的。输入输出的数据流的开始和结束仅受程序控制，而不受物理符号（如回车换行符）控制。也就是说，在输出时，不会自动增加回车换行符作为记录结束的标志；输入时，不以回车换行符作为记录的间隔，我们把这种文件称为流式文件。

C 语言对文件的处理有两种方法：缓冲文件系统和非缓冲文件系统。在缓冲文件系统中，在对文件进行读写之前，首先在内存区为每一个正在使用的文件开辟一个缓冲区。从内存向外存储器输出数据，必须先将数据送到内存中的缓冲区，装满缓冲区后才一起送到磁盘中。如果从外存储器向内存读入数据，则从外存储器将全部数据输入内存缓冲区（充满缓冲区），然后从缓冲区逐个将数据送到程序数据区给程序变量。缓冲区的大小由各个具体的 C 语言版本确定，一般为 512 字节。

在非缓冲文件系统中，文件的处理不自动开辟确定大小的缓冲区，而由程序为每个文件设定缓冲区。

在 UNIX 系统下，常用缓冲文件系统处理文本文件，用非缓冲文件系统处理二进制文件。用缓冲文件系统进行的输入输出又称为高级（或高层）磁盘输入输出（高层 I／O），用非缓冲文件系统进行的输入输出又称为低级（低层）输入输出系统。ANSI C 标准决定不采用非缓冲文件系统，而只采用缓冲文件系统，即既用缓冲文件系统处理文本文件，也用它来处理二进制文件，也就是将缓冲文件系统扩充为可以处理二进制文件。

10.2　文件的打开和关闭

在 C 语言中，stdio.h 提供了文件的基本操作函数。计算机系统操作文件时，先使用函数打开文件，再对文件进行读写操作，最后使用关闭函数将文件关闭。操作文件最首要的是打开文件，打开文件之前需要确定文件名称、当前位置等相关信息，这些是由文件指针实现的。

10.2.1　文件类型指针

stdio.h 已定义了一个文件结构体类型 FILE，每次使用文件时，计算机系统都会为每个文件开辟出一个缓冲区，用来存放关于文件的信息，如文件名称、状态、当前位置等。这些信息被存放在一个 FILE 结构类型的变量中。当文件打开时，系统自动建立了该文件的文件结构体。对文件进行的各项操作都是通过指向文件结构体的指针变量实现的。

因此打开文件之前，需要先定义一个 FILE 类型的指针，称为文件指针。其定义形式如下。

```
FILE *指针变量名;
```

例如：

```
FILE  *fp;
```

fp 表示指向一个 FILE 类型结构体的指针变量。可以使 fp 指向某一个文件的结构体变量，从而可以通过该结构体变量中的文件信息访问该文件，也就是说，通过文件指针变量能够找到与它相关的文件，也可以定义多个文件指针变量实现对文件的访问。

文件指针变量的赋值操作是使用打开文件函数 fopen()实现的。

10.2.2　文件的打开

打开文件是指将文件信息从磁盘装入计算机内存，建立文件的各种有关信息，并使文件指针指向该文件，即建立文件类型指针与文件名之间的关联。调用 stdio.h 函数库中的 fopen()函数可以打开文件。

fopen()函数的原型如下。

```
FILE *fopen(char *filename,char *mode);
```

fopen()函数中有两个参数，第一个参数 filename 是含有需要打开文件的文件名的字符串，文件名可以包含文件位置信息等，如路径、文件名和扩展名，如文件名“f:\\filelist.txt”。第二个参数 mode 是模式字符串，它是指使用文件的方式，用来说明系统可以对该文件执行的操作形式，如 r。

fopen()函数的调用形式通常为：

```
文件指针变量=fopen("文件名","使用文件方式");
```

例如：

```
FILE *fp1;
fp=fopen("filelist.txt","r");
```

fopen()函数的返回值是文件指针（即 fp），或者说，fopen()函数带回指向 filelist.txt 文件的指针并赋给 fp。调用 fopen()表示打开磁盘内要处理的文件，文件名为 filelist.txt，同时创建了一个文件指针变量 fp，fp 用于指向 filelist.txt 文件，这样 fp 和文件 filelist.txt 建立了关联，或者说，fp 指向了 filelist 文件。通过 fp 就可以完成对该文件执行的 r 操作（即 read 表示读入），表示用“只读”的方式。在打开一个文件时，向编译系统通知以下 3 个信息：①需要打开的文件的文件名；②使用文件的方式（是“读”还是“写”等）；③让哪一个指针变量指向被打开的文件，即建立起文件指针和外部存储文件之间的联系。文件使用方式及含义如表 10-1 所示。

表 10-1　　文件使用方式及含义

模式	文件使用方式	含义
r	只读	当文件存在时，打开文件；当文件不存在时，会出错。只能从文件输出（读取）数据，不能向文件内输入（写入）数据
w	只写	当文件存在时，将已有文件数据覆盖；当文件不存在时，创建并打开新文件。只能向文件输入（写入）数据，不能从文件输出（读取）数据
a	追加、只写	当文件存在时，打开文件，位置指针移到文件末尾，在原有文件末尾添加数据，原有数据保留；当文件不存在时，创建并打开新文件。只能向文件输入（写入）数据，不能从文件输出（读取）数据
+	读取/写入	与上面 3 个字符组合使用，如 r+、w+、a+，表示以读取或写入的方式打开（或建立新的）文本文件。操作与上面相同，只是处理方式是读写两种方式都可以操作，既可向文件内写入数据，也可以从文件中读取数据
b	二进制	与上面 3 个字符组合使用，如 rb、rb+等，表示以二进制形式处理文件

提示　因为打开文件后，常会做一些文件读取或写入的操作，如果打开文件失败，则接下来的读写操作也无法顺利进行，所以一般常在 fopen()函数后做错误判断及处理。

当不能打开文件时，fopen()函数会返回一个空指针 NULL。出错的原因可能是用 r 方式打开一个并不存在的文件、文件位置错误、磁盘故障，或者磁盘已满无法建立新文件等。为了确保不会返回空指针，需要始终测试 fopen()的返回值。通常用如下方法。

```
if((fp=fopen("E:\\C\\filelist.txt","r"))==NULL)
{  printf("Cannot open this file.\n");
   exit(0);
}
```

先检查文件能否打开，如果返回值等于 NULL，则表示不能打开该文件，在终端上输出提示"Cannot open this file."，然后执行 exit(0)退出程序。其中，exit()包含在头文件<stdio.h>中，表示是关闭所有文件，终止正在调用的过程，程序正常退出，待用户检查出错误，修改后再运行；否则，表示程序出错后退出。

10.2.3　文件的关闭

文件使用完毕，必须关闭文件。关闭文件是指文件指针变量不指向该文件，释放文件占用的内存空间，切断文件与内存相应数据区域的关联，防止误操作使数据丢失。使用 stdio.h 库中的 fclose()函数关闭文件。

fclose()函数调用的一般形式为：

```
fclose(文件指针);
```

例如：

```
fclose(fp);
```

表示程序将文件指针 fp 指向的文件关闭，断开两者之间的关联。通过 fclose()函数的返回值判断关闭操作是否成功，如果成功关闭了文件，则 fclose()函数的返回值为 0；否则返回 EOF。

尽量养成在程序终止之前关闭所有文件的习惯，不关闭文件将会丢失数据，因为在向文件写数据时，首先将数据输到缓冲区，然后待缓冲区充满后，才正式输出给文件。如果数据未充满缓冲区而程序结束运行，就会将缓冲区中的数据丢失。用 fclose()函数关闭文件，可以避免这个问题，它先把缓冲区中的数据输出到磁盘文件，然后才释放文件指针变量。

【例 10-1】打开 D 盘下的 student.txt 文件，实现功能：检测打开文件是否成功，如果成功，则以读取模式打开，然后在终止程序前关闭文件。

```
#include <stdio.h>
main()
{ FILE *fp; //定义文件指针
  fp=fopen("d:\\student.txt","r");//打开文件,并确定读写模式
  if (fp==NULL) //判断文件指针是否为空
  {printf("Cannot open this file.\n ");//处理无法打开的情况
   exit(0);
   }
   …// 对文件的操作(读取和处理数据)
   fclose(fp); //关闭文件
}
```

10.3　文件的读写操作

文件打开之后，可以对它进行读取和写入操作。对文件的读写操作函数包括字符读/写函数 fgetc()、fputc()，字符串读/写函数 fgets()、fputs()，数据块读/写函数 fread()、fwrite()，格式化读/写函数 fprintf()、fscanf()。处理文件的读写时，要嵌入<stdio.h>头文件。

10.3.1　读写字符函数 fgetc()、fputc()

1．读字符函数 fgetc()

fgetc()函数的作用是从指定的文件读入一个字符，该文件必须是以读或读/写方式打开的。fgetc()函数的调用形式为：

```
fgetc(文件型指针变量)
```

例如：

```
ch=fgetc(fp);
```

fp 为文件型指针变量，ch 为字符变量。fgetc(fp)函数除了返回当前位置的字符，并将其赋给 ch，还会将位置指针指向下一字符。在执行 fgetc()函数读字符时遇到文件结束符，表示操作结束，函数返回一个文件结束标志 EOF(–1)。

如果想从一个磁盘文件顺序读入字符并在屏幕上显示出来，可以用如下程序段实现。

```
ch=fgetc(fp);
while(ch!=EOF)
{  putchar(ch);
   ch=fgetc(fp);
}
```

EOF 不是可输出字符，因此不能在屏幕上显示。由于字符的 ASCII 不可能出现-1，因此 EOF 定义为-1 是合适的。当读入的字符值等于-1（即 EOF）时，表示读入的已不是正常的字符而是文件结束符，以上只适用于读文本文件的情况。现在，ANSI C 已允许用缓冲文件系统处理二进制文件，而读入某一字节中的二进制数据的值有可能是-1，而这又恰好是 EOF 的值。这就出现了需要读入有用数据却被处理为“文件结束”的情况。为了解决这个问题，ANSI C 提供一个 feof()函数来判断文件是否真的结束。

顺序读入一个二进制文件中的数据，可以用如下程序段实现。

```
while(!feof(fp))
{  c=fgetc(fp);
}
```

当未遇文件结束时，feof(fp)的值为 0，!feof(fp)为 1，读入一字节的数据赋给整型变量 c，并接着对其进行所需的处理，直到遇文件结束，feof(fp)值为 1，!feof(fp)值为 0，不再执行 while 循环。这种方法也适用于文本文件。

2. 写字符函数 fputc()

fputc()函数的作用是把一个字符写入磁盘文件中。其一般调用形式为：

```
fputc(字符,文件型指针变量);
```

例如：

```
fputc(ch,fp);
```

其中 ch 是要输出的字符，可以是一个字符常量，也可以是一个字符变量。fp 是文件指针变量。fputc(ch,fp)的作用是将字符（ch 的值）写入 fp 指向的文件中的当前位置，同时将位置指针向下指向下一字符。fputc()函数也会返回一个值，如果写入成功，返回值就是写入的该字符；如果失败，则返回 EOF（在 stdio.h 中定义为–1）。

在第 3 章介绍过 putchar()函数，其实 putchar()是从 fputc()函数派生出来的。putchar(c)是在 stdio.h 文件中用预处理命令#define 定义的宏。

```
#define putchar(c)
fputc(c,stdout);
```

stdout 是系统定义的文件指针变量，它与终端输出相连。fputc(c,stdout)的作用是将 c 的值输出到终端。用宏 putchar(c)比用 fputc(c,stdout)要简单一些。从用户的角度，可以把 putchar(c)看作函数，而不必严格地称其为宏。

3. fputc()和 fgetc()函数的使用

【例 10-2】从键盘输入一些字符，把它们逐个送到磁盘文件 f1.txt 中，直到输入一个*为止。

```
#include<stdio.h>
main()
{  FILE  *fp;
   char  ch;
   if((fp=fopen("f1.txt","w"))==NULL)
   {  printf("cannot open file\n");
      exit(0);
   }
   ch=getchar();
   while(ch!='*')
   {  fputc(ch,fp);
putchar(ch);
      ch=getchar();
   }
   fclose(fp);
}
```

输入：

```
welcome*
```

输出结果为：

```
welcome
```

写入磁盘文件 f1.txt 的字符 welcome，同时在屏幕显示这些字符，以便核对。

【例 10-3】将例 10-2 中磁盘文件 f1.txt 的信息复制到另一个磁盘文件 b1.txt 中。

```
#include<stdio.h>
main()
{  FILE *in, *out;//定义文件指针
   char ch;
   if((in=fopen("f1.txt","r"))==NULL)//判断文件是否正确执行读操作
   {  printf("cannot open infile\n");
      exit(0);
}
   if((out=fopen("b1.txt","w"))==NULL)//判断文件是否正确执行写操作
   {  printf("cannot open outfile\n");
      exit(0);
   }
//判断文件是否结束，如果没结束，则读文件 in 的内容并写入文件 out 中
   while(!feof(in))
      fputc(fgetc(in),out);
   fclose(in);//关闭文件
   fclose(out);
}
```

以上程序是按文本文件方式处理的，也可以用此程序来复制一个二进制文件，只需将两个 fopen()函数中的 r 和 w 分别改为 rb 和 wb 即可。

10.3.2 读写字符串函数 fgets()、fputs()

读写文件字符串的函数包括 fgets()和 fputs()函数。

1. 读字符串函数 fgets()

fgets()函数的作用是从指定文件读入一个字符串。其一般调用形式为：

```
fgets(str,n,fp);
```

n为要求得到的字符数，但只从fp指向的文件输入n-1个字符，然后在最后加一个\0，因此得到的字符串共有n个字符。把它们放到字符数组str中。如果在读完n-1个字符之前遇到换行符或EOF，读入即结束。fgets()函数返回值为str的首地址。

2. 写字符串函数fputs()

fputs()函数的作用是向指定的文件输出一个字符串。其一般调用形式为：

```
fputs(str,fp);
```

把字符串表达式str输出到fp指向的文件，str可以是数组名，也可以是字符串常量或字符型指针。例如：

```
fputs("daxue",fp);
```

把字符串daxue输出到fp指向的文件。字符串末尾的\0不输出。若输出成功，则函数值为0；失败时，函数值为EOF。

这两个函数类似于gets()和puts()函数，只是fgets()和fputs()函数以指定的文件作为读写对象。

3. fputs()和fgets()函数的使用

【例10-4】用字符串读函数读取文本文件file.txt的内容，并将行号和每行的数据显示到屏幕上。

```
#include "stdio.h"
#include "windows.h"
void main()
{  char buffer[256];   /*定义数据缓冲区与文件名变量*/
   FILE *fp;
   int lineNum=1;      /*定义用于显示行号的变量 lineNum*/
   fp=fopen("e:\\file.txt","r");
   if(fp==NULL)
   {   printf("Failure to Open the Specified File!\n");
       exit(0); }
   while(fgets(buffer,256,fp)!=NULL)
   {   printf("%3d:%s", lineNum,buffer);        /*显示行号与一行数据*/
       lineNum++; }                             /*行号变量自增*/
   fclose(fp);                                  /*关闭文件*/
}
```

【例10-5】向文件f2.txt写入两行文本，然后分3次读出其内容。

```
#include <stdio.h>
#include <stdlib.h>
void main ( )
{ FILE *fp1,*fp2;
  char str[]="123456789";   //创建文本文件 f2.txt
  fp1=fopen("f2.txt","w");
  if(fp1==NULL)             //创建文件失败
  { printf("can not open file: f2.txt\n");
    exit (0);
  }
  fputs(str,fp1);           //将字符串 12345678 写入文件
  fputs("\nabcd",fp1);      //写入第一行文本的换行符和下一行文本
  fclose(fp1);              //关闭文件
  fp2=fopen("f2.txt","r");  //以只读方式打开 f2.txt 文件
  fgets(str,8,fp2);         //读取字符串，最大长度是 7，将是 1234567
  printf("%s\n",str);
  fgets(str,8,fp2);         //读取字符串，最大长度是 7，实际上将是 89\n
  printf("%s\n",str);
```

```
fgets (str,8,fp2);           //读取字符串，最大长度是 7，实际上将是 abcd
printf("%s\n",str);
fclose(fp2);                 //关闭打开的文件
}
```

10.3.3　读写数据块函数 fwrite()、fread()

getc()和 putc()函数可以用来读写文件中的一个字符。但是常常要求一次读入一组数据（如一个实数或一个结构体变量的值），ANSI C 标准提出设置两个函数（fread()和 fwrite()）用来读写一个数据块。

1. 读数据块函数 fread()

fread()函数的调用形式为：

```
fread(buffer,size,count,fp);
```

其中各参数的含义如下。

buffer：是一个指针，是读入数据存放的起始地址。

size：要读写的字节数。

count：要读写多少个 size 字节的数据项。

fp：文件型指针。

如果文件以二进制形式打开，用 fread()函数就可以读任何类型的信息。例如：

```
fread(f,4,2,fp);
```

其中，f 是一个实型数组名。一个实型变量占 4 字节，这个函数从 fp 指向的文件读入两次（每次 4 个字节）数据，存储到数组 f 中。

有结构体类型如下。

```
struct student
{  char name[10];
   int num;
   int age;
} stud[50];
```

结构体数组 stud 有 50 个元素，每个元素都用来存放一个学生的数据（包括姓名、学号、年龄）。假设学生的数据已存放在磁盘文件中，可以用 for 语句和 fread()函数读入 50 个学生的数据。

```
for(i=0;i<50;i++)
fread(&stud[i],sizeof(struct student),1,fp);
```

2. 写数据块函数 fwrite()

fwrite()函数的调用形式为：

```
fwrite(buffer,size,count,fp);
```

其中各参数的含义如下。

buffer：是一个指针，是要输出数据的起始地址。

size：要读写的字节数。

count：要读写多少个 size 字节的数据项。

fp：文件型指针。

如果文件以二进制形式打开，用 fwrite()函数就可以读写任何类型的信息。例如：

```
fwrite(f,4,2,fp);
```

其中，f 是一个实型数组名，这个函数从数组 f 中读两次（每次 4 字节）数据写入 fp 指向的文件中。

以下 for 语句和 fwrite()函数可以将内存中的学生数据输出到磁盘文件中。

```
for(i=0;i<40;i++)
fwrite(&stud[i],sizeof(struct student),1,fp);
```

如果 fread()函数或 fwrite()函数调用成功，则函数返回值为 count 的值，即输入或输出数据项的完整数。

【例 10-6】将一个整型数组 a 存放到文件 f3.dat 中，然后从文件中将数据读取到数组中并显示。

```
#include <stdio.h>
#include <stdlib.h>
#include <memory.h>
void main ( )
{
    FILE *fp;
    int i,a[10]={0,1,2,3,4,5,6,7,8,9};      //创建二进制文件 f3.dat
    fp=fopen("f3.dat","wb");
    if(fp==NULL)                            //创建失败
    { printf("can not create file: f3.txt\n");
      exit (0);
    }
    fwrite(a,sizeof(int),10,fp);            //将数组 a 的 10 个整型数写入文件中
    fclose(fp);                             //关闭文件
    fp=fopen("f3.dat","rb");                //以读的方式打开二进制文件 f3.dat
    if(fp==NULL)                            //打开失败
    { printf("can not open file: f3.dat\n");
      exit(0);
    }
    fread(a,sizeof(short),10,fp);           //从文件中将 10 个整型数据读取到数组 a
    fclose (fp);                            //关闭文件
    for(i=0;i<10;i++)                       //显示数组 a 的元素
      printf("%d ",a[i]);
}
```

【例 10-7】从键盘输入 *n* 个（假设为 5）学生的有关数据，然后把它们转存到磁盘文件 stu.dat 中。

```
#include<stdio.h>
#define N 5
struct student
{  char name[10];
int num;
  int age;
}stud[N];
main()
{ FILE *fp;
 int i;
 if((fp=fopen("stu.dat","wb"))==NULL)
 {  printf("cannot open file\n");
    exit(0);
 }
 for(i=0;i<N;i++)
 scanf("%s%d%d",stud[i].name,&stud[i].num,&stud[i].age);
 for(i=0;i<N;i++)
 if(fwrite(&stud[i],sizeof(struct student),1,fp)!=1)
      printf("file write error\n");
fclose(fp);
}
```

在 main()函数中，从终端键盘输入 5 个学生的数据，将这些数据输出到以 stu.dat 命名的磁盘文件中。fwrite()函数的作用是将一个长度为 14 字节的数据块送到 stu.dat 文件中。

输入 5 个学生的姓名、学号、年龄。

```
Zhang 1001 19<回车>
Fun 1002 20<回车>
Tan 1003 21<回车>
Ling 1004 21<回车>
Wang 1005 20<回车>
```

程序运行时，屏幕上并没有输出任何信息，只是将从键盘输入的数据送到磁盘文件。

【例 10-8】验证例 10-7 中的磁盘文件 stu.dat 中是否已存在此数据，从例 10-7 的 stu.dat 文件中读入数据，然后在屏幕上输出。

```
#include<stdio.h>
#define N  5
struct student
{  char name[10];
       int num;
       int age;
}stud[N];
main()
{  int i;
       FILE *fp;
       fp=fopen("stu.dat","rb");
       for(i=0;i<N;i++)
       {  fread(&stud[i],sizeof(struct student),1,fp);
printf("%-10s%4d%4d\n",stud[i].name,&stud[i].num,&stud[i].age);
   }
   fclose(fp);
}
```

程序运行时无需从键盘输入任何数据。屏幕显示如下信息。

```
Zhang         1001   19
Fun           1002   20
Tan           1003   21
Ling          1004   21
Wang          1005   20
```

从键盘输入的 5 个学生的数据是 ASCII 文件，也就是文本文件。在送到计算机内存时，回车和换行符转换成一个换行符。再从内存以 wb 方式（二进制写）输出到 stu.dat 文件，此时不发生字符转换，按内存中的存储形式原样输出到磁盘文件中，又用 fread()函数从 stu.dat 文件向内存读入数据，注意此时用的是 rb 方式，即二进制方式，数据按原样输入，也不发生字符转换。这时内存中的数据恢复到第一个程序向 stu.dat 输出以前的情况，最后用 printf()函数将运行结果输出到屏幕，printf()是格式输出函数，输出 ASCII 值，在屏幕上显示字符。换行符又转换为回车加换行符。

如果要从 stu.dat 文件中以 r 方式读入数据就会出错。

fread()和 fwrite()函数一般用于二进制文件的输入输出。因为它们是按数据块的长度来处理输入输出的，所以在字符发生转换的情况下，很可能出现与原设想不同的情况。

例如，语句：

```
fread(&stud[i],sizeof(struet student),1,stdin);
```

要从终端键盘输入数据，这在语法上并不存在错误，编译能通过。如果用以下形式输入数据：

```
Zhang 1001 10<回车>
```

由于 fread()函数要求一次输入 14 字节（而不问这些字节的内容），所以输入数据中的空格也作为输入数据而不作为数据间的分隔符，连空格也存储到 stud[i]中了，这显然是不对的。

【例 10-9】例 10-8 中已有的数据已经通过二进制形式存储在磁盘文件 stu.dat 中，要求从其中读入数据并输出到 stu1.dat 文件中，可以编写一个 load()函数，从磁盘文件中读二进制数据。

```
#include<stdio.h>
#define N 5
struct student
{  char name[10];
   int num;
   int age;
}stud[N];
void save()
{  FILE *fp;
   int i;
   if((fp=fopen("stu.dat","wb"))==NULL)
   {  printf("cannot open file\n");
      exit(0);
   }
   for(i=0;i<N;i++)
     scanf("%s%d%d",stud[i].name,&stud[i].num,&stud[i].age);
   for(i=0;i<N;i++)
     if(fwrite(&stud[i],sizeof(struct student),1,fp)!=1)
     printf("file write error\n");
   fclose(fp);
}
void load()
{  FILE *fp;
   int i;
   if((fp=fopen("stu.dat","rb"))==NULL)
   {  printf("cannot open file\n");
      return;
   }
   for(i=0;i<N;i++)
      if(fread(&stud[i],sizeof(struct student),1,fp)!=1)
      {  if(feof(fp))
         {  fclose(fp);
            return;  }
         printf("file read error\n");
      }
   fclose(fp);
}
main()
{ save();
  load();
}
```

10.3.4 格式化读写函数 fprintf()、fscanf()

fprintf()函数、fscanf()函数与 printf()函数、scanf()函数的作用相仿，都是格式化读写函数。不同在于，fprintf()和 fscanf()函数的读写对象不是终端而是磁盘文件。

fprintf()函数和 fscanf()函数的一般调用方式分别如下。

```
fprintf(文件指针,格式字符串,输出表列);
```

```
fscanf(文件指针,格式字符串,输入表列);
```

例如：

```
fprintf(fp,"%d,%6.2f",k,t);
```

它的作用是将整型变量 k 和实型变量 t 的值按%d 和%6.2f 的格式输出到 fp 指向的文件中。如果 k=1，t=1.5，则输出到磁盘文件中的是字符串 1 和 1.50。

同样，用如下 fscanf()函数可以从磁盘文件读入 ASCII 字符。

```
fscanf(fp,"%d %6.2f"&k,&t);
```

磁盘文件如果有字符 1 和 1.50，则将磁盘文件中的数据 1 赋予变量 k，将 1.5 赋予变量 t。

用 fprintf()和 fscanf()函数读写磁盘文件，使用方便，容易理解。由于在输入时要将 ASCII 值转换为二进制形式，在输出时又要将二进制形式转换成字符，花费时间比较多，因此，在内存与磁盘频繁交换数据的情况下，最好不用 fprintf()和 fscanf()函数，而用 fread()和 fwrite()函数。

10.4　文件的其他常用函数

10.4.1　文件定位相关函数

位置指针是指文件中指向当前读写的位置。如果顺序读写一个文件，每次读写一个字符，则读写完一个字符后，该位置指针自动移动指向下一个字符位置。如果想改变这样的规律，强制使位置指针指向其他指定的位置，则可以使用有关定位函数。

1. 文件的定位函数 rewind()

rewind()函数的调用形式为：

```
rewind (文件类型指针);
```

rewind()函数的作用是使位置指针重新返回文件的开头，此函数没有返回值。

【例 10-10】第一次将例 10-2 中建立的磁盘文件 f1.txt 的内容显示在屏幕上，第二次把它复制到另一文件上。

```
#include<stdio.h>
main()
{  FILE *fp1,*fp2;
   fp1=fopen("f1.txt","r");
   fp2=fopen("f2.txt","w");
   while(!feof(fp1))
      putchar(fgetc(fp1));    /*在屏幕上显示 f1.txt 的内容*/
   rewind(fp1);
   while(!feof(fp1))
      putc(fgetc(fp1),fp2);
   fclose(fp1);
   fclose(fp2);
}
```

在第一次将文件的内容显示在屏幕以后，f1.txt 文件的位置指针已指到文件末尾，feof 的值为非零。执行 rewind()函数，使文件的位置指针重新定位于文件开头，并使 feof()函数的值恢复为 0。

2. 随机读写函数 fseek()

对流式文件可以顺序读写，也可以随机读写，关键在于控制文件的位置指针。如果位置指针是按字节位置顺序移动的，就是顺序读写。如果能将位置指针按需要移动到任意位置，就可以实现随机读写。所谓随机读写，是指读写完上一个字符（字节）后，并不一定要读写其后续的字符（字节），就可以读写文件中任意所需的字符（字节）。利用 fseek()函数可以实现改变文件的位置指针，从而实现随机读写。

fseek()函数的调用形式为：

```
fseek(文件类型指针,位移量,起始点)
```

“起始点”用 0、1 或 2 代替，0 代表“文件开始”，1 为“当前位置”，2 为“文件末尾”。

“位移量”是指以“起始点”为基点，向前移动的字节数。ANSI C 和大多数 C 语言版本要求位移量是 long 型数据，以免文件的长度大于 64KB 时系统出错。ANSI C 标准规定在数字的末尾加一个字母 L，表示 long 型。

下面是 fseek()函数调用的几个例子。

```
fseek(fp,100L,0);        /*将位置指针移到离文件头 100 字节处*/
fseek(fp,50L,1);         /*将位置指针移到离当前位置 50 字节处*/
fseek(fp,-20L,2);        /*将位置指针从文件末尾向后退 20 字节*/
```

fseek()函数一般用于二进制文件，因为文本文件要发生字符转换，计算位置时往往会发生混乱。

【例 10-11】在例 10-7 中的磁盘文件 stu.dat 内，存有 5 个学生的数据。要求将第 1、第 3、第 5 个学生的数据输入计算机，并在屏幕上显示出来。

程序如下。

```
#include<stdio.h>
struct student
{  char name[10];
   int num;
   int age;
}stud[5];
main()
{  int i;
   FILE *fp;
   if((fp=fopen("stu.dat","r"))==NULL)
   {  printf("can not open file\n");
      exit(0);
   }
   for(i=0;i<5;i+=2)
   {  fseek(fp,i*sizeof(struct student),0);
      fread(&stud[i],sizeof(struct student),1,fp);
      printf("%s%d%d\n",stud[i].name,stud[i].num,stud[i].age);
   }
   fclose(fp);
}
```

3. 流式文件中的当前位置检测函数 ftell()

ftell()函数的一般调用形式为：

```
ftell(文件类型指针)
```

ftell()函数的作用是获取文件位置指针的当前位置，用相对于文件开头的位移量来表示，单位是字节。正常返回的是位置指针的位置；如果 ftell()函数的返回值为-1L，则表示出错。

说明

```
k=ftell(fp);
if(k==-1L)
printf("error\n");
```

表示变量 k 存放当前位置，如调用函数出错（如不存在此文件），则输出 error。

例如：

```
#include <stdio.h>
main ( )
  { long int i;
    FILE *fp;
    fp=fopen("stud_dat","rb");
    …
    i=ftell(fp);
    if(i==-1L)
      printf("error\n");
    else
      printf("%ld",i);
    …
  }
```

ftell()函数也可以用来求文件的长度。

例如：

```
…
      fseek(fp,0L,SEEK_END);
      k = ftell(fp) ;
…
```

表示 k 的值为 fp 所指文件的长度。

10.4.2 文件检测函数

1. 文件结束检测函数 feof()

feof()函数的一般调用形式为：

```
feof(文件指针)
```

此函数用来判断文件是否结束，如果文件结束，则返回值为 1；否则为 0。

2. 读写文件出错检测函数 ferror()

在调用各种输入输出函数（如 putc、getc、fread、fwrite 等）时，如果出现错误，则除了函数返回值有所反映外，还可以用 ferror()函数检查。

ferror()函数的一般调用形式为：

```
ferror(文件指针)
```

如果返回值为 0，则表示未出错；如果返回一个非零值，则表示出错。

对同一个文件每一次调用输入输出函数，均产生一个新的 ferror()函数值，因此，应当在调用一个输入输出函数后，立即检查 ferror()函数的值，否则信息会丢失。

在执行 fopen()函数时，ferror()函数的初始值自动置为 0。

3. 使文件错误标志和文件结束标志置 0 的函数 clearerr()

clearerr()函数的一般调用形式为：

```
clearerr(文件指针)
```

此函数用于清除出错标志和文件结束标志，使 feof 和 clearerr 的值变成 0。

如果在调用一个输入输出函数时出现错误，则 ferror()函数值为一个非零值。在调用 clearerr(fp)

后，ferror(fp)的值变成 0。只要出现错误标志，就一直保留，直到对同一文件调用 clearerr()函数或 rewind()函数，或任何其他一个输入输出函数。

为便于读者查阅，表 10-2 列出常用的缓冲文件系统函数。

表 10-2　常用的缓冲文件系统函数

分类	函数名	功能
打开文件	fopen()	打开文件
关闭文件	fclose()	关闭文件
文件定位	fseek()	改变文件位置的指针位置
	rewind()	使文件位置指针重新置于文件开头
	ftell()	返回文件位置指针的当前值
文件读写	fgetc()，getc()	从指定文件取得一个字符
	fputc()，putc()	把字符输出到指定文件
	fgets()	从指定文件读取字符串
	fputs()	把字符串输出到指定文件
	getw()	从指定文件读取一个字（int 型）
	putw()	把一个字（int 型）输出到指定文件
	fread()	从指定文件读取数据项
	fwrite()	把数据项写到指定文件
	fscanf()	从指定文件按格式输入数据
	fprintf()	按指定格式将数据写到指定文件
文件状态	feof()	若到文件末尾，则函数值为“真”（非 0）
	ferror()	若对文件操作出错，则函数值为“真”（非 0）
	clearerr()	使 ferror()和 feof()函数值置零

10.5　应用举例

【例 10-12】打开一个已经存在的非空文件 FILE 进行修改的正确语句是（　　）。

A. fp=fopen("FILE","r");　　B. fp=fopen("FILE","ab+");

C. fp=fopen("FILE","w+");　　D. fp=fopen("FILE","r+");

分析：例 10-12 考查文件打开方式对文件操作的影响。由于是打开文件进行修改，所以选项 A 是错误的，因为此种方式打开文件时，只能读，不能写，无法修改。选项 B 是以追加方式 ab+打开文件读写。以这种方式打开文件时，新写入的数据只能追加在文件原有内容之后，但可以读出以前的数据。以 ab+或 a+方式打开文件后，对于写操作，文件指针只能定位在文件原有内容之后，但对于读操作，文件指针可以定位在全文件范围内，可见按此种方式打开文件不能修改文件内容。选项 C 以 w+方式打开文件，此时原文件中已存在的内容都被清除。但新写入文件的数据可以被再次读出或再次写入，故也不能修改文件。只有在以 r+方式打开文件时，才允许将文件原来的数据读出，也允许在某些位置再写入，从而实现对文件的修改。所以答案是 D。

【例 10-13】已知一个文件中存放若干学生档案记录，其数据结构如下。

```
struct st
{   char num[10];
```

```
    int age;
    float s[5];
};
```

定义一个数组 struct st a[10];。假定文件已正确打开，不能正确地从文件中将 10 名学生的数据读入数组中的选项是（　　）。

A. fread(a,sizeof(struct st),10,fp);

B. for(i=0;i<10;i++)

fread(a[i],sizeof(struct st),1,fp);

C. for(i=0;i<10;i++)

fread(a+i,sizeof(struct st),1,fp);

D. for(i=0;i<5;i+=2)

fread(a+i,sizeof(struct st),2,fp);

分析：例 10-13 考查 fread()函数的使用方法。fread(buffer,size,count,fp)的含义是从文件 fp 中按块读出数据到 buffer 指向的内存中，块的大小为 size 字节，共读出连续的 count 块，由于要求 buffer 是指针，而 a[i]表示数组元素，所以选项 B 中的语句不能正确工作，因此答案应为选项 B。选项 A、C 和 D 中的 size 都是一个结构体数据占用的字节数，选项 A 中一次读入 10 块，选项 C 则每次读入 1 块，读 10 次，选项 D 读 5 次，每次 2 块。选项 A 中的代码较 C 和 D 有更高的效率。

【例 10-14】在横线处将程序补充完整，实现文件的复制，文件名来自 main()函数中的参数。

```
#include<stdio.h>
void fcopy(FIPE *fout,FILE *fin)
{  char k;
   do
   {  k=fgetc(___(1)___);
      if(feof(fin))
        break;
      fputc(___(2)___);
   }while(1);
}
main(int argc, char *argv[])
{  FILE *fin,*fout;
   if(argc!=3)
   return;
   if((fin=fopen(argv[2],"rb")==NULL)
      return;
   fout=___(3)___;
   fcopy(fout,fin);
   fclose(fin);
   fclose(fout);
}
```

分析：例 10-14 考查文件的基本操作方法。此处程序复制文件的文件名来自于 argv，因为 argv[0]为命令本身，argv[2]是以读方式打开的源文件，argv[1]必然是复制后的文件名。因此，（3）处应是打开文件 argv[1]，填 fopen(argv[1],"wb")。需要说明的是，在文件操作时，应注意两方面的对应，其一是读写方式要么都以文本方式进行，要么都以二进制方式，两者尽量一致；其二是读写函数的对应，C 语言中的函数都是成对的，在实际操作文件时，也尽可能成对使用它们。

函数 fcopy()实现真正的复制动作。fgetc()函数的功能是读，（1）处应填被读出数据的文件指针 fin。调用 fputc()函数是将字符 k 写入文件 fout，故（2）处应填 k,fout，表示将字符 k 写入文件 fout。

答：（1）fin　（2）k,fout　（3）fopen(argv[1],"wb")

【例 10-15】阅读程序回答问题。

```
#include<stdio.h>
main()
{  FILE  *fp;
   char ch;
   if((fp=fopen("f1.dat","w"))==NULL)
   {  printf("cannot open file\n");
      exit(0);
   }
   ch=getchar();
   while(ch!='#')
   {  fputc(ch,fp);putchar(ch);
      ch=getchar();
   }
   fclose(fp);
}
```

问题 1：此程序的功能是什么？

问题 2：输入什么数据时，循环结束？

此程序非常简单，首先利用 fopen()函数以 w 方式打开一个文件 f1.dat，目的是建立一个新文件 f1.dat，然后通过 getchar()函数从键盘输入一些字符，把它们写入文件 f1.dat，同时在显示器上输出，最后关闭文件。

所以，问题 1 的答案是此程序的功能是建立一个新文件 f1.dat，从键盘输入一些字符，把它们写入文件 f1.dat，同时在显示器上输出。

问题 2 的答案是输入“#”时循环结束。

本章小结

本章介绍了文件的概念、文件操作函数及读写函数、C 语言文件的建立和使用。

（1）C 语言系统把文件当作一个“流”，按字节进行处理。

（2）C 语言文件按编码方式分为二进制文件和 ASCII 文件。

（3）在 C 语言中，用文件指针标识文件，当一个文件被打开时，可取得该文件指针。

（4）文件在读写之前必须打开，使用后必须关闭。

（5）文件可按只读、只写、读写、追加 4 种操作方式打开，同时还必须指定文件的类型是二进制文件还是文本文件。

（6）文件可以字节、字符串、数据块为单位进行读写，文件也可按指定的格式进行读写。

（7）文件内部的位置指针可指示当前的读写位置，移动该指针可以随机读写文件。

练习与提高

一、选择题

1. 若 fp 是指某文件的指针，且已读到文件的末尾，则表达式 feof(fp)的返回值是（　　）。

　A. EOF　　B. -1　　C. 非零值　　D. NULL

2. 下述关于 C 语言文件操作的说法，正确的是（　　）。

　A. 对文件进行操作必须先关闭文件

B. 对文件进行操作必须先打开文件

C. 对文件进行操作的顺序无要求

D. 对文件进行操作前必须先测试文件是否存在，然后打开文件

3. C 语言可以处理的文件类型是（　　）。

A. 文本文件和数据文件　　B. 文本文件和二进制文件

C. 数据文件和二进制文件　　D. 数据代码文件

4. C 语言库函数 fgets(str,n,fp)的功能是（　　）。

A. 从文件 fp 中读取长度为 n 的字符串存入 str 指向的内存

B. 从文件 fp 中读取长度不超过 $n-1$ 的字符串存入 str 指向的内存

C. 从文件 fp 中读取 n 个字符串存入 str 指向的内存

D. 从 str 读取至多 n 个字符到文件 fp

5. 关于 C 语言中文件的存取方式，正确的是（　　）。

A. 只能顺序存取　　B. 只能随机存取（也称直接存取）

C. 可以是顺序存取，也可以是随机存取　　D. 只能从文件的开头存取

6. 函数调用语句 fseek(fp,10L,2);的含义是（　　）。

A. 将文件位置指针移动到距离文件头 10 字节处

B. 将文件位置指针从当前位置向文件尾方向移动 10 字节

C. 将文件位置指针从当前位置向文件头方向移动 10 字节

D. 将文件位置指针从文件末尾处向文件头方向移动 10 字节

7. 在 C 语言中，从计算机的内存中将数据写入文件中，称为（　　）。

A. 输入　　B. 输出　　C. 修改　　D. 删除

8. 若以 a+方式打开一个已存在的文件，则以下叙述正确的是（　　）。

A. 文件打开时，原有文件内容不被删除，位置指针移到文件末尾，可做添加和读操作

B. 其他各种说法皆不正确

C. 文件打开时，原有文件内容被删除，只可做写操作

D. 文件打开时，原有文件内容不被删除，位置指针移到文件开头，可做重写和读操作

9. 有以下程序。

```
#include<stdio.h>
main()
{   FILE *fp;int i=20,j=30,k,n;
    fp=fopen("d1.dat","w");
    fprintf(fp,"%d\n",i);fprintf(fp,"%d\n",j);
    fclose(fp);
    fp=fopen("d1.dat","r");
    fscanf(fp,"%d%d",&k,&n);printf("%d %d\n",k,n);
    fclose(fp);
}
```

程序运行后的输出结果是（　　）。

A. 30 50　　B. 20 50　　C. 30 20　　D. 20 30

10. 若要打开 A 盘上 user 子目录下名为 abc.txt 的文本文件进行读写操作，则下面符合此要求的函数调用是（　　）。

A. fopen("A:\\user\\abc.txt","r+")　　B. fopen("A:\user\abc.txt","rb")

C. fopen("A:\\user\\abc.txt","w")　　D. fopen("A:\user\abc.txt","r")

11. 已知一个文件中存放若干工人档案记录，其数据结构如下。

```
 struct a
 {   char number[100];
     int age;
     float p[6];
 };
```

定义一个数组：

```
struct a number[10];
```

假定文件已正确打开，不能正确地从文件中将 10 名工人的数据读入数组 b 中的语句是（　　）。

A. for(i=0;i<10;i++)fread(b+i,sizeof(struct a),1,fp);

B. for(i=0;i<5;i+=2)fread(b+i,sezeof(struct a),2,fp);

C. for(i=0;i<10;i++)fread(b[i],sizeof(struct a),1,fp);

D. fread(b,sizeof(struct a),10,fp);

12. 以下程序将一个名为 f1.dat 的文件复制到一个名为 f2.dat 的文件中。请选择正确的答案填入对应的横线上。

```
#include<stdio.h>
main()
{  char c;
   FILE  *fpl,*fp2;
   fpl=fopen("f1.dat", __(1)__ );
   fp2=fopen("f2.dat", __(2)__ );
   c=getc(fpl);
   while(c!=EOF)
   {  putc(c,fp2);
      c=getc(fpl);
   }
   fclose(fpl);
   fclose(fp2);
   return;
}
```

（1）A. "a"　　B. "rb"　　C. "rb+"　　D. "r"

（2）A. "wb"　　B. "wb+"　　C. "w"　　D. "ab"

二、填空题

1. 用 fopen()函数打开一个文本文件，在使用方式这一项中，为输出而打开需要填入________，为输入而打开需要填入________，为追加而打开需要填入________。

2. feof()函数可以用于__________文件和__________文件，它用来判断即将读入的是否为________，若是，则函数值为________，否则为________。

3. 在 C 语言中，调用________函数打开文件，调用________函数关闭文件。

4. 若 ch 为字符变量，fp 为文本文件，请写出从 fp 所指文件读入一个字符的两种文件输入语句__________、__________，请写出把一个字符输出到 fp 所指文件中的两种文件输出语句________、________。

5. 若要使文件中的位置指针重新回到文件的开头位置，可调用________函数，若需要将文件中的位置指针指向文件中的倒数第 20 个字符处，可调用________函数。

6. sp=fgets(str,n,fp);函数调用语句从________指向的文件输入________个字符，并把它们放到字符数组 str 中，sp 得到________的地址。________函数的作用是向指定的文件输出一个字符串，如果输出成功，则函数值为________。

7. 在 C 文件中，数据存放的两种代码形式是________、________。

8. 若有 fp=fopen("a1.dat","a+")打开文件语句，这个文件的数据是以________的形式存放在内存中，该文件的使用方式为________。

9. 声明 FILE *p;中的类型标识符 FILE;是在头文件________中定义的。

三、程序填空题

1. 下述程序用于统计文件中的字符数，在横线处填写正确的内容将程序补充完整。

```
#include<stdio.h>
void main()
{  FILE *fp;
   long num=0;
   if((fp=fopen("TEST","r+"))==NULL)
   {  printf("Can't open file.");
      return;
   }
   while(____(1)____)
      num++;
        ____(2)____;
   printf("num=%ld",num);
}
```

2. 请补充 main()函数，该函数的功能是先以只写方式打开文件 out.dat，再把字符串 str 中的字符保存到这个磁盘文件中。仅在横线处填入所编写的若干表达式或语句，勿改动函数中的其他任何内容。

```
#include<stdio.h>
#define N 80
main()
{  FILE *fp;
   int i=0;
   char ch;
   charstr[N]="I'm astudent!";
   if((fp=fopen(____(1)____))==NULL)
   {  printf("cannot open out.dat\n");
      exit(0);
   }
   while(str[i])
   {  ch=str[i];
      ____(2)____;
      putchar(ch);
      i++;
   }
   ____(3)____;
}
```

3. 请补充 main()函数，该函数的功能是把文本文件 B 的内容追加到文本文件 A 的内容之后。例如，文件 B 的内容为 I'm a teacher!，文件 A 的内容为 I'm a students!，追加之后，文件 A 的内容为 I'm a students! I'm a teacher!。

```
#include<stdio.h>
#define N 80
main()
{  FILE *f1,*fpl,*fp2;
   int i;
   char c[N],t,ch;
   if((fp=fopen("A.dat","r"))==NULL)
   {  printf("file A cannot be opened\n");
```

```
        exit(0);
    }
    printf("\n  A contents are:\n\n");
    for(i=0;(ch=fgetc(fp)))!=EOF;i++)
    {  c[i]=ch;
       putchar(c[i]);
    }
    fclose(fp);
    if((fp=fopen("B.dat","r"))==NULL)
    {  printf("file B cannot be opened\n");
       exit(0);}
    printf("\n\n B contents are:\n\n");
    for(i=0;(ch=fgetc(fp))!=EOF;i++)
    {  c[i]=ch;
       putchar(c[i]);
    }
    fclose(fp);
    if((fpl =fopen("A.dat",a))__(1)__(fp2=fopen("B.dat","r")))
    {  while((ch=fgetc(fp2))!=EOF)
         __(2)__;
    }
    else
    {  printf("Can not openA B!\n");
    }
    fclose(fp);
    fclose(fpl);
    printf("\n*********new A contents*********\n\n");
    if((fp=fopen("A.dat","r"))==NULL)
    {  printf("file A cmmot be opened\n");
       exit(0);
    }
    for(i=0;(ch=fgetc(fp))!=EOF;i++)
    {  c[i]=ch;
       putchar(c[i]);
    }
    __(3)__;
}
```

4. 下面是一个文本文件修改程序，程序的每次循环读入一个整数，该整数表示相对文件头的偏移量。然后，程序按此位置显示文件中原来的值并询问是否修改；若修改，则输入新的值，否则进行下一次循环。若输入值为-1，则结束循环。

```
#include<stdio.h>
#include<conio.h>
void main(int arge,char *argv[])
{  FILE *fp;
   long off;
   char ch;
   if(argc!=2)
   return;
   if((fp=fopen(argv[1],__(1)__))==NULL)
     return;
   do
   {  printf("\nlnput a byte num to display:");
      scanf("%ld",&off);
      if(off==-1L)
```

```
            break;
        fseek(fp,off,SEEK_SET);
        ch=fgetc(fp);
        if(___(2)___)                          /*输入值过大*/
            continue;
        printf("\nThe byte is:%c",ch);
        printf("\nModify?");                   /*询问是否修改*/
        ch=getche();
        if(ch=='y'|| ch=='Y')
        {  printf("\nlnput the char:");
           ch=getche();                        /*输入新的字节内容*/
           fseek(___(3)___);
           fputc(___(4)___);
        }
    }while(1);
    fclose(fp);
}
```

5. 以下程序由终端键盘输入一个文件名，然后把终端键盘输入的字符依次存放到该文件中，以#作为结束输入的标志。

```
#include<stdio.h>
main()
{  FILE *fp;
   char  fnarne[10];
   printf("Input name of file\n");
   gets(fname);
   if((fp=___(1)___)==NULL)
   {  printf("Cannot open\n");exit(0);
   }
   printf("Enter data\n");
   while((ch=getchar())!='#')
      fputc(___(2)___,fp);
   close(fp);
}
```

6. 假设文件 A.DAT 和 B.DAT 中的字符都是按降序排列的。下述程序将这两个文件合并成一个降序排列的文件 C.DAT。

```
#indude<stdio.h>
void main()
{  FILE *inl,*in2,*out;
   int flagl=1,flag2=1;
   char a,b,c;
   inl=fopen("A.DAT","r");
   in2=fopen("B.DAT","r");
   out=fopen("C.DAT',"W");
   if(!inl||!in2||!out)
   {  printf("Can't open file.");
      return;
   }
   do
   {  if(!feof(inl)&&___(1)___)
      {  a=fgetc(inl);
         if(___(2)___)
            break;
```

```
            if(!feof(in2)&&flag2)
            {  b=fgetc(in2);
               if(___(3)___)
                  break;
               if(a>b)
               {  c=a;flag1=1;
                  flag2=0;
               }
               else
               {  c=b;
                  flag1=0;
                  flag2=1;
               }
               fputc(___(4)___);
            }
       while(1);
       fclose(in1);
       fclose(in2);
       fclose(out);
   }
```

7. 下述程序实现文件的复制，文件名来自 main()中的参数。

```
#include<stdio.h>
void fcopy(FILE *fout,FILE *fin)
{  char k;
   do
   {  k=fgetc(___(1)___);
      if(feof(fin))
         break;
      fputc(___(2)___);
   }while(1);
}
void main(int argc,char*argv[])
{  FILE *fin,*fout;
   if(argc!=3)
      return;
   if((fin=fopen(argv[2],"rb"))==NULL)
      return;
   fout=___(3)___;
   fcopy(fout,fin);
   fclose(fin);
   fclose(fout);
}
```

四、问答题

阅读下列程序回答问题。

```
#include"stdio.h"
main()
{  FILE *fp1,*fp2;
   if((fp1=fopen("f1.txt","r"))==NULL)
   {  printf("connot open\n");
      exit(0);
   }
   if((fp2=fopen("f2.txt","w"))==NULL)
   {  printf("connot open\n");
     exit(0);
```

```
    }
    while(!feof(fp1))
        fputc(fgetc(fp1),fp2);
    fclose(fp1);
    fclose(fp2);
}
```

（1）程序的功能是什么？

（2）将循环条件用另外一种方法表示，使程序的功能不变。

五、编程题

1. 编写程序，从键盘输入 200 个字符，存入 D 盘的 ab.txt 磁盘文件中。

2. 从上一题建立的 D 盘的 ab.txt 磁盘文件中读取 120 个字符，并显示在屏幕上。

3. 编写程序，将磁盘中当前目录下名为 cd.txt 的文本文件复制到同一目录下，文件名改为 cew2.txt。

4. 从键盘输入若干行字符（每行长度不等），输入后将它们存储到一个磁盘文件中，再从文件中读入这些数据，将其中的小写字母转换成大写字母后在显示屏上输出。

5. 有 5 个学生，每个学生有 3 门课的成绩，从键盘输入数据（包括学生号、姓名、3 门课成绩），计算出平均成绩，将原有数据和计算出的平均成绩存放在磁盘文件 stud 中。

附录

附录 A　ASCII 码对照表

ASCII 值	控制字符	ASCII 值	字符	ASCII 值	字符	ASCII 值	字符
000	NUL	032	space	064	@	096	`
001	SOH	033	!	065	A	097	a
002	STX	034	"	066	B	098	b
003	ETX	035	#	067	C	099	c
004	EOT	036	$	068	D	100	d
005	END	037	%	069	E	101	e
006	ACK	038	&	070	F	102	f
007	BEL	039	'	071	G	103	g
008	BS	040	(	072	H	104	h
009	HT	041	)	073	I	105	i
010	LF	042	*	074	J	106	j
011	VT	043	+	075	K	107	k
012	FF	044	,	076	L	108	l
013	CR	045	-	077	M	109	m
014	SO	046	.	078	N	110	n
015	SI	047	/	079	O	111	o
016	DLE	048	0	080	P	112	p
017	DC1	049	1	081	Q	113	q
018	DC2	050	2	082	R	114	r
019	DC3	051	3	083	S	115	s
020	DC4	052	4	084	T	116	t
021	NAK	053	5	085	U	117	u
022	SYN	054	6	086	V	118	v
023	ETB	055	7	087	W	119	w
024	CAN	056	8	088	X	120	x
025	EM	057	9	089	Y	121	y
026	SUB	058	:	090	Z	122	z
027	ESC	059	;	091	[	123	{
028	FS	060	<	092	\	124	|
029	GS	061	=	093	]	125	}
030	RS	062	>	094	^	126	～
031	US	063	?	095	_		

附录B　运算符和结合性

优先级	运算符	含义	运算对象数	结合方向
1	( ) [] ->\ .	圆括号 下标运算 指向结构体成员运算符 结构体成员运算符	—	自左至右
2	! ~ ++ -- - （类型） * — sizeof	逻辑非运算符 按位取反运算符 自加运算符 自减运算符 负号运算符 类型转换运算符 指针运算符 地址与运算符 长度运算符	1 （单目运算符）	自右至左
3	* / %	乘法运算符 除法运算符 求余运算符	2 （双目运算符）	自左至右
4	+ -	加法运算符 减法运算符	2 （双目运算符）	自左至右
5	<< >>	左移运算符 右移运算符	2 （双目运算符）	自左至右
6	<　<= >　>=	关系运算符	2 （双目运算符）	自左至右
7	== !=	等于运算符 不等于运算符	2 （双目运算符）	自左至右
8	&	按位与运算符	2 （双目运算符）	自左至右
9	^	按位异或运算符	2 （双目运算符）	自左至右
10	|	按位或运算符	2 （双目运算符）	自左至右
11	&&	逻辑与运算符	2 （双目运算符）	自左至右
12	||	逻辑或运算符	2 （双目运算符）	自左至右

续表

优先级	运算符	含义	运算对象数	结合方向
13	?:	条件运算符	3 （三目运算符）	自右至左
14	=、+=、-=、 *=、/=、 %=、>>=、<<= &=、|=、^=	赋值运算符	2	自右至左
15	,	逗号运算符 （顺序求值运算符）	—	自左至右

附录C　C语言常用语法提要

为查阅方便，下面列出C语言语法中常用的部分提要。为便于理解没有采用严格的语法定义形式，只是备忘性质，供参考。

1. 标识符

标识符可由字母、数字和下画线组成。标识符必须以字母或下画线开头。大小写的字母分别被认为是两个不同的字符。

2. 常量

（1）整型常量包括以下几个。

- 十进制常数。
- 八进制常数（以0开头的数字序列）。
- 十六进制常数（以0x开头的数字序列）。
- 长整型常数（在数字后加字母L或l）。

（2）字符常量：用单引号引起来的一个字符，可以使用转义字符。

（3）实型常量（浮点型常量）包括小数形式和指数形式。

（4）字符串常量：用双引号引起来的字符序列。

3. 表达式

（1）算术表达式包括以下两种。

- 整型表达式：参加运算的运算量是整型量，结果也是整型数。
- 实型表达式：参加运算的运算量是实型量，在运算过程中先转换成double型，结果为double型。

（2）逻辑表达式：用逻辑运算符连接的运算量，结果为一个整数（0或1）。逻辑表达式可以认为是整型表达式的一种特殊形式。

（3）位运算表达式：用位运算符连接的整型量，结果为整数。位运算表达式也可以认为是整型表达式的一种特殊形式。

（4）强制类型转换表达式：用“（类型）”运算符使表达式的类型进行强制转换，如(int)a。

（5）逗号表达式（顺序表达式）的形式为：

```
表达式1,表达式2,…,表达式n
```

顺序求出表达式1,表达式2,…,表达式n的值。结果为表达式n的值。

（6）赋值表达式：将赋值号“=”右侧表达式的值赋给赋值号左边的变量。赋值表达式的值为执行赋值后被赋值的变量的值。

（7）条件表达式的形式为：

```
逻辑表达式?表达式1:表达式2
```

“逻辑表达式”的值若为非零，则整个条件表达式的值等于表达式1的值；若逻辑表达式的值为0，则条件表达式的值等于表达式2的值。

（8）指针表达式：对指针类型的数据进行运算。例如，p-2.pl-p2.&a（其中，p、pl、p2均已定义为指针变量）等，结果为指针类型。

以上各种表达式可以包含有关的运算符，也可以是不包含任何运算符的初等量（例如，常数是算术表达式最简单的形式）。

4. 数据定义

程序中用到的所有变量都需要定义。对数据要定义其数据类型，需要时要指定其存储类别。

（1）类型标识符可用：

```
int
short
long
unsigned
char
float
double
struct 结构体名
union 共用体名
用 typedef 定义的类型名
(若省略数据类型，则按 int 型处理)
```

结构体与共用体的定义形式为：

```
struct 结构体名
{   成员表列
};
union 共用体名
{   成员表列
};
```

用typedef定义新类型名的形式为：

```
typedef  已有类型  新定义类型;
```

例如：

```
typedef int COUNT;
```

（2）存储类别可用：

```
auto
static
register
extern
（如不指定存储类别，就做 auto 处理）
```

变量的定义形式为：

```
存储类别  数据类型  变量表列;
```

例如：

```
static int a,bc;
```

注意

外部数据定义只能用 extern 或 static，而不能用 auto 或 register。

5. 函数定义

函数定义的形式为：

```
存储类别  数据类型  函数名(形参表列)
函数体
```

函数的存储类别只能用extern或static。函数体是用花括号括起来的，可包括数据定义和语句。函数定义的举例如下。

```
static int f(int a,int b)
{  int c;
   c=a>b?a:b;
   return c;
}
```

6. 变量的初始化

可以在定义时对变量或数组指定初始值。

静态变量或外部变量如未初始化，则系统自动使其初值为 0（对数值型变量）或为空（对字符型数据）。自动变量或寄存器变量若未初始化，则其初值为不可预测的数据。

7. 语句

（1）表达式语句。

（2）函数调用语句。

（3）控制语句。

（4）复合语句。

（5）空语句。

其中控制语句包括以下几种。

① if语句。

其一般格式为：

```
if(表达式)
   语句;
```

或

```
if(表达式)
   语句 1;
else 语句 2;
```

② while 语句。

其一般格式为：

```
while(表达式)
   语句;
```

③ do 语句。

其一般格式为：

```
do 语句 while(表达式);
```

④ for 语句。

其一般格式为：

```
for(表达式 1;表达式 2;表达式 3)
```

```
语句;
```

⑤ switch语句。

其一般格式为：

```
switch(表达式)
{  case 常量表达式1:语句1;
   case 常量表达式2:语句2;
   …
   case 常量表达式n:语句n;
   default:语句n+1;
}
```

前缀case和default本身并不改变控制流程，它们只起标号作用，在执行上一个case标志的语句后，继续顺序执行下一个case前缀标志的语句，除非上一个语句中最后用break语句使控制跳出switch结构。

⑥ break语句。

⑦ continue语句。

⑧ return语句。

⑨ goto语句。

8. 预处理语句

预处理语句包括以下几种。

```
#define 宏名  字符串
#define 宏名(参数1,参数2,…,参数n)字符串
#undef 宏名
#include "文件名"(或<文件名>)
#if 常量表达式
#ifdef 宏名
#ifndef 宏名
#else
#endif
```

附录D　C库函数

库函数并不是C语言的一部分，它是由人们根据需要编制并提供给用户使用的。每一种C语言编译系统都提供了一些库函数，不同编译系统提供的库函数的数目、函数名以及函数功能是不完全相同的。ANSI C标准提出了一些建议提供的标准库函数，包括目前多数C语言编译系统提供的库函数。考虑到通用性，附录D列出ANSI C标准建议提供的、常用的部分库函数。多数C编译系统都可以使用这些函数。由于C库函数的种类和数目很多（如屏幕和图形函数、时间日期函数、与系统有关的函数等，每一类函数又包括各种功能的函数），限于篇幅，附录D不能全部介绍，只从教学需要的角度列出最基本的库函数。读者在编制C语言程序时可能要用到更多的函数，可查阅所用系统的相关手册。

1. 数学函数

使用数学函数时，应该在源文件中使用#include<math.h>或#include"math.h"，数学函数如表D1所示。

表 D1　　数学函数

函数名	函数原型	功能	返回值	说明
abs	int abs(int x);	求整数 x 的绝对值	计算结果	
acos	double acos(doubte x);	计算 cos−1(x)的值	计算结果	$-1 \leqslant x \leqslant 1$
asin	double asin(double x);	计算 sin−1(x)的值	计算结果	$-1 \leqslant x \leqslant 1$
atan	double atan(double x);	计算 tan−1(x)的值	计算结果	
atan2	doubleatan2(doublex,double y);	计算 tan−1(x/y)的值	计算结果	
cos	double cos(doubte x);	计算 cos(x)的值	计算结果	x 的单位为孤度
cosh	double cosh(bouble x);	计算 x 的双曲余弦 cosh(x)的值	计算结果	
exp	double exp(double x);	求 e^x 的值	计算结果	
fabs	double fabs(double x);	求 x 的绝对值	计算结果	
floor	double floor(double x);	求出不大于 x 的最大整数	该整数的双精度实数	
fmod	double fmod(double x);	求整除 x/y 的余数	返回余数的双精度数	
log	double log(double x);	求 $\log e^x$，即 ln$x$	计算结果	
log10	double log10(double x);	求 log10x	计算结果	
frexp	double frexp(double avl，int *eptr);	把双精度数 val 分解为数字部分（尾数）x 和以 2 为底的指数 n，即 val=x*2^n，n 存放在 eptr 指向的变量中	返回数字部分 $0.5 \leqslant x<1$	
modf	double modf(double val, double *iptr);	把双精度数 val 分解为整数部分和小数部分，把整数部分存到 iptr 指向的单元	val 的小数部分	
pow	double pow(double x,double y);	计算 xy 的值	计算结果	
rand	int rand(void);	产生−90～32 767 的随机整数	随机整数	
sin	double sin(double x);	计算 sin$x$ 的值	计算结果	x 的单位为孤度
sinh	double sinh(double x);	计算 x 的双曲正弦函数 sinh(x)的值	计算结果	
sqrt	double sqrt(double x);	计算 $\sqrt{x}$ 的值	计算结果	$x \geqslant 0$
tan	double tan(double x);	计算 tan(x)的值	计算结果	x 的单位为孤度
tanh	double tanh(double x);	计算 x 的双曲正切函数 tanh(x)的值	计算结果	

2. 字符函数和字符串函数

ANSI C 标准要求在使用字符串函数时要包含头文件<string.h>，在使用字符函数时要包含头文件<ctype.h>。有的 C 语言编译不遵循 ANSI C 标准的规定，而用其他名称的头文件。使用时可以查阅有关手册。字符函数和字符串函数如表 D2 所示。

表 D2　　字符函数和字符串函数

函数名	函数原型	功能	返回值	说明
isalnum	int isalnum(int ch);	检查 ch 是否为字母（alpha）或数字（numeric）	是，返回 1；否则返回 0	ctype.h
isalpha	int isalpha(int ch);	检查 ch 是否为字母	是，返回 1；不是，返回 0	ctype.h
iscntrl	int iscntrl(int eh);	检查 ch 是否控制字符（其 ASCII 为 0～0x1f）	是，返回 1；不是，返回 0	ctype.h
isdigit	int isdigit(int ch);	检查 ch 是否为数字（0～9）	是，返回 1；不是，返回 0	ctype.h
isgraph	int isgraph(int ch);	检查 ch 是否可打印字符（其 ASCII 为 0x21～0x7E），不含空格	是，返回 1；不是，返回 0	ctype.h
islower	int islower(int ch);	检查 ch 是否为小写字母（a～z）	是，返回 1；不是，返回 0	ctype.h
isprint	int isprint(int ch);	检查 ch 是否为可打印字符（含空格），其 ASCII 为 0x20～0x7E	是，返回 1；不是，返回 0	ctype.h
ispunct	int ispunct(int ch);	检查 ch 是否为标点字符（不包括空格），即除字母、数字和空格以外的所有可打印字符	是，返回 1；不是，返回 0	ctype.h
isspace	int isspace(int ch);	检查 ch 是否为空格、跳格符（制表符）或换行符	是，返回 1；不是，返回 0	ctype.h
isupper	int isupper(int ch);	检查 ch 是否为大写字母（A～Z）	是，返回 1；不是，返回 0	ctype.h
isxdigit	int isxdigit(int ch);	检查 ch 是否为一个十六进制数字字符（即 0～9，或 A～F）或（a～f）	是，返回 1；不是，返回 0	ctype.h
strcat	char *strcat(char *str1,char *str2);	把字符串 str2 接到 str1 后面，str1 最后面的\0 被取消	str1	string.h
strchr	char *strchr(char *str, int ch);	找出 str 指向的字符串中第一次出现字符 ch 的位置	返回指向该位置的指针，如找不到，则返回空指针	string.h
strcmp	int strcmp(char *str1, char *str2);	比较两个字符串 str1、str2	str1<str2，返回负数；str1==str2，返回 0；str1>str2，返回正数	string.h
strcpy	char *strcpy(char *str, char *str2);	把 str2 指向的字符串复制到 str 中	返回 str	string.h
strlen	unsigned int strlen (char *str);	统计字符串 str 中的字符数（不包括终止符\0）	返回字符数	string.h

续表

函数名	函数原型	功能	返回值	说明
strstr	char *strstr(char *str,char *str2);	找出 str2 字符串在 strl 字符串中第一次出现的位置	返回该位置的指针，如找不到，则返回空指针	string.h
tolower	int tolower(int ch)	ch 字符转换为小写字母	返回 ch 代表的字符的小写字母	ctype.h
toupper	int toupper(int ch)	将 ch 字符转换成大写字母	与 ch 对应的大写字母	ctypeh

3. 输入输出函数

凡使用如表 D3 所示的输入输出函数，都应该使用#include<stdio.h>把 stdio.h 头文件包含到程序文件中。

表 D3　　输入输出函数

函数名	函数原型	功能	返回值	说明
clearerr	void clearerr(FILE *fp);	使 fp 所指文件的错误标志和文件结束标志	无	
close	int close(int fp);	关闭文件	关闭成功返回 0，不成功，返回-1	非 ANSI 标准
creat	intcreat(char *filename,int mode);	以 mode 所指定的方式建立文件	成功返回正数，否则返回-1	非 ANSI 标准
eof	inteof(int fd);	检查文件是否结束	遇文件结束符，返回 1，否则返回 0	非 ANSI 标准
fclose	intfclose(FILE *fp);	关闭 fp 所指的文件，释放文件缓冲区	有错返回非 0，否则返回 0	
feof	int feof(FILE *fp);	检查文件是否结束	遇文件结束符，返回非零值，否则返回 0	
fgetc	int fgetc(FILE *fp);	从 fp 指定的文件中取得下一个字符	返回所得到的字符，若读入出错，则返回 EOF	
fgets	char *fgets(char *buf,int n,FIIE *fp)	从 fp 指向的文件读取一个长度为（n-1）的字符串，存入起始地址为 buf 的空间	返回地址 buf，若遇文件结束符或出错，返回 NULL	
fopen	FIIE *fopen(char *filename, char *mode);	以 mode 指定的方式打开名为 filename 的文件	成功，返回一个文件指针（文件信息区的起始地址），否则返回 0	
fprintf	int fprintf(FILE *fp, char *format, args,…)	把 args 的值以 format 指定的格式输出到 fp 指定的文件中	实际输出的字符数	
fputc	int fputc(char ch, FILE *fp);	将字符 ch 输出到 fp 指向的文件中	成功，返回该字符，否则返回 EOF	

续表

函数名	函数原型	功能	返回值	说明
fputs	int fputs(char *str,FILE *fp);	将 str 指向的字符串输出到 fp 指定的文件	返回 0，若出错，则返回非 0	
fread	int fread(char *pt, unsigned size, unsigned n,FILE *fp);	从 fp 指定的文件中读取长度为 size 的 *n* 个数据项，存到 pt 指向的内存区	返回所读的数据项数，如遇文件结束符或出错，则返回 0	
fscanf	int fscanf(FILE *fp,char format, args,…);	从 fp 指定的文件中按 format 给定的格式将输入数据送到 args 指向的内存单元（args 是指针）	已输入的数据数	
fseek	int fseek(FILE *fp, long offset,int base);	将 fp 指向的文件的位置指针移到以 base 指出的位置为基准、以 offset 为位移量的位置	返回当前位置，否则返回-1	
ftell	long ftell(FILE *fp);	返回 fp 指向的文件中的读写位置	返回 fp 指向的文件中的读写位置	
fwrite	int fwrite(char *ptr, unsigned size, unsigned n, FILE *fp);	把 ptr 指向的 *n**size 字节输出到 fp 指向的文件中	写入 fp 文件中的数据项数	
getc	int getc(FILE *fp);	从 fp 指向的文件中读入一个字符	返回所读的字符，若文件结束或出错，则返回 EOF	
getchar	int getchar(void);	从标准输入设备读取下一个字符	所读字符。若文件结束或出错，则返回-1	
getw	int getw(FILE *fp);	从 fp 指向的文件读取下一个字（整数）	输入的整数，如文件结束或出错，则返回-1	非 ANSI 标准函数
open	int open(char *filename, int mode);	以 mode 指出的方式打开已存在的名为 filename 的文件	返回文件号（正数）。如打开失败，则返回-1	非 ANSI 标准函数
printf	int printf(char *format args,…);	将输出表列 args 的值输出到标准输出设备	输出的字符数，若出错，则返回负数	format 可以是字符串，或字符数组的起始地址
putc	int putc(int ch, FILE *fp);	把一个字符 ch 输出到 fp 所指的文件中	输出的字符 ch，若出错，则返回 EOF	
putchar	int putchar(char ch);	把字符 ch 输出到标准输出设备	输出的字符 ch，若出错，则返回 EOF	
puts	int puts(char *str);	把 str 指向的字符串输出到标准输出设备，将\0 转换为回车换行	返回换行符，若失败，则返回 EOF	
putw	int putw(int w, FILE *fp);	将一个整数 w（即一个字）写到 fp 指向的文件中	返回输出的整数，若出错，则返回 EOF	非 ANSI 标准函数

续表

函数名	函数原型	功能	返回值	说明
read	int read(int fd,char *buf, unsigned count);	从文件号 fd 指示的文件中读 count 字节到由 buf 指示的缓冲区中	返回真正读入的字节数。如遇文件结束符，则返回 0，出错返回 -1	非 ANSI 标准函数
rename	int rename(char *oldname, char *newname);	把由 oldname 所指的文件名，改为由 newname 所指的文件名	成功返回 0，出错返回-1	
rewind	void rewind(FILE *fp);	将 fp 指示的文件中的位置指针置于文件开头位置，并清除文件结束标志和错误标志	无	
scanf	int scanf(char *format args,⋯)	从标准输入设备按 format 指向的格式字符串规定的格式，输入数据给 args 指向的单元	读入并赋予 args 的数据数。遇文件结束符，返回 EOF，出错则返回 0	args 为指针
write	int write(int fd, char *buf, unsigned count);	从 buf 指示的缓冲区输出 count 个字符到 fd 标志的文件中	返回实际输出的字节数，如出错，则返回 -1	非 ANSI 标准函数

4. 动态存储分配函数

ANSI 标准建议设 4 个有关的动态存储分配的函数，即 calloc()、malloe()、free()、realloc()。实际上，许多 C 语言编译系统实现时，通常增加了一些其他函数。ANSI 标准建议在<stdlib.h>头文件中包含有关的信息，但许多 C 语言编译要求用<malloc.h>而不是<stdlib.h>。读者在使用时，可查阅有关手册。

ANSI 标准要求动态存储分配函数为 void 指针。void 指针具有一般性，它们可以指向任何类型的数据。但目前有的C语言编译系统提供的动态存储分配函数为char指针。无论是void指针或char指针都需要强制类型转换成所需的类型。动态存储分配函数如表 D4 所示。

表 D4　　动态存储分配函数

函数名	函数和形参类型	功能	返回值
calloc	void *calloc(unsigned n, unsign size);	分配 *n* 个数据项的内存连续空间，每个数据项的大小为 size	分配内存单元的起始地址，如不成功，则返回 0。
free	void free(void *p)	释放 p 所指的内存区	无
malloc	void *malloc(unsigned size);	分配 size 字节的存储区	所分配的内存区地址，如内存不够，则返回 0
realloc	void *realloc(void *p, unsigned size);	将 f 指出的已分配内存区的大小改为 size。size 可以比原来分配的空间大或小	返回指向该内存区的指针

参考文献

[1] 谭浩强．C 程序设计[M]．北京：清华大学出版社，2000.
[2] 谭浩强．C 程序设计（二级）教程[M]．北京：清华大学出版社，2002.
[3] 苏长龄．C/C++程序设计教程[M]．北京：中国水利水电出版社，2004.
[4] 王煜，等．C 语言程序设计[M]．北京：中国铁道出版社，2005.
[5] 刘明军，等．C 语言程序设计[M]．北京：电子工业出版社，2007.
[6] 吴良杰．FORTRAN 语言程序设计[M]．哈尔滨：哈尔滨工程大学出版社，2000.
[7] 夏宽理，赵子正．C 语言程序设计[M]．北京：中国铁道出版社，2006.
[8] 贾学斌，等．C 语言程序设计[M]．北京：中国铁道出版社，2007.
[9] 柏万里，等．C 语言程序设计[M]．北京：中国铁道出版社，2006.
[10] 刘克成，等．C 语言程序设计[M]．北京：中国铁道出版社，2006.
[11] 苏小红，等．C 语言大学实用教程[M]．北京：电子工业出版社，2007.
[12] 戴佩荣，等．C 语言程序设计技能教程[M]．北京：中国铁道出版社，2006.